全国电力行业"十四五"规划教材 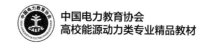 中国电力教育协会
高校能源动力类专业精品教材

工程燃烧学

（第二版）

主　编　冉景煜

副主编　杨仲卿

参　编　秦昌雷　杜学森　蒲　舸　闫云飞
　　　　唐　强　张　力

主　审　周怀春

中国电力出版社
CHINA ELECTRIC POWER PRESS

内 容 提 要

本书为全国电力行业"十四五"规划教材,重庆市高等教育重点建设教材,中国电力教育协会高校能源动力类专业精品教材,也是首批国家级一流本科课程"燃烧学"配套教材。

本书主要阐述了燃烧科学及技术发展,燃料及特性,燃烧空气动力学及模化基础,燃烧化学热力学和化学动力学,着火与灭火理论,燃烧火焰及传播特性,气体、液体、固体燃料燃烧和燃烧污染物产生与控制等内容。本书内容反映了燃烧学领域现状及国内外的新技术、新成果,并采用了最新的国家标准。

本书可作为高等院校能源动力类专业燃烧学课程教材,也可作为研究生相关专业教材,或供其他相关行业人员参考。

图书在版编目(CIP)数据

工程燃烧学/冉景煜主编. —2版. —北京:中国电力出版社,2023.7(2024.8重印)
ISBN 978-7-5198-7346-2

Ⅰ.①工… Ⅱ.①冉… Ⅲ.①燃烧理论—高等学校—教材 Ⅳ.①TK16

中国版本图书馆 CIP 数据核字(2022)第 239616 号

出版发行:中国电力出版社
地　　址:北京市东城区北京站西街 19 号(邮政编码 100005)
网　　址:http://www.cepp.sgcc.com.cn
责任编辑:吴玉贤(010—63412540)　马雪倩
责任校对:黄　蓓　常燕昆
装帧设计:郝晓燕
责任印制:吴　迪

印　　刷:三河市百盛印装有限公司
版　　次:2014 年 11 月第一版　2023 年 7 月第二版
印　　次:2024 年 8 月北京第十一次印刷
开　　本:787 毫米×1092 毫米　16 开本
印　　张:11.75
字　　数:292 千字
定　　价:45.00 元

前　言

数字资源

世界的发展、人类的进步与能源的开发和利用息息相关。燃烧是能源利用的一种重要方式，但在燃烧利用能源时存在严重的环境问题，因而对燃烧科学的发展提出了新的更高要求。特别在中国的能源消费中，绝大部分都来源化石能源燃烧转换，清洁高效燃烧是燃烧学领域需要解决的重要问题。

编写组综合长期课程教学和教学改革实践的经验，以及国内外近期在燃烧学领域的科学研究成果，并针对高等学校能源动力类相关专业的教学要求，同时结合编者在燃烧学领域的科研成果，以及国内外燃烧领域的理论著作、工程燃烧技术等实际情况，在 2014 年第一版基础上进行了修订。

本书紧密结合世界能源发展的政策和趋势，充分反映能源与动力行业技术的新发展，理论联系实际，有效地解决了现有教材专业适应面单一，难以适应目前能源动力类专业需求的问题。力图使学生在掌握理论基础知识的同时，能够获得相关的工程应用背景知识，并通过相应的配套实验教学获得感性认识和实践机会，强调"工程燃烧学"课程的工程应用性，培养学生学以致用、理论联系实际的能力和素养，满足新工科及"OBE"人才培养的新要求。

本书配套 PPT 课件、练习题库资源可扫描二维码获取，配套在线课程视频等资源，可访问 https：//www.xuetangx.com/course/CQU07021001931/12424720？channel＝i.area.related_search，加入学习。

本书由重庆大学冉景煜教授担任主编并统稿。第一～三章由冉景煜编写；第四章和第五章由秦昌雷编写；第六～八章由杨仲卿、闫云飞编写；第九章由杜学森、蒲舸、张力编写；第十章由杜学森、唐强编写。本书由中国矿业大学周怀春教授主审。周怀春教授在百忙中详细审阅了全部书稿，提出了许多宝贵的意见和建议，使编者在修改过程中受益匪浅，在此表示诚挚的感谢。

由于编者水平所限，书中不足之处在所难免，恳请读者指正。

编者

2023 年 6 月

第 一 版 前 言

　　世界的发展、人类的进步与能源的开发和利用息息相关。燃烧是能源利用的一种重要方式，但同时存在严重的环境问题，因而对燃烧科学的发展提出了更高的要求。特别在中国的能源消费中，能源利用绝大部分都来源传统化石能源的燃烧转换，清洁高效燃烧是燃烧学领域需要解决的重要问题。

　　本书编写组结合长期课程教学工作和指导实践性环节的经验，将多年的教学体会融合到教材编写中，同时，结合编者在燃烧学领域的科研成果，以及国内外燃烧领域的理论著作、工程燃烧技术等实际情况，编写而成。

　　本书充分反映能源与动力行业技术发展的新趋势和新动向，理论联系实际，有效地解决了现有教材专业适应面单一，难以适应目前能源与动力工程专业需求的问题；力图使学生在掌握理论基础知识的同时，能够获得相关的工程应用背景知识，并通过相应的配套实验教学获得感性认识和实践机会；强调工程燃烧学课程的工程应用性，培养学生学以致用、理论联系实际的能力和素养，满足新世纪对人才培养的新要求。

　　重庆大学是培养动力工程及工程热物理学科专业高级人才的重要基地，也是火力发电技术研究和开发的重要基地，在煤、生物质、工业污泥、市政固体废弃物的燃烧机理与技术、燃烧节能技术的开发、微尺度燃烧等方面进行了大量深入的研究，取得了较丰富的研究成果，这些成果在本书中均有所体现。

　　本书由重庆大学冉景煜教授主编并统稿。第一章由冉景煜编写，第二章由张力编写，第三章由冉景煜、杨仲卿编写，第四章由冉景煜、秦昌雷编写，第五～八章由冉景煜、蒲舸、闫云飞编写，第九章由蒲舸、冉景煜编写，第十、十一章由唐强编写。此外，秦昌雷对书稿进行了细致的整理。

　　本书由清华大学周怀春教授主审。周怀春教授在百忙中详细审阅了全部书稿，提出了许多宝贵的意见和建议，使编者在修改过程中受益匪浅，在此表示诚挚的谢意。

编者
2014 年 9 月

目　　录

第一章 燃烧科学及技术发展

第一节 燃烧科学的发展

一、燃烧的基本概念特征

燃烧是指物质进行剧烈的氧化反应，伴随发热和发光的现象，这种现象又称为火。燃烧的发生必须同时具备三个条件：可燃物，如燃料；助燃物，如氧气；温度要达到燃点，即有一定热量（heat），这三个条件称为燃烧三要素——火三角（fire triangle）。通常讲的燃烧一般是要有氧气参加，但在一些特殊情况下的燃烧可以在无氧的条件下进行，如氢气在氯气中的燃烧、镁条在 CO_2 中的燃烧等。

燃烧是气体、液体或固体燃料与氧化剂之间发生的一种强烈的化学反应，是流动、传热、传质和化学反应同时发生并相互作用的综合现象。燃烧问题涉及化学反应动力学、流体动力学、传热传质学、热力学等问题。

二、燃烧科学发展史

燃烧学是一门内容丰富、发展迅速，既古老又年轻，且实用性很强的交叉学科。

1. 火的自然存在学说

远古时代，人们在使用火时出现过不少有关火的自然存在学说。如中国"五行学说"金、木、水、火、土中的火；古印度"四大学说"地、水、火、风中的火；古希腊"燃素学说"提出水、火、土、气的四元素说，认为万物主要有干、冷、湿、热四性，元素是四性结合之表现，故可以互相变换。东西方都认为火是构成万物的原本物质之一。

2. 燃烧的氧化学说

18 世纪，由于氧气以及其他碳酸气、氢气、氮气等一些重要气体的发现，促使了燃烧学的发展。在 1756—1777 年间，罗蒙诺索夫（М. В. Ломоносов）和拉瓦锡（A. Lavoisier）经过各自的实验观察与分析，提出燃烧氧化学说，指出物质只能在含氧的空气中进行燃烧，燃烧物质量的增加与空气中失去的氧相等，从而推翻了燃素学说，并正式确立质量守恒原理。

3. 燃烧热力学的提出

19 世纪，盖斯（G. H. Germain Henri Hess）和基尔霍夫（Gustav R. Kirchhoff）等人发展了热化学和化学热力学，此时对燃烧过程进行了静态研究，认为燃烧过程可作为热力学体系考察其初态、终态间的关系，可用热力学系统的燃烧状态、组分参数变化阐明燃烧热、产物平衡组分及绝热燃烧温度的规律性。

4. 燃烧反应动力学与燃烧学

20 世纪 30 年代，美国化学家刘易斯（Lewis）和苏联化学家谢苗诺夫（Nikolay Semyonov）等人将化学动力学的机理引入燃烧研究，并确认了燃烧的化学反应动力学是影响燃烧速率的重要因素，且发现燃烧反应具有链锁反应的特点，这样才初步奠定了燃烧理论的基础。他们发展了 19 世纪玛拉德（Francois Ernest Mallard）等提出的火焰传播概念，并提出了最小点火能量等基本概念，奠定了描述火焰的物理基础。后来，谢苗诺夫、泽尔多维奇（Yakov B. Zel′dovich）等人应用反应动力学和传热传质相互作用的观点，首先从定量关系上建立了着火及火焰传播的经典燃烧理论。20世纪40～50年代，在发展喷气推进技术的过程中，形成了独立的学科——燃烧学。

5. 化学（反应）流体力学

随着20世纪初各学科的迅猛发展，30～50年代，人们开始认识到影响和控制燃烧过程的因素不仅仅是化学反应动力学因素，还有气体流动、传热、传质等物理因素，燃烧则是这些因素的综合作用的结果，从而建立了着火，火焰传播，湍流燃烧的理论。20世纪50～60年代，美国力学家冯·卡门（Theodore von Kármán）和我国力学家钱学森首先倡议用连续介质力学来研究燃烧基本过程，并逐渐建立了"反应流体力学"，学者们开始以此对一系列的燃烧现象进行了广泛的研究。

6. 计算燃烧流体力学

20世纪70年代初，大型电子计算机出现，英国帝国理工学院教授斯帕尔丁（Dudley B. Spalding）等人建立了燃烧的数学模拟方法和数值计算方法，形成了计算燃烧学。近四十年来，英国、美国、法国、德国、日本以及中国等相继开展了燃烧过程数值模拟的研究工作，开发了大量的商用计算软件，能够对大型电站锅炉、燃气轮机燃烧室、内燃机、火箭发动机、弹膛等装置中的三维、非定常、多相、湍流、有化学反应的实际燃烧过程进行数值模拟，给出热物理参数的分布及其变化，预测装置的燃烧性能及污染排放水平。这一领域的出现，极大地丰富了燃烧学的内容，并逐渐形成了计算燃烧流体力学这一分支学科。

7. 燃烧激光诊断学

燃烧过程测试手段的进展，特别是先进的激光技术，现代质谱、色谱、红外等光学、化学分析仪器的问世，改进了燃烧实验的方法，提高了测试精确度，从而可以更深入、全面、精确地研究燃烧过程的各种机理，使燃烧学在深度和广度上都有了飞跃性的发展。

第二节　燃烧技术的发展

一、燃烧技术的启蒙

早在远古时期，我国古老的传说——"燧人氏"钻木取火说，钻木取火为人类带来温暖和光明，使人类结束了茹毛饮血的原始生活，创造了最初的文明。欧洲古希腊《荷马史诗》中的神话——普罗米修斯把火种带给人间，减少人间疾苦。按考古学的发现，人类最早使用火的时代可以追溯到距今140万～150万年以前，人类祖先远在无文字可考的旧石器时代就已开始用火。恩格斯在《自燃辩证法》中指出："只是人类学会了摩擦取火之后，人才第一次使某种无生命的自然力为自己服务"。

二、燃烧技术初步发展与应用

人类所经历的每一次技术进步，如陶器制作、青铜冶炼、炼铁及冶金技术的发展、蒸汽动力、煤和石油的使用，汽车、炸药、火箭、喷气及宇航技术的发展等都与燃烧存在密切关系，燃烧的历史也就是人类进步的历史。燃烧的应用在古中国遥遥领先于欧洲。早在新石器时代的仰韶文化时期，中国人便开始用窑炉烧制陶器；中国人在公元前1000年开始利用煤，公元200年开始利用石油，公元808年发明火药。至少在宋代发明了火箭，出现了喷气发动机的雏形——用燃烧产物推动的走马灯。

三、燃烧技术的应用改变着人类历史

燃烧技术在发展过程中改变着人类的历史。在一些著名的军事战役中，燃烧技术得到了应用，如战国时齐国的田单利用火牛阵挽救了齐国。

除此之外，大家非常熟悉的三国时期以少胜多的如官渡之战、赤壁之战、夷陵之战等，这些都是采用火攻即燃烧技术的历史性战役。

煤的燃烧能源利用推动了第一次工业革命，也出现了蒸汽轮机。最开始火车的运行都是从煤的燃烧获得动力推动蒸汽轮机，使火车向前运动。石油的燃烧，彻底地改变了人们的生活方式。

四、燃烧技术的四次大发展

从 18 世纪中叶开始产业革命时期蒸汽机的发明，19 世纪 60 年代以来活塞式内燃机问世，以及 1876 年奥托（Nikolaus August Otto）发明电磁点火装置，使内燃机更加完善，这一时期燃烧技术得到了第一次飞速发展；第二次世界大战中制空权及远程打击的重要性，促使航空航天技术飞速发展，导致燃烧技术得到了第二次快速发展；1973 年爆发的能源危机，迫使人类追求能源的高效利用，从而导致燃烧技术的第三次大发展；当前环境危机及外太空生存空间的进一步探索将促进燃烧技术的第四次快速发展。

近代燃烧技术的发展主要集中在以下四个方面：燃烧强化技术，如高能、高压、高温、高速燃烧；燃烧节能技术，如高效率、低品位燃料燃烧技术；低污染燃烧技术，如低 NO_x、SO_x、CO_2、粉尘、噪声、有毒气体的燃烧技术；火灾防治技术，如森林、建筑和仓库火灾、矿井防爆技术等。

第三节　前沿燃烧技术

一、超声速燃烧技术

超声速燃烧主要用在超燃发动机当中，即超燃冲压发动机，又名 S 发动机，应用于超声速飞行器当中。马赫数大于 5 的高超声速飞行器是军、民用航空器的战略发展方向，并被誉为是继螺旋桨、喷气推进之后航空史上的第三次革命。如中国的东风 41 导弹，也是超声速燃烧而推动其向前运动。中国最新导弹射程世界第一，达到了世界领先水平，它最高的飞行速度达到了惊人的 3 万 km/h，马赫数达到 30，并且可携带多个弹头。

超声速燃烧技术主要应用于马赫数大于 6 的冲压发动机，在航空航天领域中应用广泛。它主要的优点是在各个工况下均能可靠、灵活启动，能稳定燃烧，不产生振动，燃料燃烧完全，热效率高，总压损小，尺寸和质量较小。但是它也存在问题，由于超声速燃烧冲压发动机燃烧室的进口气流是超声速的，可燃混合物在燃烧室停留时间极短，只有几毫秒，给燃料与空气的混合、燃烧组织带来极大困难。超声速燃烧技术的应用最早是苏联于 1991 年 11 月 27 日进行的世界首次试验飞行，接着确定了代号为"针"的武器发展计划。据透露，"针"的样机长约 8m，携带 18kg 液氢燃料，飞行速度为 6～14 倍声速，属于一种超声速燃烧推动的航空航天器。

二、高推重比燃烧

推重比是发动机产生的推力与发动机的重力之比，是重要的飞行器总体设计参数，它对

飞行器的尺寸、重量以及主要飞行性能都有很大影响。如客机的发动机推重比只有 0.25～0.4；战斗机的发动机推重比只有 0.7～1.2；加力涡扇发动机推重比可达到 8～10，升力发动机推重比可以超过 16。高推重比始终是军用发动机追求的目标。

高推重比环境下的燃烧主要应用于航天飞行器当中，空气喷气发动机、火箭发动机、导弹推进系统等，如美国 F119 发动机推重比超过 10。苏联的能源号运载火箭，也是一种重型通用运载火箭，是目前世界上起飞推力最大的火箭，它总长约 60m，总质量 2400t，起飞推力约 35000kN，推重比达到 35，能够把 100t 的有效载荷送上近地轨道。在这种情况下，如何实现高推重比下的稳定地燃烧，也是一项非常重要的技术。

三、微重力燃烧

微重力燃烧就是在微重力环境下实现的一种稳定燃烧。微重力燃烧的主要特点包括：自然对流几乎消除，可以研究静止和低速流动的燃烧；被浮力及其诱导效应掩盖的次级力和现象如静电力、热泳力、热毛细力和扩散等可以表现出来；重力沉降几乎消除，可以研究稳定的、自由悬浮液滴、颗粒、液雾和粉尘的燃烧；浮力的消除，可以使得燃烧的时间和长度尺度增大，有利于实验观察。获得微重力的手段主要有落塔或落井（时间 1～10s，重力为 $9.8 \times 10^{-7} \sim 10^{-9}$ N）、抛物线飞行的飞机（时间 20s，重力为 9.8×10^{-5} N）、探空火箭（时间 5～10min，重力为 9.8×10^{-7} N）以及各种空间飞行器（时间数天至数年，重力为 9.8×10^{-7} N）。我国首颗微重力科学实验，即实践 10 号返回式科学实验卫星在 2016 年 4 月发射升空，进行了 19 个科学实验载荷及 28 项科学实验，其中就涵盖了微重力燃烧实验。

四、微尺度燃烧

微尺度燃烧主要是随着微机电系统技术发展而提出来的，它是相对于传统燃烧发生在较大的尺度范围而言的。目前研究的微尺度燃烧一般发生在很小的尺度范围内，它们通常在低于 $1cm^3$ 的容积内发生。微尺度燃烧最早是在 20 世纪 90 年代中期，由 MIT 的 Epstein 教授开始研究，研究装置被加工成厚为 3.8mm、直径为 21mm 的圆形涡轮发动机，燃烧室厚度为 1mm，预混氢气和空气，成功点火并稳定燃烧。随后，很多研究机构（包括重庆大学等）开展了这方面的研究，并约定为微尺度燃烧。当然它应用范围也比较广，可以满足国防上微小型高性能动力源和电源的需求。例如微型飞行器、微型卫星推进系统、科技作战单兵等。微尺度燃烧示意如图 1-1 所示。

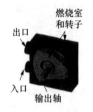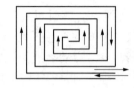

图 1-1　微尺度燃烧示意

五、化学链燃烧

化学链燃烧的基本原理是将传统的燃料和空气直接接触反应，借助于载氧体的作用，把它分成了两个气固反应器，燃料与空气无需接触。化学链燃烧技术主要由载氧体、燃料反应器和空气反应器组成。载氧体作为氧载体，将空气中的氧传递到燃料当中去，在两个反应器中循环，实现氧的转移。化学链燃烧是可以实现一种低 NO_x 反应的燃烧。

图1-2所示为化学链燃烧基本原理。如图所示，化学链燃烧技术包括两个反应床，左侧反应床是空气反应器，右侧反应床为燃料反应器。燃料与空气反应器生成的氧载体在燃料反应器中进行反应，最后生成 CO_2 和 H_2O。

六、富氧燃烧

富氧燃烧是以高于空气中氧气含量的含氧气体进行燃烧，是一种高效的节能燃烧技术。在玻璃工业、冶金工业及热能工程领域均有应用。一种 O_2/CO_2 富氧燃烧技术示意如图1-3所示，该技术把燃烧锅炉产生的烟气，通过烟气再循环送到锅炉入口处；空气则通过分离技术把氧气分离出来，从而使得 O_2 和 CO_2 混合，而进入炉内燃烧，这样避免了氮气进入，可以有效减少热力型 NO_x 生成，节能效果也很显著。它的主要优点为：①高火焰温度和黑度；②提升燃烧速度；③促进燃烧安全；④降低燃料的燃点温度和减少燃尽时间；⑤降低过量空气系数，减少燃烧后的烟气量；⑥可大量减少 NO_x 的生成等。

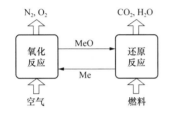

图1-2　化学链燃烧原理示意

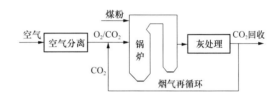

图1-3　一种 O_2/CO_2 富氧燃烧技术示意

七、燃料分级燃烧技术

燃料分级燃烧技术就是在炉内把燃料进入炉内分成三个区，第一个区域是主燃区，第二个区域是还原区，第三个区域是燃尽区。通过燃料的分级控制，可以控制炉内高温区的温度，从而减少 NO_x 的生成，它也是一种低 NO_x 的燃烧技术。一种较为常见的燃料分级燃烧技术示意如图1-4所示。

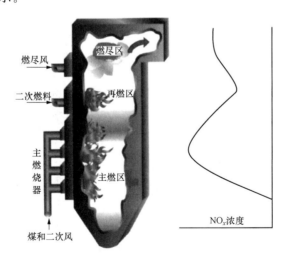

图1-4　一种燃料分级燃烧技术示意

八、空气分级燃烧技术

空气分级燃烧技术是将燃烧所需的空气分级送入炉内，降低主燃区的氧气浓度，从而能够控制炉内燃烧区的温度，而减少 NO_x 生成，这也是一种低 NO_x 燃烧技术。一种空气分级燃烧技术示意如图 1-5 所示。

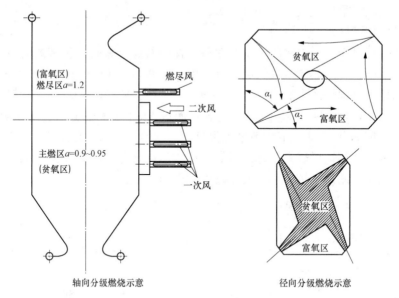

图 1-5　一种空气分级燃烧技术示意

a—过量空气系数；α_1、α_2—分别为空气射流与炉膛左右炉墙夹角

九、高温空气燃烧技术

高温空气燃烧（high temperature air combustion，HTAC）基本原理是燃料在高温低氧浓度气氛中燃烧。高温空气燃烧技术的原理示意如图 1-6 所示，由多孔介质蓄热体、燃烧器、燃烧室、高频四通换向阀组成。前半周期内，燃烧器 A 工作时，常温空气经多孔介质蓄热体 A 加热后形成高温空气高速射入燃烧室，与高速喷入的燃料在燃烧室内混合并燃烧，产生的高温烟气经过蓄热体 B 后，冷却为约 150℃ 的低温烟气，经四通换向阀排出；后半周期内，常温空气由相反方向进入，经蓄热体 B 加热成为高温空气，与 B 燃烧器喷入的燃料在燃烧室内混合并燃烧，产生的高温烟气流经蓄热体 A 放热后，成为低温烟气，经四通换向阀排出，完成一个周期。重复以上过程，连续不断地产生高温空气，使系统稳定运行。

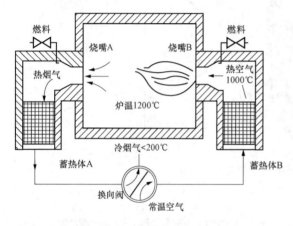

图 1-6　高温空气燃烧技术原理示意

高温空气燃烧技术也叫 MILD 燃烧技术，也是使用高温预热空气，在贫氧的条件下燃烧，燃料在这种环境下燃烧，燃烧过程属于扩散控制燃烧反应，不再存在传统的燃烧过程当中出现的局部高温高氮区，可以抑制 NO_x 的生成，并且节能效果显著。

十、催化燃烧技术

催化燃烧是典型的气-固相催化反应，催化剂降低了反应活化能，使燃料在较低的起燃温度（200～300℃）进行无焰燃烧，有机物质氧化发生在固体催化剂表面，产生 CO_2 和 H_2O，并放出热量。催化燃烧的反应温度低，显著抑制了空气中的 N_2 形成热力型 NO_x。催化剂的选择性催化作用，有可能限制燃料氮的氧化过程，使燃料氮多数形成分子氮（N_2），而不是生成燃料型 NO_x。

与火焰燃烧相比，催化燃烧有着很大的优势。首先，燃料的起燃温度低，能耗少，燃烧易达稳定；其次，污染物净化效率高，如 NO_x 及不完全燃烧产物的排放水平较低；第三，适应氧浓度范围大，无二次污染，噪声小，且燃烧缓和。

十一、脉动燃烧技术

脉动燃烧是一种在声振条件下发生的周期性燃烧过程。燃气和空气通过阀门进入燃烧室；液体或固体燃料可直接喷入或随空气进入燃烧室。脉动燃烧是强弱结合的燃烧，间隔大流量（高强度）燃烧、低流量（低强度）燃烧，呈周期性变化。这种现象似脉搏的跳动，因此称为脉动燃烧，也称为会唱歌的火焰。对于高强度的燃烧，火焰长可以使远距离的空间获得热量。反之，火焰较短，就使得近距离获得足够的热量，因而使得整个燃烧室内获热均匀，保证室内的温度均匀。

脉动燃烧具有燃烧强度大，燃烧效率高，传热效率高，排烟污染小，自吸功能强等优点。自吸功能就是在脉动燃烧的工作过程中，在燃烧器内会形成暂时的部分真空状态，使脉动燃烧器具有自吸功能，能自行吸入燃料及空气，可以减少所需的空气鼓风机压头，甚至可以不需要鼓风机。但是它也存在一些问题，包括噪声问题。脉动燃烧器会有一定的声能从尾管出口辐射出来，通过空气和燃料各自的入口也会向外辐射声能，产生噪声污染；同时也会产生振动问题，脉动燃烧器内的压力脉动会诱发燃烧装置组件的振动，对系统构件的强度、工作可靠性造成一定影响。脉动燃烧可以应用到空气推进系统和燃气涡轮领域，可以利用到高温脉冲射流打井、钻孔，可以制造冰雪融化器、辐射管加热器，以及军用烟雾发生器等等。

目前前沿燃烧技术很多，这里仅介绍了较常见的几种，前沿技术与节能、低污染排放紧密相关，读者可查阅相关参考书籍。

第四节　燃烧科学的研究与应用

一、燃烧科学的研究内容

燃烧科学已从一门传统的经验科学发展成为一门系统的、涉及热力学、流体力学、物理学、化学动力学、传热传质学的定量分析和认识程度不断深化的综合理论学科，其重点在于研究燃料和氧化剂进行激烈化学反应的发热发光的物理化学过程及其演变。

燃烧科学的研究可分为两个方面。一方面是燃烧理论的研究，主要以燃烧过程的基本原理、特征与现象为研究对象。如燃烧反应的热力学、动力学机理，燃烧流体流动特征，燃料的着火、灭火（火灾的防治），火焰传播及稳定，层流和湍流燃烧，预混火焰和扩散火焰燃烧，催化燃烧，液滴燃烧，碳粒燃烧，液体、气体、固体燃料（如煤）的热解和燃烧，燃料特性，燃烧污染物的生成和控制机理等。

另一方面是燃烧技术的研究，主要是应用燃烧理论的研究结果来解决工程技术中的各种工程实际问题。如燃烧技术的合理改进，燃烧过程的有效组织，新燃烧方式的建立，燃烧效率的提高，燃料利用范围的拓宽，燃烧污染物控制技术，火灾与爆炸（森林火灾、建筑火灾、工业性爆炸与火灾）的防治，以及火灾防治材料特性研究等。

二、燃烧科学的研究方法

由于燃烧过程的复杂性，使燃烧科学的研究方法具有多样性。总的来说，燃烧科学发展最重要形式是理论的更替，而理论的更替正是科学实践的结果。与一般科学的研究方法类似，燃烧科学的研究是实验研究和理论总结的结合。实验研究、先进测量技术应用、燃烧理论总结，这是目前燃烧科学研究的基本方法。

燃烧科学的研究，虽以实验研究为主，但燃烧过程的理论模化也显得越来越重要。通过理论模化，可以实现下列目的：

（1）模拟燃烧过程和发展各种条件下计算燃烧性能的方法。

（2）帮助解释和理解观察到的燃烧现象。

（3）代替困难的或昂贵的试验。

（4）指导燃烧实验的设计。

（5）通过参数研究，帮助确定各种不同参数对燃烧过程的影响。

三、燃烧科学的应用

燃烧科学的应用极其广泛，涉及人类生活、工业生产、国防以及宇宙航行等各个领域。当今社会的动力来源，80％以上来自于化石燃料的燃烧，其应用遍及各个领域，如火力发电厂的锅炉、工业用蒸汽、各种交通工具的发动机、航空航天器的发射等，都是以固体、液体和气体燃料燃烧产生的能量作为动力。

能源利用领域要求燃烧过程高效、清洁、零排放；航空航天领域要求燃烧不断强化和趋于更高能量水平，探讨高温、高压、高速、强湍流条件下的燃烧及超声速燃烧。此外，也存在微重力、微尺度、与3O（信息 INFO、生物 BIO、纳米 NANO）相结合的燃烧，如生物燃烧学、纳米尺度下的燃烧等。因此，需要培养出一批有志于为燃烧科学的发展和燃烧技术的应用做出持续努力的科学家和工程技术人员。

思考题及习题

1-1 简要分析燃烧的概念与特征。

1-2 简要分析燃烧科学与燃烧技术的发展史。

1-3 简要分析燃烧科学的研究内容、方法。

1-4 简要分析燃烧科学的应用与发展。

第二章 燃料及特性

　　燃烧与燃料紧密相关，没有燃料何谈燃烧？燃料的种类及特性不同，将导致燃烧反应的特性存在着较大的差异性，同时燃料也将影响燃烧污染物的排放，因此首先要学习燃料及其特性。

第一节 燃料概念及种类

一、燃料的概念

　　燃料是多种（有机和无机）复杂化合物的混合物，是能通过化学反应或物理过程（包含燃烧反应）释放出能量的物质。此过程在技术上要可行，经济上要合理，例如石油、天然气、煤炭等。金刚石可以燃烧，但不作为燃料，因为经济上不合理。

二、燃料的分类

　　按其被加工与否可分为天然燃料（如天然气、石油、煤炭）和人工燃料（如煤气、沼气、人造柴油等）。

　　按其存在形态可以分为三种，即固体燃料（如煤、炭、木材、市政固体废弃物等）、液体燃料（如汽油、煤油、重油等）、气体燃料（如天然气、煤气、沼气等）。

　　按类型可以分为三种，即化石燃料（如石油、煤、油页岩、甲烷、油砂、天然气等）、生物燃料（如乙醇、生物柴油等）、核燃料（如铀235、铀233、铀238、钚239、钍232等）。

三、固、液、气体燃料的主要特征

　　固体燃料的主要特征有燃烧较难控制，燃烧效率较低，灰分较多，污染物排放多。但固体燃料的存储和运输比气体燃料和液体燃料要方便。

　　液体燃料的主要特征是单位发热量高，它的存储、运输方便，燃烧容易控制，基本没有灰分。但是液体燃料中存在的少量硫分引起设备腐蚀。

　　气体燃料的主要特征包括：①可以用管道进行长距离输送，但它的存储及车载运输不方便；②气体燃料着火温度比较低，燃烧容易控制；③大多数气体容易爆炸；④气体燃料也可能会有毒性，如 CO 等。

四、我国燃料概况

　　我国煤炭资源（探明储量）居世界第1位，石油资源居世界第11位，天然气资源居世界第14位，但人均占有量很少，只有世界平均水平的一半。同时我国能源资源地区分布不均衡。2021年，中国一次能源产量约为43.3亿 t 标准煤，一次能源消费量为52.4亿 t 标准煤。目前，我国已经成为全球第一大能源生产和消费国。

　　优质烟煤、石油及天然气是冶金及化工工业宝贵的原料，一般不在电站锅炉中使用。我国的燃料政策规定，电站锅炉应尽量使用劣质燃料，电站锅炉的燃料以劣质煤为主。

　　我国能源消费中目前仍主要以煤为主，燃料供给相对不足。

第二节　燃料的成分分析与发热量

　　燃料的成分及特性对燃烧装置设计的合理性、运行操作的可靠性和经济性有重要影响。不同的燃料，决定不同的燃烧方式及燃烧设备。因此，掌握好燃料的性能、特点及其对燃烧装置工作的影响是十分必要的。

　　固体、液体燃料主要进行元素分析和工业分析确定其组成，气体燃料可按其分子式获得其成分构成。

一、燃料元素分析

　　燃料的元素主要有碳（C）、氢（H）、氧（O）、氮（N）、硫（S）组成。对固体燃料或者是液体燃料都可以由这五种元素组成。对于气体燃料，它主要以分子状态存在，比如 CO、H_2、O_2、CH_4、CO_2 等。对于煤的元素分析应按照 GB/T 31391—2015《煤的元素分析》进行，其他燃料可参照此国标执行。在进行科学研究的时候，也可采用专门的仪器进行分析测试。

　　1. 碳（carbon）

　　碳是燃料中的主要可燃元素，一般占燃料质量份额的 15%～90%，在煤中占 20%～70%（收到基成分）。煤中的碳包括固定碳（挥发分析出后所剩余的碳）和挥发分中的碳。煤化程度越深的煤，其固定碳的含量也越多（无烟煤占 90%）。碳的发热量大，1kg 碳完全燃烧时（生成物为 CO_2）可放出 32 866kJ 的热量，而在不完全燃烧时（生成物为 CO）仅能放出 9270kJ 的热量。

$$C + O_2 \Rightarrow CO_2 + 32\ 866 \quad kJ/kg$$

$$C + \frac{1}{2}O_2 \Rightarrow CO + 9270 \quad kJ/kg$$

　　纯碳的着火与燃烧很困难，因此煤中碳的含量越多，发热量越大，但着火与稳定燃烧越困难。

　　2. 氢（hydrogen）

　　氢是可燃元素。煤化程度越深的煤，其氢的含量就越少。煤中氢元素的含量一般为 2%～10%，且均以化合物状态存在。氢的发热量很高，1kg 氢完全燃烧后可放出 120 370kJ 的热量。氢极易着火及燃烧，含氢量多的煤着火及燃尽都较容易。

$$2H + \frac{1}{2}O_2 \Rightarrow H_2O + 120\ 370 \quad kJ/kg$$

　　3. 硫（sulfur）

　　硫是一种可燃元素，但发热量很低，仅有 9100kJ/kg。特别是硫燃烧后会生成 SO_2 和 SO_3，对燃烧设备及环境有不利影响，因此硫是煤中的有害元素。

　　自然界中硫以三种形态存在：有机硫（与 C、H、O 等元素组成复杂化合物）、黄铁矿硫（FeS_2）及硫酸盐硫（SO_4^{2-}）。前两种硫均能燃烧释放出热量，合称为可燃硫，硫酸盐硫不能燃烧，计入灰分。

　　硫虽能燃烧，但其在煤中的含量很低，一般只有 0.5%～4%，南方一些煤种有时可达 10%。对含硫量高的煤，在设计及运行时要采取脱硫措施，以减轻其不利影响。

$$S + O_2 \Rightarrow SO_2 + 9100 \quad kJ/kg$$

4. 氧（oxygen）

氧是不可燃元素，以化合物状态存在。较多的氧含量，将减少燃料中可燃成分的含量，对燃料的燃烧不利。

固体中氧的含量变化很大，随碳化程度的加深而减少，如无烟煤中氧的含量仅为$1\%\sim$$2\%$，煤化程度浅的泥煤中氧的含量可达$40\%$。

油的含氧量很低，仅1%左右。

5. 氮（nitrogen）

氮通常情况下不可燃，一般认为是不可燃成分。但条件满足时，氮会参与燃烧，生成有害气体NO_x，必须严格控制此过程的发生。

油中氮的含量为$0.05\%\sim0.4\%$，煤中氮的含量很低，仅为$0.5\%\sim2.5\%$。

二、燃料的工业分析

燃料的工业分析是指包括燃料的水分（M）、灰分（A）、挥发分（V）和固定碳（FC）四个指标的测定总称。燃料的工业分析是了解燃料特性的主要指标，也是评价燃料质量的基本依据。通常燃料的水分、灰分、挥发分是直接测出的，而固定碳是用差减法计算出来的。

广义上讲，燃料的工业分析还包括燃料的全硫分和发热量的测定，又叫燃料的全工业分析。根据分析结果，可以了解燃料中有机质的含量及发热量的高低，从而初步判断燃料的种类、加工利用效果及工业用途。煤的工业分析示意如图 2-1 所示。

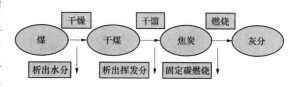

图 2-1 煤的工业分析示意

特别注意灰分是不可燃的矿物质成分，主要由 SiO_2、Al_2O_3、CaO、MgO、Fe_2O_3 等氧化物和碱、盐等构成。燃料中灰分的含量相差很大，油中几乎无灰；煤中灰分通常为$10\%\sim$$30\%$，甚至可达 50% 及以上。灰分按来源可分为内部灰分与外部灰分。内部灰分是生成煤时混入，因此混合均匀；外部灰分是开采、运输过程中混入的，分布不均匀。目前，固体燃料工业分析主要可以参照 GB/T 212—2022《煤的工业分析方法》的规定进行。

三、燃料的成分分析基准

燃料的成分通常用质量百分数表示。燃料的水分和灰分含量受外界条件（如开采、运输、储存及气候等）的影响而变化。水分或灰分的含量变化后，其他成分的质量百分数也会随之变化。为了实际应用的需要和理论研究的方便，通常采用四种基准表示燃料的成分，如图 2-2 所示。

1. 收到基

以收到状态的燃料为基准。通常用下角标 ar 表示。如对燃煤电站而言，应对进厂原煤及入炉煤都应按收到基计算各项成分。

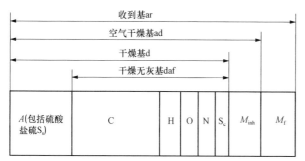

图 2-2 燃料的成分分析基准示意

A—灰分；S_s—硫酸盐硫；C—碳；H—氢；O—氧；N—氮；

S_c—有机硫；M_{inh}—内在水分；M_f—外在水分

$$A_{ar} + FC_{ar} + V_{ar} + M_{ar} = 100\% \tag{2-1}$$

式中：A_{ar} 为灰分；FC_{ar} 为固定碳；V_{ar} 为挥发分；M_{ar} 为水分。

2. 空气干燥基

以实验室空气温度条件下，自然干燥除去外在水分的燃料分析试样为基准。通常用下角标 ad 表示。

$$A_{ad} + FC_{ad} + V_{ad} + M_{ad} = 100\% \tag{2-2}$$

3. 干燥基

以假想无水状态的燃料为基准。通常用下角标 d 表示。

$$A_d + FC_d + V_d = 100\% \tag{2-3}$$

4. 干燥无灰基

以假想无水、无灰状态的燃料为基准。通常用下角标 daf 表示。

$$FC_{daf} + V_{daf} = 100\% \tag{2-4}$$

由于干燥无灰基成分不受燃料中水分及灰分含量的影响，能正确反映各种燃料的实质，因此它常用来表示燃料的挥发分含量。

燃料的干燥无灰基挥发分可由式（2-5）计算：

$$V_{daf} = \frac{V_{ad}}{100 - M_{ad} - A_{ad}} \times 100\% \tag{2-5}$$

燃料的各种基准之间存在一定的关系，可以进行相互换算。换算表达式为

$$h = fh_0 \tag{2-6}$$

式中：h 为按新基准计算的同一成分的质量百分数，%；f 为换算系数；h_0 为按原基准计算的某一成分的质量百分数，%。

不同基准的换算系数见表 2-1。

表 2-1　　　　　　　　　　　　　　不同基准的换算系数

分析基准	收到基	空气干燥基	干燥基	干燥无灰基
收到基	1	$\dfrac{100-M_{ad}}{100-M_{ar}}$	$\dfrac{100}{100-M_{ar}}$	$\dfrac{100}{100-M_{ar}-A_{ar}}$
空气干燥基	$\dfrac{100-M_{ar}}{100-M_{ad}}$	1	$\dfrac{100}{100-M_{ad}}$	$\dfrac{100}{100-M_{ad}-A_{ad}}$
干燥基	$\dfrac{100-M_{ar}}{100}$	$\dfrac{100-M_{ad}}{100}$	1	$\dfrac{100}{100-A_d}$
干燥无灰基	$\dfrac{100-M_{ar}-A_{ar}}{100}$	$\dfrac{100-M_{ad}-A_{ad}}{100}$	$\dfrac{100-A_d}{100}$	1

四、燃料的发热量

燃料发热量是指单位燃料量完全燃烧时所放出的热量，单位为 kJ/kg（固体或液体燃料）或 kJ/m³（标准状态下气体燃料）。

1. 发热量定义

根据不同的应用，燃料的发热量有如下定义：

（1）高位发热量 Q_{gr} ——单位质量的燃料完全燃烧时放出的全部热量，包含烟气中水蒸

气凝结时放出的热量。

（2）低位发热量 Q_{net}——单位质量的燃料完全燃烧时放出的全部热量中扣除水蒸气的汽化潜热后所得的发热量。

在工程上，排烟温度高于 100℃，蒸汽不会凝结，应用低位发热量作为计算燃料热量的依据。对于固体燃料，可按照 GB 213—2008《煤的发热量测定方法》，进行测定，即采用氧弹式量热计测定。

氧弹式量热计测得的是弹筒发热量 Q_b，经过换算后可以得到高位发热量与低位发热量。弹筒发热量是指在实验室中用氧弹式量热计测定的值。由于燃料中可能存在的 S、N 在氧弹内燃烧会生成 SO_2 与 NO_x，溶于事先置于氧弹内的水中而生成硫酸与硝酸，并放出热量，因而弹筒发热量要比在实际燃烧中燃料释放出的热量要高。

2. 发热量的换算

高位发热量和低位发热量之间相差燃料燃烧生成水分所吸收的汽化潜热。水在 0℃，1标准大气压下的汽化潜热为 2290kJ/kg，则燃料收到基低位发热量和收到基高位发热量之间的换算见式（2-7）：

$$Q_{net,ar} = Q_{gr,ar} - 2290 \times \left(\frac{36}{4} \times \frac{H_{ar}}{100} + \frac{M_{ar}}{100} \right) = Q_{gr,ar} - 206H_{ar} - 23M_{ar} \qquad (2-7)$$

对于高位发热量来说，水分只是占据了质量的一定份额而使发热量降低。但对于低位发热量，水分不仅占据一定份额，而且还要吸收汽化潜热。因此，在各种基准的高位发热量可以直接乘上表 2-1 的换算系数。对于低位发热量则不然，必须考虑水分的汽化潜热。因此，对于低位发热量之间的换算，必须先转化成高位发热量以后才能进行。

为了比较燃料中各种有害成分（水分、灰分及硫分）对燃烧设备工作的影响，鉴别燃料的性质，引入折算成分的概念。规定把相对于每 4182kJ/kg 收到基低位发热量的燃料所含的收到基水分、灰分和硫分，分别称为折算水分、折算灰分和折算硫分。

折算水分：

$$M_{ar,zs} = \frac{M_{ar}}{Q_{ar,net}} \times 4182 \qquad (2-8)$$

折算灰分：

$$A_{ar,zs} = \frac{A_{ar}}{Q_{ar,net}} \times 4182 \qquad (2-9)$$

折算硫分：

$$S_{ar,zs} = \frac{S_{ar}}{Q_{ar,net}} \times 4182 \qquad (2-10)$$

如果 $M_{ar,zs} > 8\%$，将燃料称为高水分燃料；$A_{ar,zs} > 4\%$，称之为高灰分燃料；$S_{ar,zs} > 0.2\%$，则称之为高硫分燃料。

第三节 煤的主要分类及特性

一、煤的分类

中国煤炭分类国家标准中，根据煤的煤化程度，以 V_{daf} 将作为分类指标，将所有煤分为褐煤、烟煤和无烟煤。

　　无烟煤俗称白煤，表面呈明亮的金属光泽，挥发分低，固定碳高，密度大，燃烧时不冒烟，储藏稳定，不易自燃。挥发分含量低，$V_{daf} \leqslant 10\%$，含碳量高，一般 $C_{ar} > 50\%$，灰分不多，$A_{ar} = 6\% \sim 25\%$，水分也较少，$M_{ar} = 1\% \sim 5\%$。其发热量一般为 $25000 \sim 32\,500$kJ/kg。无烟煤按其干燥无灰基 V_{daf} 和干燥无灰基 H_{daf} 的高低分为三类，即无烟煤 1 号、无烟煤 2 号、无烟煤 3 号。中国典型的无烟煤大多为无烟煤 3 号，其主要特点是，灰分和硫分均较高，大多为中灰、中硫、中等发热量、高灰熔点，主要用作动力煤，部分可作气化原料煤。

　　烟煤的煤化程度高于褐煤而低于无烟煤，燃烧时有烟。烟煤的挥发分含量较高，一般 $V_{daf} = 10\% \sim 45\%$，含碳量 $C_a = 40\% \sim 60\%$，少数可达 75%，一般灰分不多，$A_{ar} = 7\% \sim 30\%$，水分也较少，$M_{ar} = 3\% \sim 8\%$。其发热量一般为 $20\,000 \sim 30\,000$kJ/kg。烟煤按挥发分（V_{daf}）、黏结性指数（G）、胶质层最大厚度（Y）、代表黏结性的奥亚膨胀度（b）等指标，又分为贫煤、贫瘦煤、瘦煤、焦煤、肥煤、1/3 焦煤、气肥煤、气煤、1/2 中黏煤、弱黏煤、不黏煤、长焰煤 12 种。优质烟煤常呈强黏结性，多用于冶金工业，劣质烟煤常用作锅炉燃料。

　　褐煤是煤化程度最低的煤，外观多呈褐色，光泽暗淡或呈沥青光泽，水分含量高，机械强度低，在空气中易风化，不易储存。挥发分含量高，$V_{daf} = 40\% \sim 50\%$，含碳量 $C_{ar} = 40\% \sim 50\%$，灰分 $A_{ar} = 6\% \sim 50\%$，水分 $M_{ar} = 20\% \sim 50\%$。其发热量一般为 $10\,000 \sim 21\,000$kJ/kg。褐煤多作为发电燃料，也可作气化原料。

　　煤的详细分类见表 2 - 2。

表 2 - 2　　　　　　　　　　　　　　　煤　分　类　表

类别	缩写	分类指标			
		$V_{daf}(\%)$	G	Y(mm)	$b(\%)$
无烟煤	WY	$\leqslant 10$	—	—	—
贫煤	PM	$>10.0 \sim 20.0$	$\leqslant 5$	—	—
贫瘦煤	PS	$>10.0 \sim 20.0$	$>5 \sim 20$	—	—
瘦煤	SM	$>10.0 \sim 20.0$	$>20 \sim 65$	—	—
焦煤	JM	$>20.0 \sim 28.0$ $>10.0 \sim 20.0$	$>50 \sim 60$ $>65a$	$\leqslant 25.0$	$(\leqslant 150)$
肥煤	FM	$>10.0 \sim 37.0$	$(>85a)$	>25	
1/3 焦煤	1/3JM	$>28.0 \sim 37.0$	$>65a$	<25.0	(<220)
气肥煤	QF	>37.0	(>85)	>25.0	>220
气煤	QM	$>28.0 \sim 37.0$ >37.0	$>50 \sim 65$ >35	$\leqslant 25.0$	$(\leqslant 220)$
1/2 中黏煤	1/2ZN	$>20.0 \sim 37.0$	$>30 \sim 50$	—	—
弱黏煤	RN	$>20.0 \sim 37.0$	$>5 \sim 30$	—	—
不黏煤	BN	$>20.0 \sim 37.0$	$\leqslant 5$	—	—
长焰煤	CY	>37.0	$\leqslant 35$		

为适应火力发电用煤的特点，提高用煤效率，发电厂也根据煤的干燥无灰基挥发分 V_{daf}、干燥基灰分 A_d、收到基水分 M_{ar}、干燥基硫分 S_d 和灰的软化温度 ST 五项来划分煤的等级。

不同煤种挥发分含量示意如图 2 - 3 所示。

煤可用标准煤来进行评价。标准煤（又称煤当量）是能源的统一计量单位。凡能产生 29.308MJ 低位发热量的任何能源均可折算为 1kg 标准煤当量值。

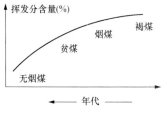

图 2 - 3　不同煤种挥发分含量示意

二、煤特性对燃烧的影响

1. 碳氢比 C/H

燃煤元素分析成分的碳/氢比，可以表示煤燃烧的难易程度，碳氢比越高，说明燃煤的含碳量越高，燃烧越困难，也越难燃尽。

2. 燃料比 FC/V_{daf}

燃料比是煤的工业分析成分中固定碳（FC）与干燥无灰基挥发分 V_{daf} 的比值，它表明燃煤着火和燃尽的难易程度。煤的燃料比越大，着火越困难，也越难以燃尽。

3. 反应指数 T_{15}

反应指数是指煤样在氧气流中加热，使其温升速度达到 15℃/min 时所需要的加热温度。煤的反应指数越大，表明这种煤越难着火和燃烧。

4. 煤的燃烧特性曲线

煤的燃烧特性曲线可以由热重分析仪（热天平）测得。实验时，将制备好的一定质量的煤样与参比物（α-Al_2O_3）分别放在综合热重分析仪两只坩埚中，通入一定流量的干燥空气，使试样在空气氛围中以一定温升速度连续升温，用热分析仪记录试样质量（TG 曲线）、质量变化率（DTG 曲线）。

TG 曲线反映样品质量随时间的变化，DTG 曲线反映了试样燃烧过程中的质量变化率随时间或温度变化的规律，DTG 的峰值代表燃烧失重速率的最大值。

5. 煤的着火稳定性指数 R_v

着火温度是一个系统温度。规范条件下测定煤粉着火温度可以用来比较煤粉气流的着火性能。另外，考虑到在实际燃烧装置中，煤粉的着火热来源于系统本身，即煤粉是被煤粉燃烧所产生的热量通过一定形式的回流而点燃的。因此，仅由着火温度一项指标来预测实际燃烧装置中的火焰稳定性是不全面的，还必须考虑其他一些反映煤粉着火后的燃烧特性的影响，如最大燃烧反应速度（v_{1max}）及其相应的温度（t_{1max}）等。

某烟煤煤样燃烧特性曲线如图 2 - 4 所示，特征指数见表 2 - 3。热天平试验条件为：吹扫气体 N_2，流量 0.78mL/s；反应空气，流量 3.1mL/s；加热速率 400℃/min；样品量 10mg（可燃质）；样品粒度小于 74μm。

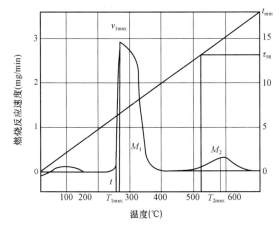

图 2 - 4　某烟煤煤样燃烧特性曲线

表 2-3				某烟煤的燃烧和燃尽热分析曲线特征指数				
特征指数	t (℃)	v_{1max} (mg/min)	t_{1max} (℃)	t_{2max} (℃)	G_1 (mg)	G_2 (mg)	τ_{98} (min)	τ'_{98} (min)
指数举例	251	2.83	282	577	9.36	0.64	13.75	2.75

注：t 为着火温度，℃；v_{1max} 为易燃峰的最大燃烧速率，mg/min；t_{1max} 为易燃峰的最大燃烧速率所对应的温度，单位为℃；t_{2max} 为难燃峰的最大燃烧速率所对应的温度，℃；G_1 为易燃峰下烧掉的燃料量，mg；G_2 为难燃峰下烧掉的燃料量，mg；τ_{98} 为烧掉98%燃料所需的时间，min；τ'_{98} 为烧掉98%煤焦量所需的时间，min。

对多种煤进行分析，按等效离散度相等的原理所确定的各特性指标在综合判断体系中权重，得出着火稳定性指数 R_v 如下：

$$R_v = \frac{560}{t} + \frac{650}{t_{1max}} + 0.27 v_{1max} \qquad (2-11)$$

根据 R_v 判定着火难易程度的划分界限为：

$R_v < 4.02$，为极难着火煤种；

$4.02 \leqslant R_v < 4.67$，为难着火煤种；

$4.67 \leqslant R_v < 5.00$，为中等着火煤种；

$5.00 \leqslant R_v < 5.59$，为易着火煤种；

$R_v \geqslant 5.59$，为极易着火煤种。

R_v 的高低与煤中的干燥无灰基挥发分 V_{daf} 有一定关系，当无法取得 R_v 的试验值，而又要使用以 R_v 为参数的计算式和图表时，可用 V_{daf} 估算 R_v，但对灰分（A_{ar}）大于35%或水分（M_{ar}）大于40%的煤种，则应根据估算 R_v 确定的着火稳定性界限相应地降低一级，如易着火煤种降为中等着火煤种。依据经验拟合，R_v 与 V_{daf} 的关系式如下：

$$R_V = 3.59 + 0.054 V_{daf} \qquad (2-12)$$

6. 煤的燃尽特性指数 R_J

煤的燃尽特性指数 R_J 同样由热天平测定。除燃烧特性曲线外，还需要煤焦燃尽曲线（见图 2-5）。

煤焦燃尽特性试验条件：煤粉试样在900℃加热7min，除去挥发分来制取焦炭，并粉碎成粒度小于74μm作为试样。温度在700℃以前仪器通入 N_2，700℃以后将反应气体切换为 O_2。使10mg焦炭（可燃质）在700℃恒温条件下燃尽，图 2-4 中的燃尽时间是在700℃条件下烧掉98%焦炭所需的时间。

表征煤粉燃尽特征指数的有：燃烧特性曲线中难燃峰下烧掉的燃料量（G_2），难燃峰最大反应速度对应的温度（t_{2max}），以及烧掉98%燃料量所需的时间（τ_{98}）。显然，仅仅用 τ_{98} 来预测煤粉燃尽特性也会有较大的局限性，必须综合考虑 G_2 和 t_{2max}，以及燃尽试验中的煤焦燃尽时间 τ'_{98} 的影响。

对多种煤进行分析，采用等效离散度相等的原理确定各指标的权数，计算出煤粉的燃尽

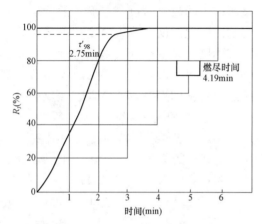

图 2-5　某烟煤煤焦燃尽曲线

特性指数 R_J 为

$$R_J = \frac{10}{a'A' + b'B' + c'C' + d'D'} \tag{2-13}$$

式中：A'、B'、C'、D' 分别为 G_2、t_{2max}、τ_{98}、τ'_{98} 各特征指标应得的燃尽等级数，见表 2-4；a'、b'、c'、d' 分别为 G_2、t_{2max}、τ_{98}、τ'_{98} 各指标所占的权数。

表 2-4 各特征指标划定的燃尽等级

燃尽等级	燃尽性能	难燃峰下烧掉的燃料量 G_2 (mg)	难燃峰顶时温度 t_{2max} (℃)	煤粉燃尽时间 τ_{98} (min)	煤焦燃尽时间 τ'_{98} (min)
1	极易燃尽	≤0.6	≤520	≤14	≤2.5
2	易燃尽	0.6～1.2	520～580	14～15	2.5～3.5
3	中等燃尽	1.2～1.8	580～640	15～16	3.5～4.5
4	难燃尽	1.8～2.4	640～700	16～17	4.5～5.5
5	极难燃尽	≥2.4	>700	>17	>5.5
权数		0.33	0.26	0.14	0.17

由 R_J 判定燃尽程度的划分界限为

$R_J < 2.5$ 为极难燃尽煤种；

$2.5 \le R_J < 3.0$ 为难燃尽煤种；

$3.0 \le R_J < 4.4$ 为中等燃尽煤种；

$4.4 \le R_J < 5.29$ 为易燃尽煤种；

$R_J \ge 5.29$ 为极易燃尽煤种。

第四节 煤灰的熔融、结渣及沾污特性

一、煤灰的熔融特性

1. 熔融特性判定

煤灰的熔融特性是动力用煤的重要指标，它反映煤中矿物质在锅炉中的变化动态。测定煤灰熔融性温度在工业上特别是火电厂中具有重要意义。我国采用角锥法测定煤灰的熔融性，其具体步骤为：

（1）灰的制备。取粒度小于 0.2mm 的分析煤样，按照测定灰分的方法，及相关标准的要求制成符合要求的灰样。

（2）灰锥的制作。取 1～2g 煤灰样放在瓷板或玻璃板上，用数克糊精水溶液湿润并调成可塑状，然后放入灰锥模中挤压成高为 20mm、底边长 7mm 的正三角形锥体，干燥后备用。

（3）在弱还原性气氛中测定。将带灰锥的托板置于刚玉舟的凹槽内，送入充满弱还原性气氛的灰熔点测试仪中，按相关标准规定的程序升温，记录灰锥的三个熔融特征温度：变形温度 DT、软化温度 ST、流动温度 FT。

在测定过程中，灰锥尖端开始变圆或弯曲时的温度为变形温度 DT，如有的灰锥在弯曲后又恢复原形，而温度继续上升，灰锥又一次弯曲变形，这时应以第二次变形的温度为真正的变形温度 DT。

当灰锥弯曲至锥尖触及托板或锥体变成球形或高度不大于底长的半球形时的温度为软化温度 ST。

当灰锥熔化成液体或展开成高度在 1.5mm 以下的薄层或锥体逐渐缩小，最后接近消失时的温度为流动温度 FT。某些灰锥可能达不到上述特征温度，如有的灰锥明显缩小或缩小而实际不熔化，仍维持一定轮廓；有的灰锥由于表面挥发而锥体缩小，但却保持原来形状；某些煤灰中 SiO_2 含量较高，灰锥易产生膨胀或鼓泡，而鼓泡一破即消失等，这些情况均应在测定结果中加以特殊说明。灰渣熔融特性示意如图 2-6 所示。

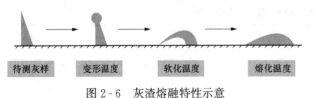

待测灰样　　变形温度　　软化温度　　熔化温度

图 2-6　灰渣熔融特性示意

根据灰熔融性温度的高低，通常把煤灰分成易熔、中等熔融、难熔和不熔四种，其熔融温度范围大致为：

易熔灰 ST 值在 1160℃以下；

中等熔融灰 ST 值在 1160～1350℃之间；

难熔灰 ST 值在 1350～1500℃之间；

不熔灰 ST 值则高于 1500℃。

一般把 ST 值为 1350℃作为锅炉是否易于结渣的分界线，灰熔融性温度越高，锅炉越不易结渣；反之，结渣越严重。

DT、ST、FT 的温度间隔对锅炉工作有很大的影响。一般认为 DT 与 ST 之差在 200～400℃时为长渣，100～200℃时为短渣。长渣在冷却时可较长时间保持一定的黏度，因此在炉膛中易于结渣。短渣在冷却时其黏度值增加很快，只会在很短的时间造成结渣。

2. 煤灰成分对熔融性的影响

煤灰中的化学成分比较复杂，一般可以分为酸性氧化物和碱性氧化物两种，酸性氧化物如 SiO_2、Al_2O_3 和 TiO_2，碱性氧化物如 CaO、MgO、Fe_2O_3、K_2O 和 Na_2O。这些氧化物在纯净状态，灰熔点大都很高。但燃烧生成的灰分往往是多种成分结合的共晶体，这些复合物的共晶体的熔点往往较低。

煤灰中 SiO_2 的含量较多，一般占 30%～70%，它对煤的灰熔点的影响较为复杂。它在煤灰中起熔剂的作用，能和其他氧化物进行共熔。SiO_2 含量在 40%以下比高于 40%的灰熔点普遍高出 100℃左右。SiO_2 含量在 45%～60%范围内的煤灰，随着 SiO_2 含量的增加，煤灰熔融性温度将降低。SiO_2 含量超过 60%时，SiO_2 含量的增加对煤灰熔融性温度的影响无一定规律，但煤灰灰渣熔化时容易起泡，形成多孔性残渣。而当 SiO_2 含量超过 70%时，其煤灰熔融性温度均比较高。

煤灰中 Al_2O_3 的含量一般均较 SiO_2 含量少。Al_2O_3 能显著增加煤灰的熔融性温度，煤灰中 Al_2O_3 含量自 15%开始，煤灰熔融性温度随着 Al_2O_3 含量的增加而有规律地增加；当煤灰中 Al_2O_3 含量高于 25%时，煤灰熔融性的软化温度和流动温度间的温差，随煤灰中 Al_2O_3 含量的增加而减小。当煤灰中 Al_2O_3 含量超过 40%时，不管其他煤灰成分含量变化如何，其煤灰的熔融性软化温度一般都超过 1500℃。

煤灰中 CaO 的含量变化很大，煤灰中的 CaO 一般均起降低煤灰熔融性温度的作用。但纯 CaO 的熔点很高，达 2590℃，故当煤灰中 CaO 含量增加到一定量时（如达到 40%～50%

以上时），煤灰中的 CaO 反而能使煤灰熔融性温度显著增加。

煤灰中 Fe_2O_3 的含量变化范围广，一般煤灰中 Fe_2O_3 含量在 5％～15％居多，个别煤灰高达 50％以上。测定煤灰熔融性温度无论在氧化气氛或者弱还原气氛中，煤灰中的 Fe_2O_3 含量均起降低煤灰熔融温度的作用。在弱还原性气氛中，若煤灰中 Fe_2O_3 含量在 20％～35％的范围内，则煤灰中 Fe_2O_3 含量每增加 1％，平均降低煤灰熔融性软化温度 18℃，流动温度约 13℃，煤灰熔融性的流动温度和软化温度的温差，随煤灰中 Fe_2O_3 含量的增加而增大。

在煤灰中 MgO 含量较少，一般很少超过 4％，在煤灰中 MgO 一般起降低煤灰熔融性温度的作用。试验证明：煤灰中 MgO 含量在 13％～17％时，煤灰熔融性温度最低，小于或大于这个含量，煤灰熔融性温度均能有所增高。

煤灰中的 Na_2O 和 K_2O 一般来说均能显著降低煤灰熔融性温度，在高温时易使煤灰挥发。煤灰中 Na_2O 含量每增加 1％，煤灰熔融性软化温度降低约 18℃，流动温度降低约 16℃。

煤灰熔融性温度的高低，主要取决于煤灰中各无机氧化物的含量。一般来说，酸性氧化物含量高，其灰熔融性温度就高，相反，碱性氧化物含量多，则其灰熔融性温度就低。

3. 灰渣熔融性对锅炉工作的影响

煤灰的熔融性对于锅炉运行的经济性及安全性均有很大影响。当燃用低灰熔点煤时，往往使固态排渣煤粉炉炉膛结渣，在高温对流过热器管子上搭桥，严重时使炉内燃烧工况恶化，甚至大块焦渣落下砸坏冷灰斗的水冷壁管而被迫停炉。

通常，采用控制炉膛出口烟温的办法来避免对流受热面结渣。一般应低于灰的变形温度 DT50～100℃，也应低于灰的软化温度 ST。对于固态排渣煤粉炉，当 ST＜1350℃时，有结渣的可能性；若 ST＞1350℃，结渣的可能性不大。

二、煤的结渣特性

煤的结渣特性是指煤在气化或燃烧过程中煤灰受热、软化、熔融而结渣的性质。受热面的结渣问题将影响电站锅炉运行的安全性和经济性。

1. 结渣率

结渣率是指煤在一定的空气流速下燃烧并燃尽时，其所含灰分因受到高温影响而结成灰渣，其中大于 6mm 的渣块占灰渣总质量的百分比。

结渣率与煤种和空气流速有关，结渣率越高的煤，在一定的炉内空气动力条件下越易结渣。

2. 碱酸比 B/A。

碱酸比 B/A 指煤灰中碱性组分（铁、钙、镁、锰等的氧化物）与酸性组分（硅、铝、钛的氧化物）之比。

由于煤中的酸性成分（Al_2O_3、SiO_2、TiO_2）比碱性成分（Fe_2O_3、CaO、MgO、K_2O、Na_2O）的熔点普遍要高，一般认为煤中酸性成分越多其灰熔点就越高，越不易结渣。

$$\frac{B}{A} = \frac{Fe_2O_3 + CaO + MgO + Na_2O + K_2O}{SiO_2 + Al_2O_3 + TiO_2} \qquad (2-14)$$

式中：B 为煤灰中碱性成分含量；A 为煤灰中酸性成分含量；Fe_2O_3、Al_2O_3 分别为干燥基灰组分的质量百分数；

当 $B/A=0.4\sim0.7$ 时，为结渣煤；当 $B/A=0.1\sim0.4$ 时，为轻微结渣煤；当 $B/A<0.1$ 时，为不结渣煤。

3. 硅铝比

即 $2SiO_2/Al_2O_3$ 的比值。虽然 SiO_2 熔点较高，但其对灰熔化温度的影响比较复杂。如果全部 SiO_2 与 Al_2O_3 结合成高岭土（$Al_2O_3 \cdot 2SiO_2$），则熔点高，不会结渣。如果有过量 SiO_2 存在，它将与 CaO、MgO 等形成共晶体，导致煤的灰熔点下降，就有可能结渣。

4. 煤灰的结渣特性指数 R_Z

判别煤灰的结渣特性有许多方法。如灰熔融性、灰成分、灰高温黏度、热显微镜观测、重力筛分煤灰偏析、热平衡相图等。为提高灰熔融特征温度、灰成分各判别指数预报的准确程度，有文献曾对国内近 250 个煤种（其中无烟煤 4 种，贫煤、烟煤 169 种，褐煤 37 种）的灰渣特性资料，引用国外结渣特性判别指数及最优分割数学模型，对我国动力用煤的结渣特性指数判别界限进行了重新划分，给出了适合我国煤种具体情况的结渣特性指数判别界限，其中软化温度 ST 的准确率可达 80% 以上。通过对 70 个煤种（其中无烟煤 12 种、烟煤、贫煤 21 种、褐煤 28 种）应用最优分割数学模型的判别结果与电厂锅炉运行的实际结渣情况的调研结果进行对照，得到了各判别指数的判别界线和准确率的统计值，见表 2-5。

表 2-5　　　　　　　　　各种结渣倾向判别指数的判别界线和准确率

判别指数	结渣程度			准确率（%）	权值
	轻微	中等	严重		
ST(℃)	>1390	1390~1260	<1260	83	0.30
B/A	<0.206	0.206~0.4	>0.4	69	0.24
$G(\%)$	>78.8	78.8~66.1	<66.1	67	0.24
SiO_2/Al_2O_3	<1.87	1.87~2.65	>2.65	61	0.22
综合判别指数 R_Z	≤1.5 轻微	1.5<R_Z<1.75 中等偏轻 1.75≤R_Z≤2.25 中等 2.25<R_Z<2.5 中等偏重	R_Z≥2.5 严重	90	—

$$G=\frac{100\times SiO_2}{SiO_2+Fe_2O_3+CaO+MgO} \qquad (2-15)$$

从表 2-5 中 ST、B/A、G、SiO_2/Al_2O_3 四个指数，并根据各指数的预报准确率，采用加权平均方法，给出了一个统一的判别标准，构成了一个新的煤灰结渣特性综合判别指数 R_Z：

$$R_Z=1.24(B/A)+0.28(SiO_2/Al_2O_3)-0.0023ST-0.019G+5.42 \qquad (2-16)$$

为了进一步验证所建立综合判别指数 R_Z 的预报准确率，首先对参与建立该指数的 70 个煤种的实际运行特性进行了验证，结果表明：综合判别指数的准确率可达到 90%。

由 R_Z 判定结渣倾向的划分界限为

$R_Z<1.5$ 为不易结渣煤种；

$1.5≤R_Z<2.5$ 为中等结渣煤种；

$R_Z≥2.5$ 为严重结渣煤种。

三、煤的沾污特性

煤灰对于高温受热面（水冷壁、高温过热器、高温再热器）的沾污特性可用沾污特性指标 R_F 来表示。

$$R_F = \frac{B}{A} Na_2 O \qquad (2-17)$$

式中：Na_2O 为煤灰中 Na_2O 的干燥基质量百分数，%。

$R_F<0.2$，为轻微沾污；$R_F=0.2\sim0.5$，为中等沾污；$R_F=0.5\sim1.0$，为强沾污；$R_F>1.0$，为严重沾污。

思考题及习题

2-1 煤、液态燃料、气态燃料的特性。

2-2 何谓燃料？我国的燃料状况如何？

2-3 何谓燃料的元素分析？试述常用燃料的元素分析组成。

2-4 何谓煤的工业分析？为什么要进行煤的工业分析？

2-5 何谓燃料的发热量？不同基准的发热量如何换算？

2-6 试述常用燃料发热量的大致范围。

2-7 试述无烟煤、烟煤、褐煤的主要特征。

2-8 简要分析煤灰熔融特性、结渣特性及沾污特性影响因素。

2-9 何为灰的变形温度？软化温度？流动温度？

第三章　燃烧空气动力学及模化基础

燃烧过程是一个复杂的物理化学过程。虽然它是一种氧化放热反应，但是物理过程特别是能量、质量和动量的交换过程对燃烧存在重要的影响，在大多数工业燃烧中，对总反应速度起决定作用的是物理过程的流动速度。

在燃烧过程中，燃料、氧化剂及燃烧生成物通常以较高的速度进行流动，在工程中大都以高速射流的形式存在。高速运动的物质存在速度梯度、温度梯度和浓度梯度。在流动中进行燃烧化学反应时，同时进行动量交换、能量交换和质量交换。燃料氧化剂混合强度、流动结构和流动状态都与燃烧空气动力学特性密切相关。

第一节　射流的定义及分类

一、射流的定义

射流是指流体从管口、孔口、狭缝射出，或靠机械推动，并同周围流体掺混的一股高速流体流动。

二、射流的分类

不同的分类方法可分为不同的射流种类。①按射流流体的流动状态不同，可分为层流射流和湍流射流。②按射流流体的流动速度大小不同，可分为亚声速射流和超声速射流。③按射流流体在充满静止流体的空间内扩散流动的过程中是否受到固体边界的约束，可分为自由射流（见图 3-1）、半限制射流（见图 3-2）和限制射流。④按射流流体在扩散流动过程中是否旋转，可分为旋转射流（见图 3-3）和直流射流（见图 3-1）。⑤按射流管嘴出口截面形状不同，可分为圆形射流（又称轴对称射流，见图 3-1）、矩形射流、条缝射流（可按平面射流处理）、环状射流（见图 3-4）和同心射流（见图 3-5）等。对于矩形射流，当长宽比小于 3 时，可按轴对称射流考虑；当长宽比大于 10 时，按平面射流考虑。⑥按射流流体的流动方向与外界空间流体的流动方向不同，可分为顺流射流、逆流射流和叉流射流。⑦按射流流体与外界空间内流体的温度及浓度不同，可分为温差射流和浓差射流。⑧按射流流体内所携带的异相物质的不同，可分为气液两相射流，气固两相射流和液固两相射流以及气液固多相射流等。

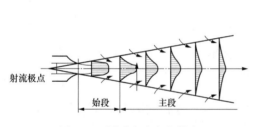

图 3-1　圆形直流自由射流

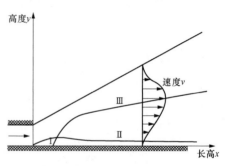

图 3-2　半限制射流

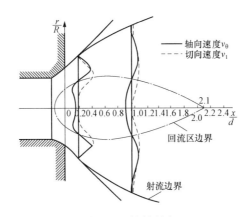

图 3-3　旋转射流

x—据喷出口距离；d—喷出口直径；r—喷出口半径；R—旋转射流半径

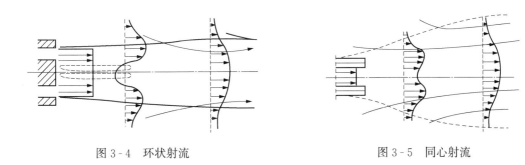

图 3-4　环状射流　　　　　　　　　图 3-5　同心射流

第二节　直流射流流动特性

直流射流的应用十分广泛。在燃烧中直流射流不但是各种直流燃烧器的基本工作状态，而且还经常用来作为加强质交换和热交换的重要手段。20 世纪 50～60 年代期间，英、美、苏联等都加强了对各种直流射流的空气动力学研究。我国 20 世纪 60 年代初期也曾在这方面作过一些工作。通常，燃烧过程中应用的射流都是湍流的，即射流中存在分子微团的不规则运动，其主要特征是，除了射流流体的整体运动外，还有分子微团的纵向脉动和横向脉动，特别是横向脉动对射流中的热质输运现象起着主要的作用。

一、直流射流的一般特性

如图 3-6 所示，如果气流自喷嘴以初速度 u_0 沿 x 轴正方向流出，并假定初速 u_0 在喷嘴出口处是均匀分布的。在射流进入自由空间后，由于分子微团的不规则运动，特别是微团的横向脉动，引起了射流和周围介质的物质交换和动量交换，因而使得周围介质也跟着射流流动。结果使得射流的流量增加，射流的宽度加大，而射流的速度却逐渐降低，一直影响到射流的中心轴线上。

根据图 3-6 的速度分布，可以将射流分为 5 个特征区域：①速度为 u_0 的 ABC 区域称为射流核心区。核心区的边界为内边界面，而射流和静止介质的交界面称为外边界面。②外边界面和内边界面所包围的部分称为混合区，是射流和周围介质发生激烈混合的地区。内边界面上的速度等于初速度 u_0，而外边界面上的速度为零。③射流存在转捩截面。在离喷嘴出

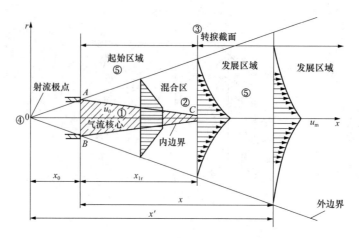

图 3-6　射流出口附近的速度分布

r—射流半径；u_m—轴向速度；u_0—喷出口速度；x—长度

口一定距离以后，未经扰动而保持初速 u_0 的区域消失的横截面称为转捩截面。转捩截面距喷嘴出口的距离为喷嘴直径的 4～5 倍，喷出射流的湍流强度越大，此距离就越短。④射流极点。射流外边界的交点称为射流极点。⑤射流开始区域和发展区域。喷嘴出口与转捩截面之间的区域称为起始区域，而转捩截面以后的区域称为发展区域。

二、直流自由射流速度分布特性

1. 起始区域中各截面速度分布

图 3-7 示出了自由射流起始区域各截面上湍流参数特性。图中上半边为横向及纵向湍流强度的分布规律，下半边为脉动 u'_x 及平均速度 u_x 的分布规律。从图 3-7 中可知：

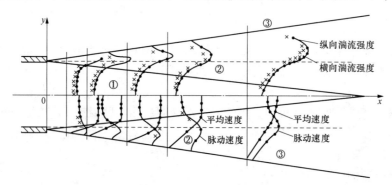

图 3-7　自由射流起始区域中各截面速度分布特性

（图中①为核心区，②为混合区，③为外边界；图中上半部分为横向及纵向湍流强度的分布规律，
下半部分为脉动速度 u'_x 及平均速度 u_x 的分布规律）

（1）在射流的核心区内，不论横向分布与纵向分布的湍流参数皆不为常数，而是由核心中间（$y=0$）向内边界层逐渐增加，并且随着射流向前发展，其湍流强度的水平不断升高，但变化都不很大。因此认为存在湍流参数不变的核心区，只能作为一种近似考虑。

（2）在混合区内，与平均速度不断降低相反，脉动速度则急剧升高。其最大值大约位于与出口喷嘴直径相等的环形截面上。射流向前发展，但脉动速度最大值的位置却基本不变。

在射流外边界处脉动速度逐渐接近零值。因而可知，在混合区内，混合十分强烈，其湍流强度最大值比核心区约高三倍。

（3）各方向脉动速度与平均速度也显著不同。对平均速度，u_x 远大于 u_y 和 u_z。而脉动速度的分布却是 $u_x' \approx u_y' \approx u_z'$。虽然 u_x' 最大，但三个方向的脉动速度值基本上处同一数量级。

2. 发展区域中各截面速度分布

图 3-8（a）显示出了圆形射流在发展区域中不同截面上的速度分布特性。它表明在完全发展区中射流各截面的速度分布图是逐渐变形的。距离喷嘴出口越远，则射流速度越低，而射流宽度越大，速度分布曲线就越平坦。

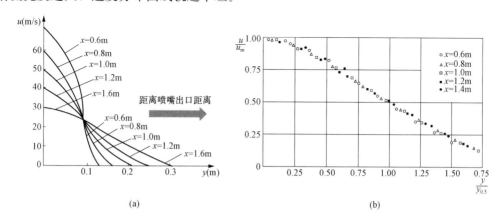

图 3-8　直流自由射流发展区域中各截面速度分布特性
（a）轴向速度随距喷出口距离之关系；（b）轴向无因次速度随距喷出口无因次距离之关系

若把自由射流基本区域中各截面上的轴向速度分布表示在 u/u_m－$y/y_{0.5}$ 的无因次坐标上（这里，u_m 表示该截面上射流在 x 轴线上的速度，$y_{0.5}$ 表示该截面上速度为 $0.5u_m$ 的点与 x 轴之间的距离），则得如图 3-8（b）所示的直流自由射流发展区域中速度无因次值分布。在发展区域中自由射流各截面上的轴向速度分布是相似的。

三、发展区域内平面直流射流与圆形直流射流的差异性

1. 射流的动量交换差异性

射流中许多重要参数的分布规律和变化特性都与射流中的动量交换有关。射流中的压力变化不大，可认为在射流中的压力等于周围空间介质的压力。所以在射流的任何一个截面上，总动量 M 保持不变，其数学表达式为

$$M = \int_0^m u \mathrm{d}q_m = \text{const} \qquad (3-1)$$

式中：u 为射流任一横截面上某点的轴向速度；$\mathrm{d}q_m$ 为单位时间内流过该横截面上某微元横截面的射流质量流量；m 为射流流过该横截面的总质量。

根据动量守恒、相似原理，可得如表 3-1 中的特性及经验关系式。表中：R_0 为喷嘴的半径；b_0 为平面喷嘴高度的一半；u_0 为喷嘴出口处射流的初始速度；u_m 为射流轴心线上的速度；常数 a 的取值范围圆形射流为 $0.07 \sim 0.08$，平面射流为 $0.1 \sim 0.11$；x 轴的方向与射流方向一致且距离射流极点 x 处的射流边界层宽度的一半为 R_{rp}；q_{m0} 为初始流量，$q_{m0} =$

$\pi R_0^2 \rho u_0$，$q_m = \displaystyle\int_0^{R_{\text{гр}}} \rho u \cdot 2\pi r dr$ 为流过任一横截面的气体质量流量。

表 3-1　　　　　　　圆形及平面直流射流发展区域内中心速度及射流卷吸量特性

发展区域参数	圆形射流	平面射流
截面的中心速度	$\dfrac{u_m}{u_0} = \dfrac{0.96}{\dfrac{ax}{R_0} + 0.29}$	$\dfrac{u_m}{u_0} = \dfrac{1.2}{\sqrt{\dfrac{ax}{b_0}}}$
射流卷吸量	$\dfrac{q_m}{q_{m0}} = 2.13 \dfrac{u_0}{u_m}$	$\dfrac{q_m}{q_{m0}} = 1.42 \dfrac{u_0}{u_m}$
截面上的平均速度 u_a 和该截面上的最大速度 u_m 之间的关系	$u_a = 0.2 u_m$	$u_a = 0.41 u_m$
发展区域内某一截面的边界层宽度与其中心速度之间的关系	$\dfrac{R_{\text{гр}}}{R_0} = 3.3 \dfrac{u_0}{u_m}$	—

比较分析表 3-1 可以看出，圆形射流和平面射流的一些重要参数变化的具体函数式是不同的，具体如下：

（1）当射流初速 u_0 及喷嘴的当量尺寸相同时，平面射流具有比圆形射流大的射程。这是由于平面射流的轴线速度 u_m 是与距离 x 的平方根成反比例，而在圆形射流中其轴线速度 u_m 与 x 成反比的缘故。

（2）当射流初速 u_0 及喷嘴的当量尺寸相同时，圆形射流具有比平面射流大的卷吸能力。射流的卷吸能力就是射流卷吸周围介质而使本身流量增加的能力。圆形射流流量的增加与距离 x 成正比例，而平面射流流量的增加却与 x 的平方根成正比，而且圆形射流流量变化的关系中的比例系数也要大些。

（3）当喷嘴的当量尺寸相同时，圆形射流比平面射流有稍大的扩散角。

2. 射流的热交换差异性

在燃烧领域中，常常会遇到射流的温度和周围介质温度不同的情况。这种射流称为不等温射流。和速度场的变化一样，不等温射流中温度的变化也是由于输运现象引起的。如果射流温度低于周围介质的温度，则射流逐渐被加热。反之，射流温度高于周围介质温度时，则射流就逐渐被冷却。在不等温射流中，其温度差的分布情况与射流中的速度分布情况相似。图 3-9 显示了射流被冷却时的情况。在不等温自由射流中，其温度差 $\Delta T = T - T_\infty$（其中，T 为射流某点的温度，T_∞ 为周围介质的温度）的分布和速度分布相似，即存在着温度转捩截面、温度开始区域、温度基本区域、温度核心区域和温度边界层。从图 3-9 中可知，与速度分布图相似，在射流中仍然存在着一个温度不变的核心区。在核

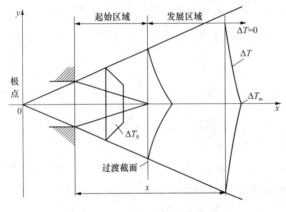

图 3-9　不等温射流中的温度分布

心区中温度都等于出口温度，温差最大。由于不断地进行热交换，在过渡截面后核心区就消失了。在湍流边界层（即混合区）中温差逐渐缩小，在射流外界面上的温度差为零。在完全发展区中射流轴线上的温度也是变化的，离喷嘴出口越远，温差就越小。

不等温射流和周围介质间进行的热交换，存在各种温度差：射流中某点的温度与周围介质温度之差 $\Delta T = T - T_{\mathrm{H}}$，射流轴线上的温度 T_m 与周围介质温度之差 $\Delta T_m = T_m - T_{\mathrm{H}}$，以及射流在喷嘴出口处的温度与周围介质温度之差 $\Delta T_0 = T_0 - T_{\mathrm{H}}$。这里，$T$ 为射流中某点的温度；T_{H} 为周围介质的温度；T_m 为射流轴线上的温度；T_0 为射流在喷嘴出口处的温度。

根据能量守恒原理，可得如表 3-2 中的特性及经验关系式。表中常数 $a=0.07\sim0.08$，x 为某截面到喷嘴的距离。

表 3-2 圆形及平面直流射流发展区域内温度分布特性

发展区域参数	圆形射流	平面射流
截面中心温度差的衰减规律经验关系式	$\dfrac{\Delta T_m}{\Delta T_0} = \dfrac{T_m - T_\infty}{T_0 - T_\infty} = \dfrac{0.7}{\dfrac{ax}{R_0} + 0.29}$	$\dfrac{\Delta T_m}{\Delta T_0} = \dfrac{1.04}{\sqrt{\dfrac{ax}{b_0}}} + 0.41$
简写	$\dfrac{\Delta T_m}{\Delta T_0} = \dfrac{常数}{x}$	$\dfrac{\Delta T_m}{\Delta T_0} = \dfrac{常数}{\sqrt{x}}$

从表 3-2 分析比较发现，在其初始温度差 ΔT_0 和喷嘴当量尺寸相同的条件下，圆形射流要比平面射流具有更快的温度差降落。因此在实际运用中，如果希望射流更快地被冷却（或加热），则宜采用圆形射流。

3. 射流中的物质交换差异性

在燃烧实践中，射流所含有的混合物成分或浓度常与周围介质所含有的成分或浓度不同。因此射流在周围空间扩展时，必然会发生物质的输运即扩散。例如可燃混合物气流向炉内喷射，或带有煤粉的一次风射流由燃烧器喷向炉膛时，都会引起射流与周围介质间的物质交换。

射流中混合物的扩散过程与热交换过程相似，射流混合物的扩散过程中存在各种浓度差。射流中某截面上的某一测点的混合物浓度和周围介质的同种成分的浓度差 $\Delta C = C - C_{\mathrm{H}}$（其中，$C$ 为射流某截面上测点的混合物浓度，$\mathrm{kg/m^3}$；C_{H} 为周围介质中同种成分的浓度，$\mathrm{kg/m^3}$），射流某截面轴线上的混合物浓度与周围介质中同种成分浓度之差 $\Delta C_0 = C_0 - C_{\mathrm{H}}$（其中 C_0 为射流在喷嘴出口处的混合物浓度，$\mathrm{kg/m^3}$）。

射流完全发展区中不同截面上的无因次混合物浓度比值的分布情况相似。换言之，在射流各截面上的相应点具有相同的无因次混合物浓度的比值；并且在无因次坐标中，无因次混合物浓度差的比值和无因次温度差的比值完全相同。故有下列关系：

$$\frac{\Delta T}{\Delta T_m} = \frac{\Delta C}{\Delta C_m} \tag{3-2}$$

表 3-3 示出了圆形及平面直流射流发展区域内质量交换分布特性。表中常数 $a=0.07\sim0.08$，x 为某截面到喷嘴的距离。

表 3 - 3	圆形及平面直流射流发展区域内质量交换特性	
发展区域参数	圆形射流	平面射流
截面中心浓度差的衰减规律经验关系式	$\dfrac{\Delta C_m}{\Delta C_0}=\dfrac{0.7}{\dfrac{ax}{R_0}+0.29}$	$\dfrac{\Delta C_m}{\Delta C_0}=\dfrac{1.04}{\sqrt{\dfrac{ax}{b_0}}}+0.41$
简写	$\dfrac{\Delta C_m}{\Delta C_0}=\dfrac{常数}{x}$	$\dfrac{\Delta C_m}{\Delta C_0}=\dfrac{常数}{\sqrt{x}}$

在两种射流的初始混合物浓度差 ΔC_0 及喷嘴的当量尺寸相同的条件下，圆形射流要比平面射流具有较快的浓度差降落，也即圆形射流的物质交换要更强烈一些。

四、自由射流的自模性

当与周围介质温度不等的自由射流在介质中扩散时，由于气流的横向湍流脉动，在与周围介质不断地进行物质质量交换和动量交换的过程中，射流必然和周围介质有热量交换。由此可见，不等温自由射流中的热交换过程也是一种湍流输运，因此自由射流速度场的相似性也会引起不等温自由射流温度场分布的相似性。

由于空气湍流的普朗特数 $\mathrm{Pr}=\dfrac{v_t}{a_t}\approx0.7\sim0.8$（其中 v_t 为湍流运动黏度，a_t 为湍流导温系数），因此不等温自由射流的温度分布和速度分布是不重合的，温度分布比速度分布要宽些。图 3 - 10 所示的是不等温射流在 $x/d=20$ 截面处无因次温度分布和速度分布的实验结果。温度分布和浓度分布规律很接近，几乎具有相同的形状，而速度衰减却比前两者快些。

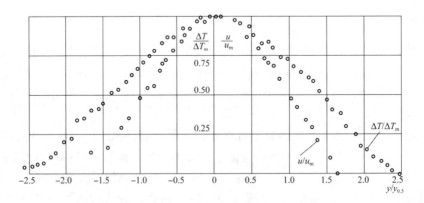

图 3 - 10 不等温自由射流无因次温度分布和速度分布（$x/d=20$）

总的来说，在自由射流中，速度、温度和浓度分布是比较相似的，可用与雷诺数无关的普遍无因次规律来表示，这种特性称为自由射流的自模性。根据泰勒湍流理论，无因次温度 $\dfrac{\Delta T}{\Delta T_m}$ 与无因次速度 $\dfrac{u}{u_m}$ 之间存在着下列关系：

$$\frac{\Delta T}{\Delta T_m}=\frac{T-T_\infty}{T_m-T_\infty}=\sqrt{\frac{u}{u_m}} \tag{3 - 3}$$

第三节 有利于强化稳燃的射流

稳定燃烧是燃烧过程中最关心的问题，如何实现稳定燃烧不熄火，也是设计和应用领域所关心的重要问题。本节主要学习有利于强化稳燃的射流，讨论从燃烧装置本身结构的特性出发来解决稳燃的问题。

一、环形射流和共轴射流

在燃烧工程应用中也常应用环形射流和共轴射流。这类射流与圆形射流有许多类似之处，但是也有不少与圆形射流不同之处。环形和共轴射流的流动可分为两个具有不同特点的区域：完全发展区和射流喷出口附近区，这两个区域的流动特性和影响因素均不同。

环形射流是从环形的喷口喷射出来的射流，共轴射流是多个射流围绕着同一个轴心线，如图 3 - 11 和 3 - 12 所示。对于环形射流和共轴射流主要的特点是存在着外部回流和中心回流区，即在环形射流的中心具有一个反向的回流区。对共轴射流而言，在中心射流和环线射流的交界面的尾迹中，也存在回流区，回流区的尺寸和回流速度对着火的稳定性，以及中心射流和环形射流间的混合速度，都有较大的影响。

图 3 - 11 共轴射流喷出口示意

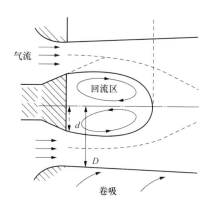

图 3 - 12 环形射流示意

二、有限射流

射入有限空间的射流称为有限射流。由于在有限射流的四周形成了一种封闭的回流区（见图 3 - 13），这种回流区的流动特性对燃烧过程有重要的影响。譬如回流区的尺寸和湍流强度不但影响湍流扩散火焰的稳定性而且也影响其燃烧长度。

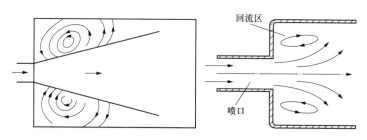

图 3 - 13 有限射流示意

射流喷入有限空间以后，从其四周卷吸气体并带着它们向前流动。当射流外边界与有限空间的器壁相交时，射流的卷吸停止。由于射流的卷吸和射流外边界的封锁，射流周围的有限空间内压力降低成负压，形成一个反向的压力差，从而使一部分气体从射流中分离出来向相反的方向流动，就构成了一个封闭的回路，形成回流区。回流区能够卷吸高温的烟气，回流到火焰的根部，能对它进行加热，从而强化其着火和燃烧。

三、钝体尾迹流

钝体对火焰的稳定作用基本上由钝体周围气流的空气动力学特性所决定。如图 3-14 和图 3-15 所示，在钝体的尾迹中存在着一个湍流度较大的回流区。该回流区还提供了一个具有热源和化学上活泼物质成分源的边界层流动，因而使得火焰能够在一个广泛的流动速度和混合物比的范围内稳定地燃烧。

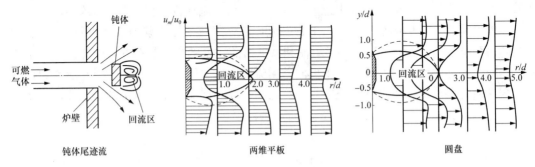

图 3-14 不同钝体尾迹流

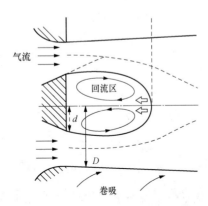

图 3-15 喷射流动中钝体尾迹的流动区域

从燃烧过程来看，人们最感兴趣的是回流区的特性，即回流区的尺寸、回流量等参数的分布。回流区尺寸和回流量主要受钝体的形状和阻塞比 $(d/D)^2$ 的影响，回流区的宽度几乎不受阻塞比的影响，而阻塞比主要影响回流区的长度。阻塞比减小，则回流区长度增加，但是阻塞比减小，最大相对回流量也随之急剧减小。

可以用钝体前身的发散半角 α（α 为气流偏离钝体时的方向与射流轴线间的夹角，因而对圆盘来说 α 为 $90°$，而对圆柱体来说 α 为 $0°$）来表征不同钝体的结构特征。α 对回流区的宽度和长度都有明显的影响，α 越大，回流区的宽度和长度都越大。

四、旋转射流

1. 旋转射流的分类

（1）按射流是否受到约束。旋转射流可分为三种：第一种是自由旋转射流，即旋流气流离开旋流发生器后，喷向一个足够大的空间，由于不受固体表面的限制而能够自由扩张，例如煤粉炉当中的旋流燃烧器喷出的气流。第二种是半自由旋转流动，就是旋转流动在外边界上不能自由扩张，如旋风燃烧炉。第三种是复合旋转射流，就是各类射流与旋转射流的组合。

（2）按旋流强度大小。旋转射流当中有个非常重要的指标就是旋流强度，也叫旋流数，

旋流数 S 也是由几何上相似的旋流发生器所产生的旋转射流的重要相似准则，如式（3-4）所示。可表示为流体切向速度 u_t 和轴向速度 u_x 之比值，其大小表示旋流强度的高低、旋转射流的速度分布、卷吸量、中心回流区的尺寸、扩展角度和射流的射程等重要参数都与旋流数 S 有关。

$$S \approx \frac{u_t}{u_x} \tag{3-4}$$

从旋转射流的强度来分，可以分为弱旋转射流和强旋转射流。弱旋转射流的旋流强度不大，不出现中心轴向回流，也即轴向速度均为正值。强旋转射流的旋流强度比较大，因而建立了一个足够大的反向压力梯度，从而导致轴向回流，并且存在一个中心回流区。

2. 旋转射流特征

（1）存在轴向速度、径向速度和切向速度。在旋转射流中除了具有直流射流中存在的轴向速度和径向速度外，还有切向速度，而且其径向速度比直流射流中的径向速度大得多。从旋流发生器出来的流体质点既有旋流前进的趋势，又有沿切向飞出的趋势。这些趋势同时也受着黏滞力的约束和径向压力的影响。

（2）存在回流区。由于旋转的结果，在旋转射流的中心部分形成了一个低压区，从而建立了一个反向的轴向压力梯度，这个压力梯度随着旋流强度的加大而加大。因而，在强旋转的情况下，反向的轴向压力梯度大到足以引起沿轴线的反向流动，并在旋转射流内建立了一个回流区，如图 3-16 所示。

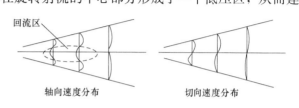

图 3-16　旋转射流中心回流区

中心回流区长度 x/d_0 随着旋流数 S 的增大而不断变长，回流区宽度随旋流数 S 的增大而相应增大，旋流强度稍有增加，中心回流区的回流量却增大很多，但最大回流量的位置和旋流数 S 的大小无关，均位于 $x/d_0=0.5$ 处。

（3）存在中心回流区卷吸周围介质现象。强旋转射流是从两个方面来卷吸周围介质的。一方面从中心回流区卷吸介质，它将高温烟气卷吸到火炬根部来加热煤粉空气混合物，对稳定着火有利。另一方面从射流的外边界上卷吸介质，这在实际的燃烧过程中对提高二次风温也是有利的。旋转射流从内面和从外面卷吸的介质数量也是其一个重要的特性。

中心回流区结束后，随着旋转火炬的向前发展，总的射流卷吸量仍不断增加，旋流强度的增加大大强化了射流的卷吸能力。

在通常的旋流强度下，回流区相对长度 $x/d_0 \leqslant 5$，旋转射流比直流射流的卷吸量大得多。在 $x/d_0 \leqslant 5$ 时，随着旋流强度的增加，射流卷吸量增加十分迅速。当 $x/d_0 > 5$ 时，旋转射流卷吸量增加速度减慢。

（4）旋转射流喷出后，在旋转前进的过程中，由于径向分速的影响而逐渐扩张，就像一个扭曲的喇叭一样，其扩张的程度由扩张角来表示。气流的旋转和射流最大速度、离喷嘴的距离 x 等有关，距喷嘴越远，射流最大速度急剧下降，当旋流强度增加时，这种衰减速度加快。轴向速度 u 和径向速度 v 按 x^{-1} 的规律衰减，而切向速度 w 则按 x^{-2} 的规律衰减。

（5）旋转射流的射程较小，其轴向、切向和径向分速的衰减规律也与直流射流不同。旋流强度增加时，不同方向局部最大速度均增加，但火炬射程却衰减很快。和直流自由射流相比，旋转射流的轴向速度衰减要快得多，因此可用改变旋流强度的办法来调节火炬射程。

3. 工业燃烧中常用的旋流发生方法及旋流发生器

使流体发生旋转的方法可分为三种：①将流体或其中的一部分切向引进一个圆柱导管；②在轴向管内流动中应用导向叶片；③利用旋转的机械装置使通过该装置的流体发生旋转运动。这类装置包括旋转导叶、旋转格栅和旋转管。

目前工业燃烧中常用的旋流发生器有四种：①蜗壳式旋流发生器；②径向导叶式旋流发生器；③轴向导叶式旋流发生器；④上述型式的组合。常用的旋流发生器示意如图 3-17 所示。

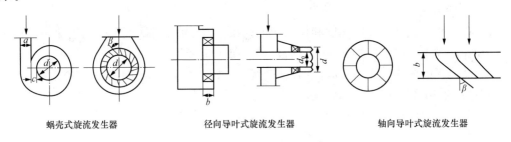

蜗壳式旋流发生器　　　　　径向导叶式旋流发生器　　　　　轴向导叶式旋流发生器

图 3-17　常用的旋流发生器示意

五、组合射流

组合射流可以是直流射流的组合，可以是旋转射流的组合，也可以是直流射流的平行的射流组合。组合射流平行射流当中，也可以使两股射流之间形成回流，那么同时也可以产生直流射流的交叉流等。

1. 交叉射流

横向交叉射流应用较多。如电站锅炉炉内的二次风喷射、烟气由烟囱排入横向风中、垂直起飞和着陆的飞机以及涡轮喷气发动机中为了降低温度而稀释空气等。横向射流是湍流剪切流动的例子之一，它比自由射流更为复杂。如图 3-18 所示，当射流横向进入主气流中时，由于受到主气流的横向剪切作用，射流的流动特性发生了变化，而与沉没射流有了较大的差异。对于主气流而言，射流的作用就像一个障碍物一样，主气流流到射流的正面处就减速并形成一个正压区。这个正压区的压力沿射流两侧逐步降低，而在射流的背面形成一个负压区，就像一个圆柱体的尾迹一样。因而在射流的背面发展了一对反向旋转的旋涡。这对旋涡经及在射流周围形成的压力场反过来对射流的发展产生了重要的影响。由于受到主气流的上述影响，射流的轴线发生偏斜，射流的断面形状发生变化。如果是圆形射流则断面将变成椭圆形。射流与主气流间的混合也因而加速，射流的势能核心长度缩短，速度和浓度的衰减加剧。

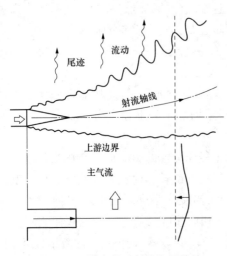

图 3-18　横向交叉射流发展特性

研究指出，横向射流的卷吸比自由射流的卷吸大得多。在自由射流中，卷吸只是由于湍流混合层的扩展而引起的。而在横向射流中，射流正面由于主气流的冲击，其背面由于一对反向旋涡的运动，而使大量液体进入射流，因而卷吸过程大大加强。同时，横向射流中各断面的完全相似是不存在的。当气流对射流的相对速度增加时，相似的程度迅速减少。

2．组合直流平行射流

在燃烧实践中，喷射进入燃烧室通常不是一个单一的射流，而是一个多股射流组合的射流组，其最基本的空气动力结构就是一组相互平行的自由射流所组成的射流组。由于射流间的相互混合和影响（在这个射流组中，各射流的截面形状、初始尺寸，初始参数以及布置等是不同的），使射流组中每一个射流和单个的自由射流的流动规律有较大的差异。特别是当射流组中两个相邻射流在离喷嘴一定距离处汇合以后，由于相互的混合作用，使速度场产生了较大变化。组合直流平行射流示意如图 3 - 19 所示。

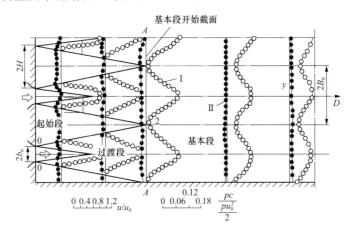

图 3 - 19　组合直流平行射流示意

如电站锅炉在四角切向布置的燃烧器中，每角的一、二次风是交替排列的。一次风为煤粉多相射流，二次风为空气射流。这组射流的流动特性就决定了燃料的着火和燃烧过程。同时，多相射流组中空气很快地相互混合，而煤粉浓度却变化极小，要使煤粉火炬顺利着火和燃尽，必须设法使二次风穿透至煤粉射流核心，也就是使一、二次风形成一定角度喷入。

3．组合平行旋转射流

大型电站锅炉所用的旋流燃烧器通常由多个旋流燃烧器对称组合而成，在炉内形成复杂的多个组合的、互相平行的旋转射流。由于其对称性，因此可用一对旋转射流在炉内相互作用的空气动力特性为例加以分析。炉内相邻的两旋流燃烧器的旋转方向可以相同，也可以相反（见图 3 - 20），在燃烧器附近，它们是对称的，故可以用叠加法处理。

平行旋转射流的流动区域可以分为具有三个不同特征的区域：第一个区域是从旋流器截面开始到 $x/d=1.5\sim2.0$ 的截面处，在这个区域中，两个旋转射流都保持各自的特性，彼此几乎独立存在，其合成的速度场实际上由各自的速度来决定。第二个区域由 $x/d>2.0$ 开始，大约延伸到 $x/d=3.0$。在这个区域中，射流开始合并在一起作为一个复合射流而扩展。第三个区域在 $x/d>3.0$ 后，此时复合射流具有自由旋转射流的特性。

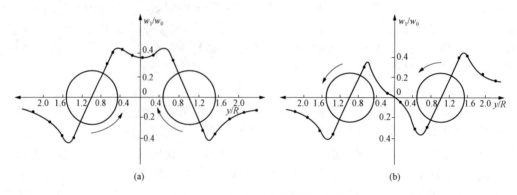

图 3-20　组合旋转平行射流示意

w—速度；y—距中心原点的距离；R—旋流半径；下标 0—初始观察点；下标 1—观察 1 点

炉内空气动力场在各旋流燃烧器喷出火炬的相互作用下构成各种复杂的流动图形，如对冲、相间对冲、同层间同向旋转或反向旋转等。大型锅炉的燃烧器布置都由上述的典型方案组合而成，情况十分复杂。从典型组合情况可知，火炬旋转方向对炉内空气动力场有很大影响。相邻燃烧器反向且相向旋转能使高温烟气向下从两侧和后墙上升；相邻燃烧器反向且背向旋转则使高温烟气上升，火焰中心上移，过热汽温升高。各旋转射流的旋转方向如果组合得好，不但可以改善燃料的着火和燃尽，也可以控制火焰中心，控制炉膛出口烟气温度，甚至可以作为过热汽温的一种调节手段。有研究者提出换向燃烧器的设想，即在运行中将某些旋流燃烧器改换旋转射流方向，以达到在煤种或负荷变动时调节过热汽温的目的。由于蜗壳式或切向叶片式换向旋流燃烧器结构上比较复杂，目前还仅限于燃气炉或燃油炉上采用。由实验结果可以知：

（1）改变火焰旋转方向对燃烧及炉内空气动力结构影响较大，并能使过热汽温升高或降低 14～94℃。凡使旋转火炬从向下改成向上旋转，都能使过热汽温有不同程度的升高，反之亦然。

（2）运行中变更个别燃烧器的旋转方向，可代替减温器。

（3）换向燃烧后，因炉内组织更合理，可以在低氧下运行。

（4）汽温调节的滞后时间一般不大于 60s，旋转方向改变后的动态响应时间为 12min。

（5）锅炉负荷可能增加 15%～20%。

应该指出，换向燃烧的效果是显著的，但是在燃烧器的结构方面还存在许多问题，有待今后进一步的研究改进。

4．组合共轴旋转射流

实际的旋流燃烧器射流，特别是煤粉旋流燃烧器射流往往不是一个单一的旋转射流，而是一个复合旋转射流。其流动特性更接近共轴旋转射流。可以将不旋转的一次气流看作是其旋流数为零的一种极限情况。

（1）共轴旋转射流的流动特性。环形旋转射流和共轴旋转射流在轴向分速、切向分速、径向分速和静压的分布方面大体上类似，在定量数值上稍有差异，这种差异正是内、外射流的相互影响形成的。共轴旋转射流的主要空气动力学特性如内回流区的尺寸及其回流量等取决于内、外旋转射流的流量及其旋流数。共轴旋转射流随着离开喷嘴的距离的增加，其最大轴向速度急剧衰减。最大切向速度比最大轴向速度衰减得更快。其径向速度远大于直流射流。

（2）内、外射流对共轴旋转射流的影响。动量矩大得多的外射流对共轴旋转射流的流动特性起着决定性的作用。沿射流长度上卷吸量的增加速度、射流有效边界的增长速度以及三个速度分量的衰减速度等都随脉动更强的外射流的旋流数的增加而增加。内射流对复合射流的空气动力学特性也有影响。当内射流与外射流发生动量交换和质量交换时，会使内射流产生旋转，因而就减少了复合射流的旋流数。

第四节　气固多相射流流动特性

一、气固多相流概念

由于颗粒相的存在，使多相射流的流动特性变得更为复杂。目前由于理论上和试验技术上的困难，即使对最简单的多相自由射流研究得也很不够，更不用说工程中使用的复杂形式的多相射流了。为了能对多相射流的流动特性有一个初步了解，根据目前已有的关于多相射流流动特性的试验数据，把多相射流按其浓度的大小分成低浓度多相射流和较高浓度的多相射流两种情况予以讨论。

二、低浓度多相射流

当射流中固体颗粒的尺寸足够小，且浓度也不大时，可称为低浓度细颗粒多相射流。最简单的处理方法是把低浓度多相射流看作具有较高密度 ρ_m 的多相射流喷入较低密度 ρ_g 的空气中，即假定：

（1）喷嘴出口处及沿射流射程内，颗粒速度和气流速度近似相等。

（2）颗粒相在射流中所占的容积很小，可略去不计。

（3）颗粒相的存在只是改变了射流的密度，多相射流的密度 ρ_m 可以用颗粒的质量浓度 C 来修正，即

$$\rho_m = \rho_g(1+C) \tag{3-5}$$

根据上述假定，低浓度细颗粒多相射流可近似采用有关不同气体成分组成的射流的公式计算。

另外，阿勃拉莫维奇曾建议在颗粒浓度较小时，多相射流横截面无因次速度分布和浓度分布可近似地采用单相空气射流的通用形式来表示，即

$$\frac{u_g}{u_{gm}} = (1-\eta^{3/2})^2 \tag{3-6}$$

$$\frac{C}{C_m} = 1-\eta^{3/2} \tag{3-7}$$

试验表明，当颗粒的浓度 $C=8\times10^{-7}\sim4\times10^{-6}\,\mathrm{m^3}$（固）$/\mathrm{m^3}$（气）、颗粒平均直径 $d_p=15\sim20\mu m$、喷出速度 $u_0=20\sim100\mathrm{m/s}$ 时，其多相射流中气相速度分布和纯空气射流近似相同，符合式（3-6）的规律。

三、较高浓度的多相射流

1. 概念

当射流中的颗粒为较粗的分散相，并且浓度较大时，可称之为较高浓度的多相射流。大

多数煤粉射流或工程气固多相射流均属较高浓度的多相射流。此时，由于气固相之间将存在明显的滑移速度，再用低浓度多相射流的处理方法显然是不行的。

2. 特征

较高浓度的多相射流可从以下五个方面分析其特点。

（1）喷嘴出口处颗粒相和气相的相对速度。在喷嘴出口处，颗粒的速度可能有三种情况：当颗粒在喷嘴出口前的管道内已有足够的加速段，或颗粒足够细，此时出口处的颗粒速度和气相的速度十分接近，可近似认为两者是相等的；当颗粒在管内加速段还不够长时，喷嘴出口处颗粒速度要低于气流速度；当射流喷嘴前有截面扩大的管道或渐扩喷嘴时，射流出口处颗粒的速度将会大于气流速度，此时由于颗粒惯性的带动，使得气流加速，同时，阻力的影响又使颗粒速度衰减加快。

（2）多相射流的速度衰减。由于颗粒的存在和颗粒所具有的惯性作用，使多相射流中气相速度沿射流轴向的衰减比单相射流时有所减慢，从而增加了多相射流的射程。在颗粒直径相同的情况下，随颗粒质量浓度的增加，气相中心速度的衰减将更加缓慢；而在相同的质量浓度情况下，随着颗粒直径的减小，气相中心速度的衰减也将变慢。

（3）多相射流的速度分布和浓度分布。煤粉沿射流横截面的分布对燃料的着火、燃烧及炉内结渣等影响较大。当射流中有固体颗粒时，喷嘴喷出的气流仍基本服从 1/7 次方速度分布规律，但颗粒速度分布比较均匀。

多相射流的气相速度分布比单相射流窄一些，即气固多相射流的扩散率比单相射流小，并且随着颗粒浓度或颗粒度的增加，扩散率减小的趋势更加明显；固相速度分布则和气相相反，其分布相对均匀；由于颗粒的惯性较大，其径向扩散率比气相小，因此其浓度分布在很窄的范围内，通常比气相射流的宽度小 2~3 倍，颗粒的直径及颗粒的浓度均对颗粒相的扩散有较大的影响。颗粒浓度越大，多相射流的外边界就越窄。

（4）多相射流的湍流特性。射流的湍流特性在很大的程度上决定了射流的形状、热量交换和质量交换过程。

多相射流中气相的湍流强度比单相射流低。对于气固多相射流来说，由于固体颗粒的密度比气流密度大得多，颗粒具有较大的惯性，因此在射流中颗粒的湍流脉动落后于气流的湍流脉动，当颗粒的直径大于某一临界值后就基本上不随气流脉动。相反，气流由于要曳引颗粒脉动，就要多耗费一部分脉动能量，因而使气流的脉动速度和强度减弱。

单相射流的脉动速度及湍流脉动动能比多相射流中气相脉动来得强烈，而颗粒相的脉动速度和脉动动能则明显地低于气相；颗粒越大、浓度越高，颗粒相的脉动速度比气相脉动速度低得越多，即表明颗粒的存在削弱了湍流脉动的水平。颗粒沿径向的脉动速度大大小于气相。

（5）多相射流中颗粒的湍流扩散。对气固多相射流而言，颗粒湍流扩散比气体速度扩散慢。小颗粒的扩散系数和湍流射流中动量扩散系数相近。对大颗粒来说，其扩散速率将明显小于小颗粒；当颗粒直径一定时，随着颗粒浓度的增加，颗粒扩散系数降低。

四、气固两相流的特性

在多相流技术实践中，经常碰到的大量气固两相流动问题，例如煤粉在制粉管道中的流动、煤粉和二次风的混合燃烧及各种除尘设备内粉尘的分离过程，都是在一定的颗粒浓度情况下进行运动的，其典型特性见表 3-4。

表 3-4　　　　　　　　　　　　多相燃烧工程中的颗粒浓度特性

名称	单位	煤粉管道中煤粉	水煤浆管道中煤粉	煤粉炉飞灰	锅炉除尘器后粉尘	燃油炉炭黑	流化床
浓度范围（标准状态）	g/m³	500～1000	(1000～1400)×10³	3～15	0.1～1.0	0.001～0.01	(200～1000)×10³
流速范围	m/s	12～25	0.5～2.0	3～15	3～15	3～15	1.5～4.0
颗粒平均直径	μm	40～100	40～80	15～50	5～20	0.1～1.0	800～2500

由表 3-4 可见，颗粒浓度范围从高浓度到低浓度变化很大。因此，和单相流动相比较，在研究两相流动时还要考虑如下问题：

（1）颗粒是分散相，有大有小，其运动规律各异。

（2）由于颗粒间的浓度不同，颗粒之间及颗粒与管壁之间相互碰撞对运动带来了较大的影响。

（3）在湍流工况下，气流脉动对颗粒运动规律的影响及颗粒的存在对气流脉动速度的影响均需深入研究。

（4）由于气流和颗粒惯性不同，气流与颗粒之间存在着相对速度，因而存在着各自运动规律的相互影响。

（5）颗粒之间、颗粒与管壁之间的相互碰撞和摩擦所产生的静电效应。

（6）在不等温流动过程中会产生热泳现象。

（7）由于流场中压力梯度和速度梯度的存在，颗粒形状不对称，颗粒之间及与管壁相互碰撞等原因都会引起颗粒高速旋转，从而产生升力效应。

（8）燃烧技术中还会遇到变质量运动问题，如煤粉输送过程中粉粒的碰碎、着火、燃烧过程中燃烧的失重等。

由此可见，无论是管内两相运动还是炉内两相射流，其运动规律都十分复杂，很多问题还未研究清楚。因此，这里只能对某些简化了的流动问题进行近似讨论。

此外，颗粒在气流中的受力包括：斯托克斯阻力、重力、浮力、压力梯度、颗粒旋转时的马格纽斯（Magnus）升力、萨夫曼（saffman）升力、虚假质量力、贝塞特（Basset）力、湍流脉动力、热泳力、颗粒间及颗粒与壁面的相互碰撞、燃料不均匀水分蒸发、挥发分析出和焦炭燃烧时所受的力等，具体可参见本书第一版。

第五节　电站锅炉冷炉气流模化方法

目前火力发电占总发电量的 70% 左右，电站锅炉运行的好坏，对其高效稳定运行有重要的影响。在电站锅炉投运之前，均应进行其炉内气流的模化实验，以获得炉内良好的空气动力场特性，确保其稳定运行。因此本节在前面已学习的射流概念、射流种类及特性，强化稳燃的射流基础上，进一步学习电站锅炉冷炉气流模化方法。

一、理论模化方法

电站锅炉气流模化方法主要有理论模化和试验模化。模化理论与方法在现代工业和科学研究的各个领域中的发展和应用都是极为迅速的。目前可以将模化理论与方法分为三个类型：第一种是类比模化，即在模型和原型中，其物理或化学过程的性质是不同的，但描述这些过程的数学表达式的形式是相同的，比如说电流和热流，就是类比模化。第二种模化是物理模化，其在模型和原型中过程的物理和化学性质是相同的，或主要方面是相同的一种模化，也就是完全一样，比如说小型的实验台和大型实验台。第三种方法就是数学模化，也即是在数值计算机上进行数值进行实验，以展示原型设备中过程当中特性和参数的模化方法，如图 3-21 所示。

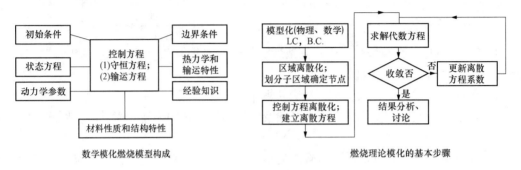

数学模化燃烧模型构成　　　　　　　　　燃烧理论模化的基本步骤

图 3-21　理论模化基本步骤示意

燃烧过程的理论模化的计算步骤如图 3-21 所示。在模型化过程中，包含物理问题的假设、物理模型的建立，数学模型的建立，初始条件（I.C.）、边界条件（B.C.）的确定等。具体步骤如下所述。

1. 构造物理和数学模型及基本方程

其燃烧模型的控制方程包括守恒方程和输运方程。守恒方程主要包括质量守恒（连续性方程）、动量守恒、组分守恒（扩散方程）、能量守恒方程等。

输运方程主要包括：

（1）层流-分子输运。质量输运（Fick 定律）：$m=-D \cdot dC/dx$，m 表示质量扩散量，D 表示扩散系数，dC/dx 表示浓度在 x 方向上梯度变化；动量输运（Newton 内摩擦定律）：$\tau=-\mu \cdot du/dy$，τ 表示剪切力，μ 表示黏性系数，du/dy 表示速度在 y 方向上梯度变化；能量输运（Fourire 定律）：$q=-\lambda \cdot dT/dx$，q 表示热流密度，λ 表示导热系数，dT/dx 表示温度在 x 方向上梯度变化。

（2）湍流-湍流微团输运。湍流-湍流微团输运包括：湍流动能的输运；湍流动能耗散率的输运；雷诺应力的输运；概率密度函数的输运；瞬时脉动量的输运。随着湍流模型的发展还会有其他物理量输运等。

燃烧过程所遵循的基本定律：质量守恒定律、牛顿第二定律、能量转换和守恒定律、组分转换和平衡定律等；对所研究的实际问题做出一定的简化假设，确立其物理模型；建立物理模型时应当考虑的基本因素：

（1）空间维数：二维或三维。

（2）时间因素：定常或非定常。

（3）流动型态：层流或湍流。

（4）流动相数：单相或多相。

（5）物性参数：常物性或变物性；可压流或不可压流。

（6）过程类型：双曲线形、抛物线形或椭圆形，很多物理过程的数学描述都可以转化为此三种类型。

（7）边界条件：常规的一、二、三类边界条件或耦合的边界条件。

在所建立的物理模型的基础上建立数学模型，构造基本守恒方程：连续方程、动量方程、能量方程、组分方程等。上述基本方程通常不封闭。由物理概念或某些假设出发，提出模拟理论。需要模化的分过程：湍流流动、湍流燃烧、辐射换热、多相流动和燃烧。

2. 选择坐标系

坐标系选择的原则是使坐标轴与计算区域的边界相适应；坐标系分正交曲线坐标系与非正交曲线坐标系两大类；正交曲线坐标系共 14 种，采用正交曲线坐标系有利于简化计算过程并提高数值结果的精确度。最典型的是笛卡儿坐标系。非正交曲线坐标系更适应工程技术问题中不同计算区域形状。

3. 建立网格

数值计算中用离散的网格代替原物理问题中的连续空间；网格依其构造，分为结构化（structured）、块结构化（block-structured）及非结构化（unstructured）三种。结构化网格中，任一节点的位置可通过一定的规则予以命名。块结构化网格中，计算区域需分解为两个或两个以上由结构化网格组成的子区域；各子区域可部分重叠或完全不重叠。非结构化网格中，节点的位置无法用一个固定的法则予以有序地命名；非结构化网格的应用，使用有限差分与有限容积法对不规则区域的适应性增强到与有限元法相等的程度。

4. 建立离散方程

将描述物理问题的控制微分方程转化成每一个节点上的一组代数方程，该方程组中包含有该节点及其邻近点上所求函数之值，这组方程即为离散方程。

建立离散方程的方法：有限差分法（finite difference method，FDM）；有限容积法（finite volume method，FVM）；有限元法（finite element method，FEM）；有限分析法（finite analytic method，FAM）；边界元法（boundary element method，BEM）；谱分析法（spectral method，SM）；积分变换法（integral transformation method，ITM）；格子-Boltzmann 方法（lattice-Boltzmann method，LBM）。

5. 选取对流项与扩散项的离散格式

将控制方程在控制容积上积分时，需要对所求解的变量在两个节点之间的变化特性作出假设，不同的假设就构成了不同的离散格式。一般采用具有二阶精度的中心差分离散代表扩散作用的二阶导数项，有关离散格式的研究实际上主要是指对代表对流项的一阶导数的离散。

6. 辐射换热过程的模拟

与依靠分子不规则的热运动或流体微团的宏观位移而实现的以有限速度进行传递的导热和对流换热不同，辐射是电磁波的传播，它可以发生在不接触的两个表面之间，因此与描述导热和对流换热的控制微分方程不同，描述辐射传递过程的方程可以是代数方程、积分方程或积分-微分方程。对于由积分方程或积分-微分方程描写的复杂辐射换热，可采用热通量法、区域法、蒙特卡洛法及离散坐标法等进行数值计算。

7. 燃烧过程的模拟

区分均相与多相：湍流均相预混燃烧目前广泛采用 Eddy-Break-Up（EBU）模型。湍流均相扩散燃烧目前广泛采用 $k\varepsilon\text{-}g$ 模型，其中 g 为混合分数 f 的脉动均方根值。煤燃烧为湍流多相燃烧，其数值模拟应根据其特点，分别对颗粒运动、煤的热解和煤焦燃烧、炉内传热、相与相间的湍流脉动及化学反应等过程进行计算。

燃烧过程中污染物生成与排放的模拟目前主要采用后处理方法，即认为污染物的生成对主燃烧过程的影响不大，可以在主燃烧过程求解完成之后，在已知流场、温度场等的情况下进行计算。

8. 边界条件的离散化

对一般的开口计算区域，边界类型有进口边界、固壁边界、对称边界和出口边界四种，边界条件的离散化对计算结果的收敛性和计算精度都非常重要。

9. 求解代数方程组

控制方程离散化后形成的方程组实际上是一组非线性的代数方程组。在结构化网格上生成的代数方程组，其系数矩阵中非零元素都集中在主对角线附近的一个很窄的带宽范围内，利用这一特性，对一维问题发展出了十分有效的三对角线矩阵算法（TDMA），推广到二维、三维问题，即为交替方向线迭代法。在非结构化网格上生成的代数方程组，其系数矩阵不像结构化网格中那样规则，其求解一般采用点迭代法或共轭梯度法。

10. 编写和调试计算机程序

采用合适的编程语言，编写计算程序，并在计算机上调试程序。

11. 分析计算结果，程序验证和实际应用

数值计算结果是否与物理现象相符，应当在数值计算完成后进行合理性分析；程序的验证和实际应用。

二、冷炉等温模化试验方法

在电站锅炉炉内燃烧过程中用模化方法可以研究许多问题，如：①确定锅炉燃烧系统的配风均匀程度：如旋流燃烧器的大风箱配风均匀性，四角燃烧器各一、二、三次风系统的配风均匀性，各风门挡板的风量特性等。②确定燃烧系统及燃烧器的阻力特性。③确定燃烧器的流体动力特性：探索新型燃烧器的流动规律，一、二次风的混合情况，旋流式燃烧器回流区的大小及回流量变化情况，四角燃烧器的切圆大小等。④确定三次风的作用、布置位置、角度和所需风速等。⑤确定影响炉膛充满度的各种因素。⑥探讨炉内结渣的空气动力学原因。⑦试验降低炉膛出口烟气速度和温度扭转残余的各种措施。⑧摸索合理的运行方式：如低负荷的运行方法，四角燃烧中缺角运行的影响，停用个别旋流燃烧器的方式。此外，还可应用于探索新的燃烧方式，新的炉膛结构。

因此炉内气流模化是一种省时、省力、高效、灵活的试验方法。在设计新型锅炉或新炉投入运行时，基于模化试验或冷炉试验结果可了解、掌握其流动规律，验证和修改设计及运行方案；对已运行但不正常的燃烧设备，模化或冷炉试验有助于发现问题并协助其改正。

但由于炉内燃烧过程的复杂性（一方面有若干个燃烧器喷出的复合射流的相互影响，另一方面有燃烧过程带来的温度和密度的变化，因而对炉内气流的模化也是较复杂的），对炉内固体燃料的燃烧来说还不可能完全进行模化，所以对上述诸多问题的模化研究，大多是在做了若干假定之后针对某一方面的问题单独进行的。其中涉及的化学动力学、两相流动及辐射热交换等过程都很复杂，其模化方法也很不完善。目前对炉内气流模化主要采用炉内等温

模化或用等温模型近似模化非等温模化的方法。

　　模化的基本原理就是相似理论。因而进行炉内等温模化试验时应遵守的原则是：①模型与实物几何相似；②保持气流运动状态进入自模化区；③边界条件相似。

　　对流动过程起主要作用的是雷诺准则：$Re=wd/v$，它表明了流动惯性力与黏性力之比值，这里 Re 表示雷诺数，w 表示速度，d 表示特征尺寸，v 表示运动黏性系数。在等温流动时，它决定了气流运动的阻力特性，通常以欧拉准则 Eu 来表明压力与惯性力的比值，即气流运动状态进入自模化区，就是指当 Re 大于某一定值后，Eu 值不再与 Re 数有关而保持为一定值，即此时惯性力是决定性因素，而黏性力的影响可以忽略不计，因此气流质点的运动轨迹主要受惯性力的支配而不再受 Re 值的影响。

　　冷态等温流动过程模化是指冷模或冷炉试验时模拟炉内流动情况，这与炉内燃烧时的实际情况是有差别的，但能够较为真实地模拟燃烧器出口附近的着火段。模化必须遵守的原则包括：冷态等温流动过程模化首先要保证模型与实物几何相似、保持气流运动状态进入自模化区、保证进入炉内各股气流在模型和实物之间的动量比相等。具体方法参见本书第一版。

三、炉内热态实验模化方法

　　空气及燃料自燃烧器喷入炉内进行燃烧时，由于着火升温很快，烟气体积急剧膨胀，且主要是横向膨胀，使得炉内烟气的容积流量远大于喷入的空气流量。如果按喷入的热空气温度进行模化，则冷模炉膛内气流速度明显偏低，射流外边界和燃烧边界相差很远。为了解决这个矛盾，通常应用三种热态近似模化方法，即燃烧器矫形模化方法、燃烧器放大后移加炉底风的热态模化法和冷炉试验时的近似热态模化法。具体方法参见本书第一版。

四、炉内气流模化试验中的观测方法

　　冷模及冷炉试验中经常采用以下三种观测方法：

　　（1）飘带法：利用长的纱布飘带可以显示气流方向。

　　（2）仪器测量法：如要求定量测油量速度扬、回流区尺寸等，可以使用各种气力探针、热电风速仪、叶轮风速计等装置。

　　（3）示踪法：对于气模及冷炉，可以用纸屑或聚苯乙烯白色泡沫塑料球（直径 $d=2\sim4mm$，堆密度为 $21kg/m^3$）和木屑等轻型碎屑燃烧烟花等引入欲观察的区域，以显示气流的流动方向。如果模型是透明的，则利用片光源束还可以观测和拍摄有关截面的气流特性，如用木屑可用火花摄影法，把燃烧的木屑送入试验处，由于火花发光的强度不大，拍摄时可用较长的曝光时间，这样拍摄下来的就不是断续的火花运动轨迹，而是比较完整的流线。为了便于分析，可采用如下两种方法使木屑产生火花：一种方法是用干燥的筛分好了的木屑在气流携带下通过电加热的火花发生器而被点燃着火，例如电炉功率约 2kW，电炉瓷管长 460～470mm；另一种方法是将木屑放入钢管注射器（特制）内，密封烘烤至着火，即注入需要观察的部位。应用示踪法，既可观察炉内气流流动情况，亦可通过两相模化技术近似模拟燃料颗粒在炉内的运动轨迹，因而碎屑颗粒度和密度的选择应根据一定的相似原则。

　　2028t/h 亚临界煤粉炉内流场烟花示踪如图 3 - 22 所示，400t/h 煤粉炉内流场烟花示踪如图 3 - 23 所示。

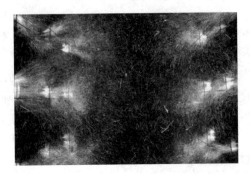

图 3 - 22　2028t/h 亚临界煤粉炉内流场烟花示踪

图 3 - 23　400t/h 煤粉炉内流场烟花示踪

3 - 1　简述等温自由射流的特点、自由射流速度分布特性、出口湍流度对自由射流的影响。

3 - 2　简述不等温自由射流概念、特性及分类。

3 - 3　简述气固多相射流分类及特征。

3 - 4　简述平行射流组特征。

3 - 5　简述旋转射流在电站燃煤锅炉的应用。

3 - 6　试述射流的分类。

3 - 7　试述圆形喷口直流自由射流的速度场分布。

3 - 8　试述矩形喷口直流自由射流的速度场分布。

3 - 9　试述自由射流的浓度场分布。

3 - 10　模化实验中的观测方法有哪些？

3 - 11　简要叙述炉内热态模化方法。

3 - 12　分析炉内冷态等温流动过程模化方法及步骤。

3 - 13　简要分析说明旋转射流的主要特性。

3 - 14　简要说明炉内湍流流动的主要特点。

3-15　目前湍流燃烧模拟的研究方法主要有哪些？

3-16　试列举煤粉颗粒在燃烧过程所受的力有哪些？

3-17　简述燃烧过程数值分析的主要步骤。

3-18　试述分子输运定律。

3-19　简述射流的自模化。

3-20　简述环形射流、钝体尾迹流、旋转射流差异性。

3-21　强化燃烧的射流有哪些？其为何能强化燃烧？

第四章 燃烧化学热力学和化学动力学

　　燃烧过程就是剧烈的化学反应，反应过程中释放出大量热量，其实际上是化学反应的某种状态变化（化学热力学），并具有较高的反应速度（化学动力学）。因而燃烧化学基础涉及化学热力学与化学动力学基础理论。

　　化学热力学主要研究物质系统在各种条件下化学变化所伴随的能量变化，从而对化学反应的方向和进行的程度做出准确判断。化学热力学的核心理论有三个：所有的物质都具有能量，能量是守恒的，各种能量可以相互转化；事物总是自发地趋向于平衡态；处于平衡态的物质系统可用几个可观测量描述。热力学所根据的基本规律就是热力学第一定律、第二定律和第三定律，从这些定律出发，用数学方法加以演绎推论，就可得到描写物质体系平衡的热力学函数及函数间的相互关系，再结合必要的热化学数据，解决化学变化的方向和限度，这就是化学热力学的基本内容和方法。

　　化学动力学也称反应动力学、化学反应动力学，是物理化学的另一个分支，是研究化学过程进行的速率和反应机理的物理化学分支学科，是定量地研究化学反应进行的速率及其影响因素的科学。它的研究对象是性质随时间而变化的非平衡动态体系。

　　化学动力学与化学热力学不同，不是计算达到反应平衡时反应进行的程度或转化率，而是从一种动态的角度观察化学反应，研究反应系统转变所需要的时间，以及这之中涉及的微观过程。化学动力学与热力学的基础是统计力学、量子力学和分子运动论。

第一节 燃烧化学热力学基本概念

一、生成热、反应热和燃烧热

　　所有的化学反应都伴随着能量的吸收或释放，而能量通常是以热量的形式出现的。燃烧过程中存在着剧烈的热量释放。

　　1. 生成热

　　标准生成热的定义：由最稳定的单质在 25℃（298K）、1 个大气压条件下形成 1mol 物质所产生的焓的增量。标准生成热以 $\Delta h_{f,298}^0$ 表示，单位为 kJ/mol。这里上标"0"表示标准压力 1atm（1atm$=1.013\times10^5$Pa），下标"298"代表标准温度 298K。很显然，稳定单质的生成热都等于零。对于如下所示的化学反应方程式：

$$1/2H_2(g) + 1/2I_2(s) = HI(g), \quad \Delta h_{f,298}^0 = 25.10kJ/mol$$

　　这里氢 H_2 和碘 I_2 是稳定的单质，故 $\Delta h_{f,298}^0 = 25.10$kJ/mol 是 HI 的标准生成热。其中 g 表示气态，s 表示固态。

　　注意：在生成热的定义中，反应物一定是自然状态的元素（稳定的单质），不能是化合物。如下列化学方程式：

$$CO(g) + 1/2O_2(g) = CO_2(g) \quad \Delta h_{f,298}^0 = -282.84kJ/mol$$

$$N_2(g) + 3H_2(g) = 2NH_3(g) \quad \Delta h_{f,298}^0 = 82.04kJ/mol$$

由于 CO 是化合物，不是稳定单质，故 $\Delta h^0_{f,298}=-282.84kJ/mol$ 不是 CO_2 的标准生成热；N_2 和 H_2 虽是稳定的单质，但生成物为 2mol 的 NH_3，故 $\Delta h^0_{f,298}=82.04kJ/mol$ 也不是 NH_3 的生成热。因为有机化合物大部分不能从稳定单质生成，因此表 4-1 中的有机化合物的生成热不是直接测定的，而是通过计算得到的。

表 4-1　一些物质的标准生成热（1atm，25℃）

名称	分子式	状态	生成热（kJ/mol）
一氧化碳	CO	气	−110.54
二氧化碳	CO_2	气	−393.51
甲烷	CH_4	气	−74.85
乙烷	C_2H_6	气	−84.68
乙炔	C_2H_2	气	226.90
乙烯	C_2H_4	气	52.55
苯	C_6H_6	气	82.93
苯	C_6H_6	液	48.04
辛烷	C_8H_{18}	气	−208.45
正辛烷	C_8H_{18}	液	−249.95
氧化钙	CaO	晶体	−635.13
碳酸钙	$CaCO_3$	晶体	−1211.27
氧	O_2	气	0
氮	N_2	气	0
碳（石墨）	C	晶体	0
碳（钻石）	C	晶体	1.88
水	H_2O	气	−241.84
水	H_2O	液	−285.85
丙烷	C_3H_8	气	−103.85
正丁烷	C_4H_{10}	气	−124.73
异丁烷	C_4H_{10}	气	−131.59
正戊烷	C_5H_{12}	气	−146.44
正己烷	C_6H_{14}	气	−167.19
正庚烷	C_7H_{16}	气	−187.82
丙烯	C_3H_6	气	20.42
甲醛	CH_2O	气	−113.80
乙醛	C_2H_4O	气	−166.36
甲醇	CH_3OH	液	−238.57
乙醇	C_2H_6O	液	−277.65
甲酸	CH_2O_2	液	−409.20
醋酸	$C_2H_4O_2$	液	−487.02
乙二酸	$C_2H_2O_4$	固	−826.76

名称	分子式	状态	生成热（kJ/mol）
四氯化碳	CCl_4	液	-139.33
氨	NH_3	气	-41.02^*
溴化氢	HBr	气	-35.98^*
碘化氢	HI	气	25.10^*

注　1atm＝1.013 25×10⁵Pa。

* 标准温度为18℃。

2. 反应热

等温等压条件下，反应物形成生成物时放出或吸收的能量，也称为反应焓。其数值等于生成物焓的总和与反应物焓的总和之差，即

$$\Delta h_{r,T}^0 = \sum_j n_j \Delta h_{f,T,j}^0 - \sum_i n_i \Delta h_{f,T,i}^0 \tag{4-1}$$

式中：$\Delta h_{r,T}^0$ 为 1 个大气压、温度为 T 时的反应热；i、j 为反应物、生成物；n_i、n_j 为反应物、生成物的摩尔数。

标准状态下（298K，1 个大气压）的反应热称为标准反应热，用 $\Delta h_{r,298}^0$。例如化学反应：

$$CH_4(g) + 2O_2(g) = CO_2(g) + 2H_2O(l)$$

反应物总焓：$\sum_i n_i \Delta h_{f,298,i}^0 = 1 \times (-74.82) + 2 \times (0.0) = -74.82(kJ)$。

生成物总焓：$\sum_j n_j \Delta h_{f,298,j}^0 = 1 \times (-392.92) + 2 \times (-285.49) = -963.9(kJ)$。

标准反应热：$\Delta h_{r,289}^0 = -570.99 - 392.92 - (-74.82) = -889.09(kJ)$。

注意：若反应物是元素（或稳定的单质物质），生成 1mol 化合物，其反应热的数值等于化合物生成热的数值。

3. 燃烧热

燃烧热（又名燃烧焓），为 1mol 的燃料和氧化剂在等温等压条件下完全燃烧释放的热量，以 Δh_c 表示。标准状态时的燃烧热称为标准燃烧热，以 $\Delta h_{c,298}^0$ 表示，单位为 kJ/mol。

一些燃料的标准燃烧热见表 4-2。其完全燃烧产物为 $H_2O(l)$、$CO_2(g)$ 和 $N_2(g)$。要注意的是，这里的 H_2O 为液态，而不是气态。由表 4-1 可以看出，$H_2O(l)$ 的生成热和 $H_2O(g)$ 的生成热是不同的：

$$H_2O(l) \Rightarrow H_2O(g) \quad \Delta h_{r,298}^0 = -44.01kJ/mol$$

这里 $\Delta h_{r,298}^0 = -44.01kJ/mol$ 为 1mol 水的汽化潜热。表 4-2 中列出的燃烧热，在工程上一般称为高位热值。燃烧热也可以根据燃烧反应式，按照式（4-1）计算。例如计算甲烷在空气中完全燃烧时的燃烧热，过程如下：

$$CH_4(g) + 2O_2(g) = CO_2(g) + 2H_2O(l)$$

由表 4-1 知：$\Delta h_{f,298,CO_2(g)}^0 = -393.51kJ/mol$，$\Delta h_{f,298,H_2O(l)}^0 = -285.85kJ/mol$，$\Delta h_{f,298,CH_4(g)}^0 = -74.85kJ/mol$ 和 $\Delta h_{f,298,O_2(g)}^0 = 0kJ/mol$，则燃烧热可由式（4-1）计算。这里 CH_4 为一个摩尔，因此反应热在数值上等于 CH_4 的燃烧热。

$$\Delta h_{r,298}^0 = \Delta h_{c,298}^0 = \sum_j n_j \Delta h_{f,298,j}^0 - \sum_i n_i \Delta h_{f,298,i}^0$$

$$=1\times(-393.51)+2\times(-285.85)-(-74.85)-2\times(0)$$
$$=-890.36(\text{kJ/mol})$$

计算值与表 4-2 查到的甲烷的燃烧热很接近。

表 4-2　某些燃料的燃烧热 [101.325kPa，25℃，产物为 $H_2O(l)$、$CO_2(g)$ 和 $N_2(g)$]

名称	分子式	状态	燃烧热（kJ/mol）
碳（石墨）	C	固	−392.88
氢	H_2	气	−285.77
一氧化碳	CO	气	−282.84
甲烷	CH_4	气	−881.99
乙烷	C_2H_6	气	−1541.39
丙烷	C_3H_8	气	−2201.61
丁烷	C_4H_{10}	液	−2870.64
戊烷	C_5H_{12}	液	−3486.95
庚烷	C_7H_{16}	液	−4811.18
辛烷	C_8H_{18}	液	−5450.50
十二烷	$C_{12}H_{26}$	液	−8132.43
十六烷	$C_{16}H_{34}$	液	−10 707.27
乙烯	C_2H_4	气	−1411.26
乙醇	C_2H_5OH	液	−1370.94
甲醇	CH_3OH	液	−712.95
苯	C_6H_6	液	−3273.14
环庚烷	C_7H_{14}	液	−4549.26
环戊烷	C_5H_{10}	液	−3278.59
醋酸	$C_2H_4O_2$	液	−876.13
苯酸	$C_7H_6O_2$	固	−3226.7
乙基醋酸盐	$C_4H_8O_2$	液	−2246.39
萘	$C_{10}H_8$	固	−5155.94
蔗糖	$C_{12}H_{22}O_{11}$	固	−5646.73
莰酮	$C_{10}H_{16}O$	固	−5903.62
甲苯	C_7H_8	液	−3908.69
一甲苯	C_8H_9	液	−4567.67
氨基甲酸乙酯	$C_5H_7NO_2$	固	−1661.88
苯乙烯	C_6H_8	液	−4381.09

二、自由能及 Gibbs-Helmholtz 方程

1. 亥姆霍兹（Helmoholtz）自由能与吉布斯（Gibbs）自由能

燃烧化学反应系统一般是非孤立系统，通常必须同时考虑环境熵变。因此，在判别其变化过程的方向和平衡条件时，不能简单地用熵函数判别，而需要引入新的热力学函数，利用

系统函数值的变化来判别自发变化的方向，无需考虑环境的变化。这就是亥姆霍兹自由能和吉布斯自由能，分别定义为

$$F = U - TS \tag{4-2}$$
$$G = H - TS \tag{4-3}$$

式中：F 为亥姆霍兹自由能，J；U 为热力学能（旧称内能）内能，J；T 为热力学温度，K；S 为熵，J/K；H 为焓，J；G 为吉布斯自由能，J。

由于 U、T、S、H 均为状态参数，故 F、G 也是状态参数。根据状态参数的特性就可判别过程变化的方向和平衡条件。

2. 标准反应吉布斯自由能

一般规定，在 101.325kPa，25℃条件下，稳定单质的吉布斯自由能为零。由稳定单质生成 1mol 化合物时的吉布斯自由能，称为该化合物的标准摩尔生成吉布斯自由能，以 $\Delta G_{f,298}^0$ 表示，单位为 kJ/mol。

对任一反应系统，可用类似于标准反应热的定义方法，定义标准反应吉布斯自由能 $\Delta G_{r,298}^0$ 为

$$\Delta G_{r,298}^0 = \sum_j n_j \Delta G_{f,298,j}^0 - \sum_i n_i \Delta G_{f,298,i}^0 \tag{4-4}$$

任意温度、任意压力下的反应自由能为

$$\Delta G_{r,T}^p = \sum_j n_j \Delta G_{f,T,j}^p - \sum_i n_i \Delta G_{f,T,i}^p \tag{4-5}$$

式中：n 为反应物质摩尔数；i、j 分别为反应物和生成物；p 为压力（Pa）；T 为温度（K）。

系统的标准反应吉布斯自由能单位为 kJ，$\Delta G_{r,298}^0$ 的"正"值表示必须向系统输入功，"负"值表示反应能自发进行，并在反应过程中对环境做出净功。反应处于化学平衡状态时，反应自由能为零。

3. Gibbs-Helmholtz 方程

由 Gibbs 自由能的定义 $G = H - TS$，对其微分，可得 $dG = dH - TdS - SdT$。

由于 $H = U + pV$，微分后，可得 $dH = dU + pdV + Vdp$，带入式 $dG = dH - TdS - SdT$，从而有

$$dG = dU + pdV + Vdp - TdS - SdT \tag{4-6}$$

假定过程的每一步都是可逆的，有 $dQ = dU + pdV$ 和 $dQ = TdS$，则

$$dG = Vdp - SdT \tag{4-7}$$

（1）自由能和压力的关系。当 T 为常数，由式（4-7）可得 $dG = Vdp$。对 1mol 理想气体：$pV = RT$，则 $dG = \dfrac{RT}{p}dp$，积分后可得

$$\Delta G_T = RT \int_{p_0}^{p} \frac{dp}{p} = RT\ln\left(\frac{p}{p_0}\right) \tag{4-8}$$

即在恒温条件下，由于压力变化引起的 Gibbs 自由能增量与压力变化比的自然对数值成正比。

（2）自由能和温度的关系。当 p 为常数，由式（4-7）可得 $dG = -SdT$，从而 $\left(\dfrac{\partial G}{\partial T}\right)_p = -S$ 进一步得到 $\left(\dfrac{\partial \Delta G}{\partial T}\right)_p = -\Delta S$。由 Gibbs 自由能的定义 $\Delta G = \Delta H - T\Delta S$，可得 $\left(\dfrac{\partial \Delta G}{\partial T}\right)_p$

$= \dfrac{\Delta G - \Delta H}{T}$，从而可得吉布斯-亥姆霍兹方程：

$$\left(\frac{\partial(\Delta G/T)}{\partial T} \right)_p = -\frac{\Delta H}{T^2} \tag{4-9}$$

三、热力学平衡

当系统同时满足机械平衡、热平衡、化学平衡时，则该系统处于热力学平衡。此时的宏观表现是：系统的所有状态参数保持不变。

机械平衡是当系统内部或系统与环境之间不存在不平衡的力时，系统处于机械平衡；热平衡是指系统各部分均处于相同的温度并与环境温度相同时，系统处于热平衡；而化学平衡是当系统不存在化学成分的自发变化趋势（不管多么慢）时，系统处于化学平衡。

根据系统 U、T、S、H、F、G 状态参数特性可判定反应过程的变化方向和平衡条件，主要有以下三种判据。

（1）熵判据。对孤立系统或绝热系统，有 $\mathrm{d}S \geqslant 0$，表明如果该系统发生了不可逆变化，则必定是自发的，自发变化的方向是熵增的方向。当系统达到平衡态之后，如果有任何自发过程发生，则必定是可逆的，此时 $\mathrm{d}S=0$。由于孤立系统的热力学能 U、体积 V 不变，因而熵判据可写为

$$(\mathrm{d}S)_{U,V} \geqslant 0 \tag{4-10}$$

（2）亥姆霍兹自由能判据。在定温、定容、不做其他功的条件下，对系统任其自燃，则反应发生的变化总是朝着亥姆霍兹自由能减少的方向进行，直到系统达到平衡状态，其判据可写为

$$(\mathrm{d}F)_{T,V} \leqslant 0 \tag{4-11}$$

（3）吉布斯自由能判据。在定温、定压、不做其他功的条件下，对系统任其自燃，则反应发生变化总是朝着吉布斯自由能减少的方向进行，直到系统达到平衡状态。其判据可写为

$$(\mathrm{d}G)_{T,p} \leqslant 0 \tag{4-12}$$

则热力学平衡的必要条件：$(\mathrm{d}G)_{T,p}=0$，T 和 p 均为常数。

四、绝热火焰温度

若混合气经过绝热等压过程达到化学平衡，则系统最终达到的温度称为绝热火焰温度，或称为理论燃烧温度 T_m。T_m 取决于系统的初始温度、初始压力及反应物的成分。

由于系统是绝热的，反应物经过化学反应生成平衡产物过程中释放出来的全部热量都用来提高系统的温度。若用 ΔH_R 表示反应物的总焓，ΔH_P 表示平衡产物的总焓，在绝热条件下，则有：$\Delta H_R = \Delta H_P$。若由标准状态开始，燃烧产物在最终状态时的总焓是其各组分的标准生成热之和加上燃烧产物由标准状态变到最终状态时显焓的增量，即

$$\Delta H_P = \sum_j n_j \Delta h_{\mathrm{f},298,j}^0 + \sum_j \int_{298}^{T_m} n_j C_{p,j} \, \mathrm{d}T \tag{4-13}$$

而反应物的总焓为全部反应物的标准生成热之和，即

$$\Delta H_R = \sum_i n_i \Delta h_{\mathrm{f},298,i}^0 \tag{4-14}$$

于是有：

$$\sum_j \int_{298}^{T_m} n_j C_{p,j} \, \mathrm{d}T = \sum_i n_i \Delta h_{\mathrm{f},298,i}^0 - \sum_j n_j \Delta h_{\mathrm{f},298,j}^0$$

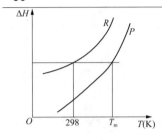

图 4 - 1　T_m 和反应热之关系

式中：下标 i、j 分别为反应物及生成物；n 为物质的摩尔量。

上式右边即为已知的标准状态下的反应热，但符号相反。

则有：

$$\sum_j \int_{298}^{T_m} n_j C_{p,j} \, \mathrm{d}T = -\Delta h_{r,298}^0 \qquad (4-15)$$

T_m 和反应热之关系如图 4 - 1 所示。

第二节　燃烧化学热力学基础定律

一、热力学基本定律

化学热力学的研究方法不是微观的，不考虑分子结构，而是把研究对象看作一个整体，所以只能给出最终状态。燃烧化学反应系统一般是非孤立系统，必须考虑外界参数对其影响。热力学系统可分为三类：①孤立系统——与外界既没有能量交换也没有质量交换；②闭口系统——与外界只有能量交换而没有质量交换；③开口系统——与外界既有能量交换也有质量交换。基于热力学系统与外界之间的能量交换情况，热力学基本定律包括以下四个：

（1）热力学第零定律。存在一个强度量温度 $T = T(P, V, n_i)$，对于彼此处于平衡状态的所有系统，其值都相同。即：当两个物体与第三个物体温度相同时，他们彼此温度也是相同的，因此当他们相互接触时，将处于平衡状态。

（2）热力学第一定律。对于一个闭口系统加入系统的热量可表示为（在一个无限效的过程中）：

$$\delta Q = \mathrm{d}U + \delta W \qquad (4-16)$$

式中：δ 表示不严格的微分；Q、W 分别为在任意过程中热力系与外界交换的热量与功量；U 为系统的热力学能。

（3）热力学第二定律。对于一个闭口系统的一个无限小过程，有 $T\mathrm{d}S \geqslant \delta Q$，这里，等号适用于可逆过程，不等号适用于自然（不可逆）过程。

（4）热力学第三定律。完全晶体的熵在温度为绝对零度时等于零。

二、热化学基础定律

对于在工程实际中遇到的难于控制和难于测定热效应的反应，可通过热化学基础定律间接地把它计算出来，因而可以节省大量的试验工作。

1. 基尔霍夫（Gustav R. Kirchhoff）定律

对理想气体，焓值与压力无关，反应热也与压力无关，而随温度变化。在任意压力和温度下，反应热 Δh_r 应等于系统从反应物转变成生成物时焓的减少，如图 4 - 2 所示。h - T 图反映了在任何温度下，生成物和反应物之间的焓差就是反应热。放热反应，反应热为负值。由于比热容为温度的函数，h - T 线为曲线。

在定压过程中，Δh_r 随温度的变化为

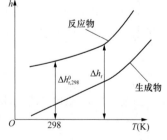

图 4 - 2　h - T 特性

$$\frac{\mathrm{d}\Delta h_r}{\mathrm{d}T}\bigg|_p = \sum_j n_j \frac{\mathrm{d}\Delta h_{\mathrm{f},T,j}}{\mathrm{d}T}\bigg|_p - \sum_i n_i \frac{\mathrm{d}\Delta h_{\mathrm{f},T,i}}{\mathrm{d}T}\bigg|_p \tag{4-17}$$

式中：下标 p 为定压过程。

根据定压比热容的定义，可以得出如下公式：

$$\frac{\mathrm{d}\Delta h_r}{\mathrm{d}T}\bigg|_p = \sum_j n_j C_{p,j} - \sum_i n_i C_{p,i} \tag{4-18}$$

式中：$C_{p,i}$、$C_{p,j}$ 分别为反应物与生成物的定压比热容。

这个结果说明，反应热随温度的变化速率等于反应物和生成物的等压比热容之差。式（4-18）即为反应热随温度变化的基尔霍夫定律。如果要求两个温度间的反应热变化，可以积分上述方程，即

$$\Delta h_{r,T_2} - \Delta h_{r,T_1} = \int_{T_1}^{T_2} \left(\sum_j n_j C_{p,j} - \sum_i n_i C_{p,i} \right) \mathrm{d}T \tag{4-19}$$

如果认为反应物与生成物的等压比热容与温度关系不大，则有

$$\Delta h_{r,T_2} - \Delta h_{r,T_1} = \sum_j n_j C_{p,j}(T_2 - T_1) - \sum_i n_i C_{p,i}(T_2 - T_1) \tag{4-20}$$

如果已知标准反应热 $\Delta h_{r,289}^0$，可由式（4-19）或式（4-20）计算任何温度下的反应热 Δh_r。

2. 拉瓦锡-拉普拉斯（Lavoisier-Laplace）定律

使一化合物分解成为组成它的元素所需供给的能量和由元素生成化合物产生的能量相等，即化合物的分解热等于它的生成热，而符号相反，如下列化学反应所示：

$$C + 1/2O_2 = CO \quad \Delta h_f = -110.44 \mathrm{kJ/mol}$$
$$CO = C + 1/2O_2 \quad \Delta h_f = 110.44 \mathrm{kJ/mol}$$
$$1/2H_2 + 1/2I_2 = HI \quad \Delta h_f = 25.08 \mathrm{kJ/mol}$$
$$HI = 1/2H_2 + 1/2I_2 \quad \Delta h_f = -25.08 \mathrm{kJ/mol}$$

根据拉瓦锡-拉普拉斯定律，能够按相反的次序来写热化学方程式，从而可以根据化合物的生成热来确定化合物的分解热。

3. 盖斯（G. H. Germain Henri Hess）求和定律

盖斯定律是俄国化学家 G. H. Germain Henri Hess 在 1840 年经过大量实验的基础上总结出的。具体内容为：化学反应中不管过程是一步或分多步进行，其产生或吸收的净热量是相等的。也可表述为：在化学反应中的能量转换过程取决于系统的初始和最终状态，而与反应的中间状态无关。由此可得，热化学方程式可以用代数方法做加减。盖斯定律的应用可参照如下举例：

已知：
$$C + O_2 = CO_2 \quad \Delta h_r = -393.13 \mathrm{kJ},$$
$$CO + 1/2O_2 = CO_2 \quad \Delta h_r = -282.65 \mathrm{kJ}$$

根据盖斯定律，$C + 1/2O_2 = CO$ 的反应热 $\Delta h_r = -393.13 + 282.65 = -110.48$（kJ）。

为了求出反应的热效应，可以借助于某些辅助反应，至于反应究竟是否按照中间途径进行可不必考虑。但是由于每一个实验数据都有一定的误差，因此应尽量避免引入不必要的辅助反应。

上面简要介绍的两个热定律具有以下作用：①保证了用物质平衡式计算反应热量变化的

合理性；②可以由两个相关反应求出另一个反应的生成热（特别是当某一个反应热难以直接测定时）；③可以根据已知的各反应物和生成物的燃烧热来求出反应热。

例如，已知：

$$C_2H_4 + 3O_2 = 2CO_2 + 2H_2O \quad \Delta h_r = -1409.91kJ$$
$$H_2 + 1/2O_2 = H_2O \quad \Delta h_r = -285.49kJ$$
$$C_2H_6 + 7/2O_2 = 2CO_2 + 3H_2O \quad \Delta h_r = -1539.91kJ$$

求反应 C_2H_4（乙烯）$+H_2 = C_2H_6$（乙烷）的 Δh_r 是多少？可以通过用前两个方程减去第三个方程，得

$$C_2H_4 + H_2 = C_2H_6 \quad \Delta h_r = -155.50kJ$$

第三节　燃烧化学动力学基本概念

一、浓度及其表示方法

单位体积中所含某物质的量即为该物质的浓度。物质的量可以用不同的单位来表示，故浓度也有不同的表示方法。

1. 摩尔浓度 c_i

摩尔浓度指单位体积内所含某物质 i 的摩尔数，即

$$c_i = n_i/V = N_i/(N_0 V) \quad (mol/m^3) \tag{4-21}$$

式中：n_i 为某物质 i 的摩尔数；V 为体积；N_0 为阿伏加德罗（Avogadro）常数，$N_0 = 6.022 \times 10^{23} mol^{-1}$。

2. 质量浓度 ρ_i

质量浓度指单位体积内所含某物质 i 的质量，也称为密度，即

$$\rho_i = m_i/V \quad (kg/m^3) \tag{4-22}$$

式中：m_i 为某物质的质量。

质量浓度与摩尔浓度的关系为

$$\rho_i = M_i c_i \tag{4-23}$$

式中：M_i 为某物质 i 的分子量。

3. 各组分的相对浓度

（1）摩尔相对浓度。摩尔相对浓度指某物质的摩尔数（或分子数）与同一体积内总摩尔数（或分子数）的比值，即

$$x_i = n_i / \sum_i n_i = N_i / \sum_i N_i \tag{4-24}$$

式中：$\sum_i n_i$ 为容积中物质的摩尔数；$\sum_i N_i$ 为容积中总分子数。

（2）质量相对浓度。质量相对浓度指某物质的质量与同一容积内总质量之比，即

$$f_i = m_i / \sum_i m_i = \rho_i / \sum_i \rho_i \tag{4-25}$$

式中：$\sum_i m_i$ 为混合物的质量；$\sum_i \rho_i$ 为混合物的密度。

二、基元反应和复杂反应

能代表反应机理的由反应微粒（分子、原子、离子和自由基等）一步实现的反应，而不

通过中间或过渡状态的反应，叫作基元反应，也称简单反应、基元步骤。它是复杂反应的基础，是确实经历的反应步骤，如：$HI+HI \longrightarrow H_2+2I$。常分为单分子反应、双分子反应和三分子反应，即对于基元反应其化学计量数为整数，可表示实际参加反应的分子数。

需要经过两个或更多的基元反应（中间阶段）才形成最后产物的反应，叫作复杂反应，如 $H_2+Cl_2 \longrightarrow 2HCl$。其实际步骤为

$$Cl_2 \longrightarrow 2Cl$$
$$Cl+H_2 \longrightarrow HCl+H$$
$$H+Cl \longrightarrow HCl$$

所以，复杂反应方程并不是反映实际经历的步骤，不代表反应机理，只能代表参加到反应中的反应物与生成物的定量关系。

三、化学反应速度

1. 定义

反应物或生成物的浓度对时间的变化率，可表示为单位时间内反应物浓度的减少（或生成物浓度的增加），一般常用符号 w 来表示。按照定义，可列出化学反应速度的数学表达式，即

$$w = \pm \frac{\Delta c}{\Delta t} \tag{4-26}$$

式（4-26）所示的化学反应速度是化学反应的平均速度，指在某一时间间隔 Δt 内，任一反应物质浓度的平均变化值。如果时间间隔 $\Delta t \to 0$，则可得该瞬间的化学反应速度，即反应的瞬时速度：

$$w = \pm \lim_{\Delta t \to 0} \frac{\Delta c}{\Delta t} = \pm \frac{dc}{dt} \tag{4-27}$$

采用不同的浓度单位，化学反应速度的表示也有所不同。对反应 $aA+bB \to eE+fF$（其中 a、b、e、f 为系数，A、B 为反应物，E、F 为产物，当采用摩尔浓度或质量浓度时，其化学反应速度可表示为

$$w_{c,A} = -\frac{dc_A}{dt} \tag{4-28}$$

$$w_{\rho,A} = -\frac{d\rho_A}{dt} \tag{4-29}$$

式中：$w_{c,A}$ 为摩尔浓度，$mol/(m^3 \cdot s)$；$w_{\rho,A}$ 质量浓度 $kg/(m^3 \cdot s)$。

因公式是用初始反应物 A 的浓度变化来计算的，因此加一个负号来表示它的浓度随反应的进行不断减少。此外，在化学反应中确有几种反应物同时参与反应生成一种或多种生成物。在反应过程中反应物的浓度不断减少，生成物的浓度不断增加，生成物的生成与反应物的消耗是相适应的，故化学反应速度可选用任一参与反应的物质的浓度变化来表示。虽然计算出来的数值有所不同，但它们之间存在一定的比例关系。对反应 $aA+bB \to eE+fF$，可以得出如下关系：

$$-\frac{1}{a}\frac{dc_A}{dt} = -\frac{1}{b}\frac{dc_B}{dt} = \frac{1}{e}\frac{dc_E}{dt} = \frac{1}{f}\frac{dc_F}{dt} \tag{4-30}$$

2. 质量作用定律

19 世纪中期，挪威化学家 C. M. Guldberg 和 P. Waage 提出：化学反应速度与反应物的

有效质量成正比。此即质量作用定律，其中的有效质量实际是指浓度。质量作用定律也表述为当温度不变时，化学反应的反应速度与反应的各反应物浓度的乘积成正比。例如对如下所示的化学反应：$aA+bB \longrightarrow eE+fF$，质量作用定律可表示为

$$w = kc_A^a c_B^b \tag{4-31}$$

式中：k 为反应速度常数，表示各反应物都为单位浓度时的反应速度，它的大小与反应的种类和温度有关，而与反应物的浓度无关；n 为该反应的反应级数，$n=a+b$。

近代实验证明，质量作用定律只适用于基元反应，因此该定律可以更严格完整地表述为：基元反应的反应速度与各反应物的浓度的幂的乘积成正比，其中各反应物的浓度的幂的指数即为基元反应方程式中该反应物化学计量数的绝对值。根据质量作用定律，基元反应的级数与反应的分子数是相等的，也可以确定化学反应中各反应物和生成物的活性质量之间的联系。

对于复杂反应来说，由于反应历程比较复杂，因而动力学方程式也较复杂。一般说来，对于复杂反应，仅仅知道它的化学反应式并不能预言其反应速度的表达式，必须通过实验来决定。例如下面两个复杂反应：

$$H_2 + Br_2 = 2HBr$$
$$H_2 + I_2 = 2HI$$

虽然它们具有相似的化学反应式，但它们的速度表达式却十分不同。对于反应 $H_2+I_2=2HI$，有 $\dfrac{dc_{HI}}{dt}=kc_{H_2}c_{I_2}$；而对于反应 $H_2+Br_2=2HBr$，其反应速度表达式为 $\dfrac{dc_{HBr}}{dt}=\dfrac{k'c_{H_2}c_{Br_2}^{1/2}}{1+k''c_{HBr}/c_{Br_2}}$。

质量作用定律不仅适用于气体，也适用于稀溶液。如果除了气体和稀溶液以外，还有纯固体参加反应，则因为纯相的化学势只依赖于温度和压强，仍然只需写出气体（或溶质）的分压强或浓度的乘积即可，就好像固体根本不存在一样。事实上，固体的存在只影响平衡常数对温度和压强的依赖关系。

四、化学反应的分类

在化学反应动力学中，化学反应常按照反应物摩尔数或反应级数来分类。下面就简要说明这两种分类方法。

1. 反应分子数分类

（1）单分子反应，即化学反应时只有一个分子参与反应。分子的分解和分子内部的重新排列反应即属单分子反应，例如碘分子的分解反应：$I_2 \longrightarrow 2I$。

（2）双分子反应，即在反应时有两个不同种类或相同种类的分子同时碰撞而发生的反应。多数气相反应均为双分子反应。例如：$H_2+I_2 \longrightarrow 2HI$。

（3）三分子反应，反应时三个不同种类或相同种类的分子同时碰撞而发生的反应。例如：$2NO+O_2 \longrightarrow 2NO_2$。实际上，三个分子同时碰撞的机会是非常少的。

多于 3 个分子的分子碰撞概率极小。实际上化学反应方程式所表示的四个或更多分子参与的反应，都是经过 2 个或 2 个以上的简单单分子、双分子或三分子反应来实现的。因为它们的碰撞机会要比多个分子碰撞机会大许多倍，故反应以这种途径进行的速度就要大得多。一个反应是由若干个单分子、双分子或三分子反应相继实现，称为复杂反应。而组成复杂反应的各基本反应则谓之简中反应或称基元反应，它们是由反应物分子直接碰撞而发生的化学反应。

2. 按反应级数分类

如由实验所得的化学反应速度与反应物 A、B、C、…的浓度关系为

$$w = kc_A^a c_B^b c_C^c \cdots \tag{4-32}$$

则反应级数 n 即为各浓度方次之和，即

$$n = a + b + c + \cdots \tag{4-33}$$

这样的分类方法是先用实验方法测定反应速度与反应物的浓度关系，然后根据反应物浓度变化对反应速度影响的程度，确定其反应级数。例如反应速度与反应物浓度的一次方成比例，则称反应为一级反应；如果反应速度与反应物浓度的二次方成比例，就叫作二级反应，以此类推。三级反应一般是很少的，在气相反应中，目前仅知的只有 5 种反应属于三级反应，且都和 NO 有关。三级以上的反应几乎没有。如果反应速度与反应物浓度无关而为一常数，则称此反应为零级反应。化学反应的级数可以是正数或负数；可以是整数、零、分数。若是负数，则表示反应物浓度的增加将抑制反应，使反应速度下降。

对于简单反应（或基元反应）来说，上面两种分类法基本上一致，单分子反应是一级反应，如 $I_2 \longrightarrow 2I$；双分子反应也是二级反应，如 $H_2 + I_2 \longrightarrow 2HI$。但对另外一些反应，特别是复杂反应（非基元反应），两者就不一致了。例如，H_2 和 Br_2 的反应：$H_2 + Br_2 \longrightarrow 2HBr$。此反应中反应分子数为 2，属于双分子反应，但实际上由实验测得的反应级数为 2/3。在某些情况下，反应中某一组成过剩量很多，以致它在反应过程中的消耗实际上不影响它的浓度，如乙酸乙酯的水解反应：

$$CH_3COOC_2H_5 + H_2O = CH_3COOH + C_2H_5OH$$

按照化学反应方程式所示为双分子反应，但实际上它是一级反应。因为此时水的量很多，在反应过程中虽有消耗，但它的浓度变化很小，反应速度只取决于乙酸乙酯的浓度。

因此，反应的级数和反应的分子数是两个截然不同的概念，不能混淆。反应级数是由实验测得，而反应的分子数则根据引起反应（基元反应）所需的最少分子数目来定。例如可以有零级反应，却不可能有零分子反应。同时，复杂反应的反应级数不能随意地按化学反应式所表示的参与反应的分子数目来确定。对某些化学反应来讲，由实验测得的反应级数与反应方程式中所表示的反应物分子数相等仅仅是巧合。

在反应机理的研究中，常用反应分子数进行动力学分类；从试验和燃烧的角度，关心的是反应速度与浓度的具体关系，因此常用反应级数进行动力学分类。

五、可逆反应平衡常数

一般来说，所有的反应都是可逆反应。对于可逆反应 $\sum_i v_i A_i \underset{k'}{\overset{k}{\rightleftharpoons}} \sum_j v'_j A'_j$，

正向反应速度为：$w_1 = k \prod_i c_i^{v_i}$；

逆向反应速度为：$w_2 = k' \prod_j c_j'^{v'_j}$；

总的反应速度为：$w = w_1 - w_2 = k \prod_i c_i^{v_i} - k' \prod_j c_j'^{v'_j}$。

正向反应与逆向反应速度相等或净反应速度等于零，也就系统浓度达到一个动态平衡的不变状态时，系统就达到了所谓化学平衡，这时 $w = w_1 - w_2 = 0$，即

$$k_c = \frac{k}{k'} = \frac{\prod\limits_j c_j'^{v_j'}}{\prod\limits_i c_i^{v_i}} \qquad (4 - 34)$$

式中：$k_c = \dfrac{k}{k'}$ 为可逆反应的平衡常数。下标 c 表示以浓度定义的平衡常数。需要注意的是，此处平衡常数的定义仅适用于基元反应。

第四节　反应速度定律与影响因素

一、燃烧化学动力学基础定律

1. 范特霍夫（van't Hoff）规则

根据范特霍夫（van't Hoff）规则：在不大的温度范围内和不高的温度时，温度每升高 10℃，反应速度增加 2～4 倍。其数学表达式如下：

$$\gamma_0 = \frac{k_{t+10}}{k_t} = 2 \sim 4 \qquad (4 - 35)$$

式中：k_t 为化学反应速度常数；γ_0 为反应温度的温度系数。

对某一给定反应来说，γ_0 可以视为一常数。大多数反应的温度系数彼此间差别不大，均在上述数值范围内。由式（4 - 35）可知，反应速度随温度的升高而升高，并呈指数关系。例如温度升高 100K，则燃烧速度随之增加 $2^{10} \sim 4^{10}$ 倍。也就是说，当温度做算术级数增加时，反应速度将做几何级数增加。由此可见温度对化学反应速度的影响之大。

需要指出，这范特霍夫规则是一个近似的经验规则。它只能决定各种化学反应中大部分反应的速度随温度变化的数量级。对于不需要精确的数据或者缺少完整数据的时候，尚不失为一种估计温度对反应速度常数影响的方法。

2. 阿累尼乌斯定律

在范特霍夫方程基础上，阿累尼乌斯通过大量实验与理论研究，揭示了反应速度常数与温度之间的关系式为

$$\ln k = -\frac{E}{RT} + \ln k_0 \qquad (4 - 36)$$

式中：k 为化学反应的速度常数；E 和 k_0 均为实验常数，分别是反应活化能和频率因子；R 与 T 分别为通用气体常数和热力学温度。

上式的微分形式及指数形式如下：

$$\frac{\mathrm{d}\ln k}{\mathrm{d}T} = \frac{E}{RT} \qquad (4 - 37)$$

$$k = k_0 \exp\left(-\frac{E}{RT}\right) \qquad (4 - 38)$$

上式即为著名的阿累尼乌斯定律所描述的关系式。

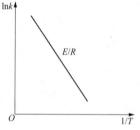

图 4 - 3　$\ln k \sim 1/T$ 示意图

按照式（4 - 36）以 $\ln k \sim 1/T$ 作图，如图 4 - 3 所示。可得到一条直线，直线的斜率为 $-E/R$，由此可求出物质的活化能 E。

二、温度对化学反应速度的影响

在影响化学反应速度的诸因素小、温度对反应速度的影响最为显著。例如氢和氧的反应

在室温条件下进行得异常缓慢，其速度小到无法测量，以至于经历几百万年的时间后才能觉察出它们的燃烧产物。然而温度一旦提高到一定数值后，例如 $600 \sim 700^\circ\text{C}$，它们之间的反应可以成为爆炸反应，瞬间就可完成。温度主要影响反应速度常数 k 值。

范特霍夫规则与阿累尼乌斯定律明确了温度对化学反应速度的影响。但应该指出的是，并非所有的化学反应都遵循阿累尼乌斯定律，有些化学反应的反应速度却是随温度的升高而降低的，如图 4-4 所示。一般的化学反应如图 4-4 中（a）所示那样，少数如图 4-4 中（b）～（d）所示，例如酶反应如（b）所示，某些碳氢化合物的氧化如图 4-4 中（c）所示，合成 NO_2 如图 4-4 中（d）所示。

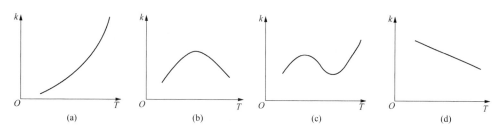

图 4-4　反应速度常数与温度间的关系

三、活化能对化学反应速度的影响

在阿累尼乌斯公式中，活化能 E 的数值对反应速度的影响很大，E 越小，反应速度就越大。阿累尼乌斯在解释上述经验公式时首先提出了活化能的概念。分子相互作用的首要条件是它们必须相互碰撞，显然并不是每次碰撞都是有效的，因为分子彼此碰撞的次数很多。如果每次碰撞都是有效的，则一切气体反应都将瞬时完成。但实际上只有少数能量较大的分子碰撞才有效。要使普通分子（即具有平均能量的分子）变成活化分子（即能量超出一定值的分子）所需的最小能量称为活化能。活化能也可以定义为使化学反应得以进行所需要吸收的最低能量。由定义知，活化能表示吸收外界能量的大小，数值越大，表示燃料越难燃烧。

活化能如图 4-5 所示。由图可知，反应物 A 反应生成 G 时，必须首先吸收能量 E_1 达到活化态时，反应才能进行。反应的同时，放出热量 E_2。扣除吸收的热量 E_1，Q 为燃烧反应的净放热量，即燃料的发热量。

阿累尼乌斯对活化能的解释只有对基元反应才有明确的物理意义，而绝大多数反应都是非基元反应。因此，对复杂反应，直接由实验数据按照阿累尼乌斯定律得到的活化能只是表观活化能，它实际上只是组成该复杂反应的各基元反应活化能的代数和。

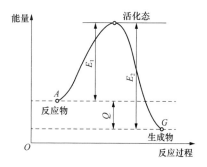

图 4-5　活化能示意

一般化学反应的活化能在 $42 \sim 420\text{kJ/mol}$ 之间，其中大多数为 $60 \sim 250\text{kJ/mol}$。活化能小于 42kJ/mol 的反应，由于反应速度很快，一般实验方法已难于测定。活化能大于 420kJ/mol 的反应，由于反应速度极慢，可以认为不发生化学反应。

从阿累尼乌斯公式可以看出，活化能的大小既反应了反应进行的难易程度（活化能越小，反应越易进行），同时也反映了温度对反应速度常数影响的大小。活化能较大时，温度升高，反应速度常数（k）的增大就很显著；反之，就不显著。例如有两个化学反应，一个反应的活化能为 83.68kJ/mol，另一个为 167.36kJ/mol，当温度由 500K 增加到 1000K 时，若不计频率因子的变化，则活化能低的反应速度增加了 4×10^4 倍，活化能高的反应速度增加了 3×10^8 倍。此外，这一结果说明，对于两个活化能不同的反应，当温度增加时，活化能较高的反应速度增加的倍数比活化能较低的反应速度增加的倍数大。换句话说，即温度升高有利于活化能较大的反应。此外，对于一个给定的反应来说，在低温范围内反应速度随温度的变化更敏感。对于一个给定的反应，例如活化能为 83.68kJ/mol，温度从 500K 升高到 1000K，增温 500K，其反应速度增加 4×10^4 倍，如果温度从 1000K 升高到 1500K，同样增加 500K，此时反应速度仅增加 25 倍。

从影响燃烧的因素可知，要强化煤的燃烧，提高燃烧效率，可以提高煤粉浓度、提高压力和提高温度。在电站锅炉技术中，煤粉炉采用微负压燃烧，可从浓度和温度两方面入手，提高燃烧效率。如浓淡燃烧技术、热风送粉等都是从这个原理出发的。

四、压力对化学反应速度的影响

对于一个恒温反应，可以推出反应物 i 的浓度 c_i 与摩尔相对浓度 x_i 之间存在如下关系：

$$c_i = x_i p/(RT) \tag{4-39}$$

对于化学反应 $aA+bB\rightarrow eE+fF$，代入质量作用定律式可得

$$w = kc_A^a c_B^b = k\left(\frac{p}{RT}\right)^n x_A^a x_B^b = k\left(\frac{p}{RT}\right)^n x_A^a (1-x_A)^b \tag{4-40}$$

式中：$n=a+b$ 为反应级数。

式（4-40）表明，在恒温反应的条件下，反应速度与压力的 n 次方成正比，即

$$w \propto p^n \tag{4-41}$$

对式（4-40）取对数，可得

$$\ln w = n\ln p + \ln\left[k\frac{x_A^a(1-x_A)^b}{(RT)^n}\right] \tag{4-42}$$

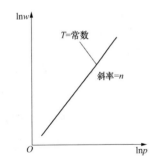

图 4-6 $\ln w$-$\ln p$ 的关系示意图

这一关系提供了一个确定化学反应级数 n 的新方法。如在恒温条件下，测定反应速度和系统压力，绘制 $\ln w$-$\ln p$ 的关系图，斜率即为反应级数 n，如图 4-6 所示。

需要指出的是，上述压力与反应速度的关系只对简单的一步反应有效，对链式反应不适用。

五、反应物浓度对化学反应速度的影响

为讨论方便，假定化学反应为双分子反应，则式（4-40）可写成

$$w = k\left(\frac{p}{RT}\right)^2 x_A(1-x_A) \tag{4-43}$$

图 4-7 所示为化学反应速度 w 与相对浓度 x_A 的关系曲线。表明化学反应速度随反应物的浓度而变化。在其他条件不变的情况下，最大反应速度与浓度的关系为 $dw/dx_A=0$，则最大反应速度对应的反应物相对浓度为

$$x_A = x_B = 0.5$$

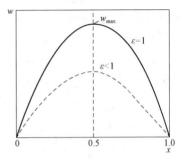

图 4-7 化学反应速度与反应物相对浓度的关系

在一定范围内，化学反应速度随反应物的浓度升高而增大，反应物质浓度过大或过小都将使反应速度下降。这是因为燃烧反应属于双分子反应，只有当两个分子发生碰撞时，反应才能发生。浓度越大，即分子数目越多，分子间发生碰撞的概率越大，反应也就越快。当然，反应物浓度也不是越高越好，当燃料浓度过高，则氧相对不足，燃烧不充分。只有当燃料与氧达到化学当量比时，即反应物相对浓度等于 0.5 时，燃烧速度最快。

当反应物质中混合有惰性物质时，会降低反应物的浓度，使得反应速度下降。一般惰性组分是氧化剂或燃气中的杂质，如 N_2 或 CO_2。对于反应物中混有惰性物质的情况，其最大反应速度仍发生在 $x_A = x_B = 0.5$ 处。

为说明这一结论，现作如下假定：有一混合气体，燃气 A 与混有惰性气体的氧化剂 B 发生反应，并且有 $x_A + x_B = 1$（x_A、x_B 分别为燃气 A 与氧化剂 B 的摩尔相对浓度）。用 ε 表示氧化剂在其与惰性气体混合气中所占的比例，用 β 表示惰性气体所占的比例，则有 $\varepsilon + \beta = 1$。从而可以得出

$$x_A + x_B(\varepsilon + \beta) = 1$$

此时反应速度可表示为 $w' = k' x_A \varepsilon x_B$。

由此可见：①混气中加入惰性成分后，反应速度会下降，使 $w' = \varepsilon w$；②最大化学反应速度仍发生在 $x_A = x_B = 0.5$ 处。

第五节　反应速度理论及复杂反应

基元反应速度理论的研究至今已有一个世纪的历史。范特霍夫和阿累尼乌斯首先发现了速度常数与温度间存在指数关系。后者经过推理提出了基元反应过程存在着活化状态和活化能的概念。这两个重要概念为后来的理论发展奠定了重要的基础。随后，刘易斯（Bernard Lewis）根据活化能概念并结合气体分子运动学说提出了有效碰撞理论，爱伦（Eyring）和波兰尼（Polanyl）创立并发展了过渡状态理论。

一、有效碰撞理论

燃料过程涉及的大多数基元反应是双分子反应，即两个分子碰撞并形成另外两个不同的分子。对任一双分子反应，可以表达为

$$A + B \rightarrow C + D$$

若两种气体分子 A 和 B 处在混合气体状态中，则在时间 Δt 内，单位体积中气体 A 的一个分子和气体 B 所有分子相互碰撞的次数由分子运动学说可得

$$Z_{A,B} = \pi d^2 \bar{u} c_B \Delta t \tag{4-44}$$

式中：c_B 为气体 B 的摩尔浓度；d 为分子平均"有效"直径，$d = \dfrac{d_A + d_B}{2}$；$\bar{u}$ 为分子运动的平均相对速度，$\bar{u} = \sqrt{\dfrac{8RT}{\pi}\left(\dfrac{1}{M_A} + \dfrac{1}{M_B}\right)}$；$M_A$ 和 M_B 分别为反应物 A 和 B 的分子质量；R 为通用气体常数；T 为热力学温度。

把平均速度表达式代入式（4-44），则

$$Z_{A,B} = d^2 \sqrt{8R\pi\left(\dfrac{1}{M_A} + \dfrac{1}{M_B}\right)} \cdot c_B \cdot \sqrt{T} \cdot \Delta t = c \cdot c_B \cdot \sqrt{T} \cdot \Delta t \tag{4-45}$$

式中：$c = d^2 \sqrt{8R\pi\left(\dfrac{1}{M_A} + \dfrac{1}{M_B}\right)}$。

这是气体 A 一个分子与气体 B 所有分子碰撞次数，而气体 A 全部分子与气体 B 全部分分子碰撞的次数则为

$$Z_{A,B} = c \cdot c_A \cdot c_B \cdot \sqrt{T} \cdot \Delta t$$

已知只有活化分子之间的碰撞才能发生反应，能量超过 E 的分子数占总分子数的比例由 Maxwell-Boltzmann 定律导出，占总分子数的份额仅为 $\exp\left(-\dfrac{E}{RT}\right)$。根据这个比例，在上述反应中反应物 A 和 B 超过能量 E 的分子数分别为 $n'_A = c_A\exp\left(-\dfrac{E}{RT}\right)$、$n'_B = c_B\exp\left(-\dfrac{E}{RT}\right)$。那么发生化学反应的有效碰撞数应为

$$(Z_{A,B})_{\text{eff}} = Z_{A,B}\exp\left(-\dfrac{E}{RT}\right) = c \cdot c_A \cdot c_B \cdot \sqrt{T} \cdot \exp\left(-\dfrac{E_A}{RT}\right) \cdot \exp\left(-\dfrac{E_B}{RT}\right) \cdot \Delta t$$

$$= c \cdot c_A \cdot c_B \cdot \sqrt{T} \cdot \exp\left(-\dfrac{E}{RT}\right) \cdot \Delta t \tag{4-46}$$

式中：$E = E_A + E_B$ 表示这一反应的活化能，它是发生这一化学反应所必需的最少能量。

在其他条件不变的情况下，按照反应物 A 的浓度变化计算的化学反应速度应为

$$w_A = \frac{\Delta c_A}{\Delta t} = \frac{(Z_{A,B})_{\text{eff}}}{\Delta t} = c \cdot c_A \cdot c_B \cdot \sqrt{T} \cdot \exp\left(-\frac{E}{RT}\right) \tag{4-47}$$

按照质量作用定律可以得出

$$k = c \cdot \sqrt{T} \cdot \exp\left(-\frac{E}{RT}\right) = k_0\exp\left(-\frac{E}{RT}\right) \tag{4-48}$$

其中，$k_0 = c \cdot \sqrt{T}$ 是反映总碰撞次数的因子，因此称为频率因子。反应速度常数 k 仅与温度有关，而与反应物浓度无关。式（4-48）是阿累尼乌斯定律的数学表达式。阿累尼乌斯定律确定了化学反应速度与反应温度之间的关系，这是在用分子运动论解释之前，由实验总结出的一条定律。

二、过渡状态理论

碰撞理论把反应分子看作是绝对的固体而无内部的自由度，没有考虑到在化学反应中分子发生的变化，因而某些化学反应过于缓慢就无法解释，而必须在 Arrhenius 方程式中引入一个特殊的系数 P，这个系数称为空间系数，即

$$k = P \cdot k_0 \cdot \exp\left(-\frac{E}{RT}\right) \tag{4-49}$$

P 的数值范围很大，可以从 10^{-7} 到 1，而且有许多不同的物理解释。

如果采用过渡状态理论就可解释上述不符合 Arrhenius 公式的原因。因为过渡状态理论与分子碰撞理论不同，它不是把化学反应看成是活化分子间碰撞时的瞬间行为，而是把化学反应看成一个过程，化学反应是在系统位能不断发生变化的时间中进行的，变化中达到了某种中间状态，构成了所谓活化络合物。这种络合物相当于化学反应时必须克服的能量障碍的顶峰。譬如研究下列反应：

$$A + BC = AB + C$$

在构成最后的分子 AB 以前，有一个过渡状态发生，它表现为活化络合物 $A\text{-}B\text{-}C$。在

过渡期间原子 C 暂时隶属于原来的分子 BC，同时也隶属于新分子 AB。过了一个很短的时间，活化络合物就分解为 $AB+C$。

构成活化络合物 A-B-C 是要消耗能量的，这个能量就是活化能。因而，构成络合物后其能量就相应于反应时必须克服的能量障碍的顶峰，此时具有最高的能量水平。此后若发生分解，系统位能则下降。

按照过渡状态理论，上述 $A+BC=AB+C$ 的反应是按下述方式实现的。

$$A + BC \longrightarrow A-B-C \longrightarrow AB+C$$

因而，化学反应速度 w 应与活化络合物的浓度成比例，也即与单位容积内单位时间活化络合物的产生和分解的数量成比例。应用量子力学和统计物理的若干理论后（这里不予叙述）即可发现，反应速度与活化络合物的浓度间有直接联系。

根据过渡状态理论，反应速度的计算仍是以光谱分析的实验资料为基础。光谱分析方法是最灵敏的方法，这种方法允许用来研究化学反应结构和化学反应速度而不破坏和中断化学反应。光谱分析法在研究气体反应时具有特殊的意义，因为这种反应常常伴随有中间反应物的极迅速的产生和消失。国外学者在研究燃烧问题时，也广泛应用了光谱分析法。

三、链式反应

阿累尼乌斯定律在分子运动理论基础上，建立了化学反应速度关系式。但是化学反应的种类很多，特别是燃烧过程的化学反应，都是复杂的化学反应，无法用阿累尼乌斯定律和分子运动理论来解释，比如有些化学反应即使在低温条件下，其化学反应速度也会自动加速而引起着火燃烧。有些反应在常温下也能达到极大的化学反应速度，比如爆炸。因此，不得不寻求化学动力学的新理论来解释这些现象。链式反应就是其中之一，如低温冷焰、水蒸气的助燃作用等现象。

1. 链式反应特征与分类

链式反应也称链锁反应。其特点是不论用什么方法，只要使反应一旦开始，它便能相继产生一系列的连续反应，使反应不断发展。在这些反应过程中始终包括有自由原子或自由基（统称链载体），只要链载体不消失，反应就一定能进行下去。链载体的存在及其作用是链反应的特征所在。很多重要的工艺过程如石油热裂解、碳氢化合物氧化燃烧等都与链反应有关。

链式反应由链的产生、链的传递、链的终止三个基本步骤组成。

链式反应分不分支链反应和分支链反应两大类。前者在链的发展过程中不产生分支链，后者将产生分链。

2. 不分支链反应

中间活化链载体为活化中心，活化中心的数目不变的反应称为不分支链反应。

现以 H_2 和 Br_2 反应为例说明不分支链反应的机理。H_2 和 Br_2 的化学反应方程式为

$$H_2 + Br_2 \longrightarrow 2HBr$$

经实验测得该反应的表观活化能为 $167kJ/mol$，实验中并测到了 H 和 Br 自由原子。该反应为复杂反应，其反应速度方程式如下：

$$\frac{dc_{HBr}}{dt} = \frac{k' c_{H_2} c_{Br_2}^{1/2}}{1 + k'' c_{HBr}/c_{Br_2}} \tag{4-50}$$

其反应历程如下：

链的产生

$$Br_2 + M \longrightarrow 2Br + M$$

链的传递

$$Br + H_2 \longrightarrow H + HBr$$
$$H + Br_2 \longrightarrow Br + HBr$$
$$H + HBr \longrightarrow H_2 + Br$$

链的终止

$$Br + Br + M \longrightarrow Br_2 + M$$

上述反应步骤简要说明如下：

（1）链的产生：由反应物分子生成最初链载体的过程称为链的产生。这是一个比较困难的过程，因为断裂分子中的化学键需要一定的能量。通常可以用加热、光照射、加入引发剂等方法使之形成自由基或自由原子。这里，Br_2 分子是通过与惰性分子 M 相碰撞而获得足够的振动而离解，称为热离解。

（2）链的传递。自由基或自由原子与分子相互作用的交替过程称为链的传递。由此可见，Br 与 H 两个自由原子交替地进行着生成 HBr 的反应，这里自由原子及自由基即链载体起着链的传递作用，犹如链条上的各个链环，周期地重复着进行。

（3）链的终止：自由原子或自由基如果与容器壁面碰撞而形成稳定的分子，或者两个自由基与第三个惰性分子相撞后失去能量而成为稳定分子，则链中断，称为链的终止。

总的来说，本例的链式反应在条件适宜时可以形成很长的链。因为在反应中链载体的数目始终没有增加，故称为不分支链反应或直链反应。

链反应机理是否正确需要加以验证。首先必须按照上面的反应机理求反应速度方程式，并考察它是否与实验相等；其次要根据基元反应的活化能来计算总反应的表观活化能，看所得的数值是否和实验值一致；最后，如果实验中还有其他现象出现，则还需要考察所提供的反应机理能否解释这些现象。

根据不分支链反应的特点，可以做出反应速度 ω 与时间 τ 之间的关系曲线，如图 4-8 所示。该曲线表示，在一定温度工况下，在达到可能的最大值之前，反应速度的增加是与反应物原子浓度在反应初期的增加有关的；反应速度达到最大值 ω_{max} 以后，由于反应物质浓度的降低，使链反应的速度逐渐降低。

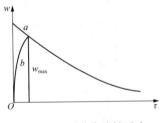

图 4-8　不分支连锁反应
进行的速度

3. 分支链反应

分支链反应是在等温条件下，基元反应产生的链载体的数目比消失的数目多，链的发展过程呈现分支发射状。在一定条件下，链载体的浓度及生成物的反应速度会趋于无穷大，发生爆炸反应。

特点：一个活化中心参加反应后生成最终产物的同时产生两个或两个以上的活化中心，这样，反应活化中心的数目在反应过程中是随时间逐渐增加的。因此反应速度也是自行加速的。下面以氢气与氧气的燃烧反应：$2H_2 + O_2 \longrightarrow 2H_2O$，来说明分支链反应的过程。

链的产生

$$H_2 + O_2 \longrightarrow 2OH$$
$$H_2 + M \longrightarrow 2H + M$$

链的传递

$$OH + H_2 \longrightarrow H_2O + H$$

链的分支

$$H + O_2 \longrightarrow OH + O$$
$$O + H_2 \longrightarrow OH + H$$
$$OH + H_2 \longrightarrow H_2O + H$$

链的终止

$$H + H \longrightarrow H_2$$
$$H + OH \longrightarrow H_2O$$
$$O + O \longrightarrow O_2$$

总的反应式

$$H + 3H_2 + O_2 \longrightarrow 3H + 2H_2O$$

可见，在氢与氧的燃烧反应过程中，链传递的每一个循环，一个氢分子可转变为两个氢原子。因此，如果链载体的产生速率超过销毁速率，则反应速度会很快地增加而引起爆炸。这就是分支链反应。氢与氧的燃烧反应过程中氢分支链反应的过程如图 4-9 所示。

在该分支链反应中，反应产物的形成速度与链载体——氢原子的浓度成正比。在反应开始阶段，氢原子的初始浓度很像，产物的形成速度很不显著。只有在经过一定的时间之后，由于分支链反应的传递过程，氢原子浓度不断增加，这样反应速度才得以自动加速直到最大值。以后由于反应物的浓度不断降低，当氢原子的销毁速度超过产生速度，以及氧分子浓度消耗到一定程度以后，反应速度开始下降。图 4-10 所示即为一定温度工况下氢燃烧的反应速度和时间的关系曲线。图中 τ_i 称为分支链反应的感应期，在这段时间内，反应速度很不显著，难以观察到。ω_i 表示一个很小但能观察到的反应速度。在经过感应期后，反应才自动加速到最大速度值 ω_{max}。

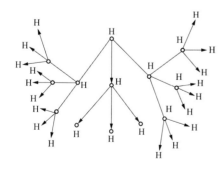

图 4-9　氢与氧的燃烧反应过程中
氢分支链反应

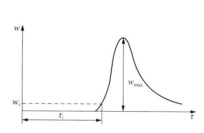

图 4-10　一定温度工况下氢燃烧的
反应速度和时间的关系曲线

与氢燃烧反应相比，多数碳氢化合物的燃烧反应进行得比较缓慢，因为碳氢化合物的燃烧是一种退化的分支链反应，即新的链环要依靠中间生成物分子的分解才能发生，其动力学机理尚在研究中。

四、催化反应

某些化学反应，对加入的少量催化剂非常敏感。这种催化剂物质的加入能显著地改变化学反应的速度。一般的催化剂是增加反应速度的，但也有某些催化剂减慢化学反应速度。这种减慢化学反应速度的催化剂又称为负催化剂。下面简要介绍催化剂对化学反应速度影响的原因。

在某些化学反应中，催化剂参加反应的某一步骤，而在下一步中又被还原，这样催化剂本身并未改变但却对化学反应速度产生了影响。例如，二氧化硫的氧化是一个缓慢的过程，加入少量的一氧化氮会加速反应的进行，这一反应的总反应式为：$2SO_2 + O_2 \xrightarrow{NO} 2SO_3$。

其反应机制为

$$O_2 + 2NO = 2NO_2$$
$$2NO_2 + 2SO_2 = 2SO_3 + 2NO$$

由此可见，一氧化氮参与第一个反应步骤，而在第二个步骤中被还原。由于这两个反应的活化能都较低，因而在加入一氧化氮后，二氧化硫的氧化过程被大加快。

总之，一般催化剂的作用是降低反应的活化能，使反应容易进行，因而使反应加快。至于怎样降低反应的活化能，目前还在研究中。对于催化剂还应了解下列两点：①催化剂具有选择性，对这一反应起催化作用的物质，对另一反应就不一定起催化作用，因而要加快某一反应时，首先必须寻求适合这一反应的催化剂。②催化剂只能改变化学反应速度，而不能改变化学平衡。也即如果反应是可逆的，则催化剂对正反应速度和逆反应速度都同样加快，因而平衡常数是不变的。

催化反应又分为均相催化和接触催化两类。均相催化是指催化剂和反应物是同相的，譬如溶液中的酸碱催化。接触催化是指在固体催化剂表面进行的气体反应。在某些反应中，生成物起催化作用，增加原反应的反应速度，这种催化叫自动催化。在一般的反应中，反应速度总是开始最大，然后随时间而减小，但是在自动催化反应中，由于生成物的增加，反应速度随时间而上升，超过一最高点后方始逐渐下降。

催化反应在工业中具有重要的意义，而且也已广泛加以应用，如用氨制造硝酸，甲醇的合成、氢化作用等等。

思考题及习题

4-1 何为化学反应中的生成热、反应热和燃烧热？

4-2 热化学基础定律有哪些？主要内容是什么？

4-3 何为绝热燃烧温度、自由能、平衡常数？

4-4 基元反应与复杂反应的异同有哪些？

4-5 反应分子数及反应级数的异同有哪些？

4-6 什么是质量作用定律及可逆反应的平衡常数是什么？

4-7 影响化学反应速度的因素有哪些，其影响规律是什么？

4-8 何为活化能及活化分子？

4-9 简要叙述链式反应的概念、分类及区别。

4-10　化学热力学与化学动力学的内涵分别是什么?

4-11　热力学平衡与自由能的定义是什么?

4-12　平衡常数和标准反应自由能之间有什么关系?

4-13　温度和压力对平衡常数的影响有哪些?

4-14　何为化学反应速度与反应速度常数 k? 影响化学反应速度的因素是什么?

4-15　阿累尼乌斯定律的详细内容是什么? 试对其进行证明。

第五章　着火与灭火理论

　　燃烧过程可分为着火阶段、着火后燃烧阶段两个基本阶段。在第一阶段中，燃料和氧化剂通过自身氧化或外部热源提供的热量提高可燃混合物的温度和积累活化分子，完成着火过程，它是一种过渡过程。在第二阶段，反应速度进行得很快，并发出强烈的光和热，一般认为这是一种稳定过程。

第一节　着火过程与机理

一、着火过程

　　燃料和氧化剂混合后，由无化学反应、缓慢的化学反应向稳定的强烈放热状态的过渡过程，最终在某个瞬间、空间中某个部分出现火焰的现象称为着火。对于常规的着火过程，在着火孕育期完成之后，则转向持续、稳定的燃烧过程。爆炸也是一种着火过程。相对常规的着火过程，爆炸除了反应速度从低速瞬间加速到高速以外，整个反应都在极短的时间内完成。

　　影响着火的因素很多，如燃料的性质、燃料与氧化剂的混合比例、环境的压力与温度、气流的速度、燃烧室的尺寸和保温情况等。但是，归纳起来是化学动力学因素和传热学因素相互影响与作用的结果。

二、着火机理

　　从微观机理来划分，着火可以分为热着火和链式着火。

1. 热着火

　　可燃混合物由于本身氧化反应放热大于散热，或由于外部热源加热，温度不断升高导致化学反应不断自动加速，积累更多能量最终导致着火的现象称为热着火。大多数燃料着火特性符合热着火的特征。

2. 链式着火

　　由于某种原因，可燃混合物中存在活化中心，活化中心产生速率大于销毁速率时，在分支链式反应的作用下，导致化学反应不断加速，最终实现着火的现象称为链式着火。例如 H_2 和 O_2 的化合反应，它就满足分支链式反应的条件。

　　热着火过程中，能量传递并使得化学反应继续进行的载体是系统中所有的反应物分子，着火过程中系统中温度整体上升，导致整个系统的化学反应速度会急剧上升。热着火通常需要良好的保温条件，使得系统中化学反应产生的热量能够逐渐积聚，最终引起整个系统温度的升高，从而反过来使得化学反应加速。热着火通常比链式着火过程强烈得多。

　　链式着火有效的反应能量只在活化中心之间传递，而且链式着火只是系统中的活化中心局部增加并加速生成引起的，并不是所有分子的动能整体提高，因此，不能导致所有分子的反应能力都增强，化学反应速度只在局部的区域或特定的活化分子之间提高，不是系统整体的化学反应速度提高。因此，链式着火通常局限在活化中心的生成速率大于销毁速率的区域，而不引起整个系统的温度大幅度升高。链式着火则一般不需要严格的保温条件，在常温下就能进行，其主要依靠合适的活化中心产生的条件，使得活化中心的生成率高于销毁率，维持自身的链式反应不断进行，使化学反应自动地加速而着火。

热着火与链式着火也存在共同点。不论是热着火还是链式着火，都是在初始的较低的化学反应速度下，利用某种方式（保温或保持活化中心生成的条件），积聚某种可以使得化学反应加速的因素（例如系统的温度或者系统中总的活性分子数目），从而使得化学反应速度实现自动加速，最终形成火焰。

另外还需要注意到，在链式着火过程中，由于活化中心会被销毁，因此通常着火后燃烧的强度不高。但是，如果活化中心能够在整个系统内加速繁殖并引起系统能量的整体增加，就可能形成爆炸。

第二节　热 自 燃 着 火

一、自燃现象

自燃着火是依靠可燃混合物自身缓慢氧化反应逐渐积累热量和活化分子，从而自行加速反应，最后导致燃烧。自燃着火有两个条件，其一是可燃混合物应有一定的能量储存过程，其二是在可燃混合物的温度不断提高，以及活化分子的数量不断积累后，其反应从不显著的速度自动地转变到剧烈的反应速度。

自然界发生自燃的情况非常多，比如煤在堆放过程中，煤堆内部发生的燃烧现象就属于自燃现象。

二、热自燃理论

如有一体积为 V 的容器，其中充满均匀可燃化学气体混合物，其浓度为 c_0，容器的壁温为 T_b，容器内的可燃气体混合物以速度 w 在进行反应，化学反应放出的热量，一部分加热了气体混合物，使反应系统的温度提高，另一部分则通过容器壁传给周围环境。

为了简化计算，谢苗诺夫采用零维模型，即不考虑容器内的温度、反应物浓度等参数的分布，而是把整个容器内的各参数都按平均值来计算，即假定：

（1）容器内各处的混合物浓度及温度都相同。

（2）在反应过程中，容器内各处的反应速度都相同。

（3）容器壁温及外界环境温度，在反应过程中保持不变，而决定传热强度的温度差就是壁温和混合物之间的温差。

（4）在着火温度附近，由于反应所引起的可燃气体混合物浓度的改变可忽略不计。

单位时间内由于化学反应而释放的热量

$$Q_1 = wQ_rV \tag{5-1}$$

式中：w 为化学反应速度；Q_r 为单位时间单位体积化学反应放热；V 为容器的体积；

化学反应速度

$$w = k_0 \exp\left(-\frac{E}{RT}\right)c_0^n \tag{5-2}$$

式中：c_0 为反应物质的初始浓度；T 为系统温度。

将式（5-2）代入（5-1）有

$$Q_1 = k_0 \exp\left(-\frac{E}{RT}\right) c_0^n V Q_r \qquad (5-3)$$

式中：Q_1 为单位时间燃料燃烧放热量。

系统散热量为

$$Q_2 = \alpha F(T - T_b) \qquad (5-4)$$

式中：Q_2 为单位时间内由容器传给周围环境的热量；α 为散热系数；F 为容器表面积；T_b 为环境温度。

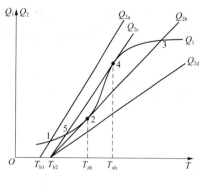

图 5-1　热力着火曲线

热量与温度关系如图 5-1 所示。放热量与系统温度 T 成指数关系，散热量与温度 T 成直线关系。

当环境温度（T_{b1}）很低时，此时的散热曲线是 Q_{2a}，它与放热曲线交于点 1，如图 5-1 中曲线 Q_1 和 Q_{2a} 组合。由图可知，在点 1 前的反应初始阶段，由于放热大于散热，反应系统开始升温，到达点 1 达到放热、散热的平衡。点 1 为稳定的平衡态。系统处在点 1 左边时，$Q_1 > Q_{2a}$，系统温度会升高到达点 1；在右边时，$Q_1 < Q_{2a}$，系统会降温回到点 1。由于此时系统温度低，处于缓慢氧化状态，不能进行燃烧。

当环境温度升高至 T_{b2} 时，此时相应的散热曲线是 Q_{2b}，见图 5-1 曲线 Q_1 和 Q_{2b} 组合。在反应初期，由于放热大于散热，反应系统温度逐步增加，至点 2 达到平衡。但点 2 是一个不稳定的平衡点。系统处在点 2 左边时，$Q_1 > Q_{2b}$，系统会升高温度到达点 2；在右边时，$Q_1 > Q_{2b}$，系统温度会继续升高到达点 3，进行高温燃烧。点 2 就称为着火点，其对应的系统温度 T_{zh} 称为燃料的着火温度。锅炉的正常运行就属于这种情况。

对于处在高温燃烧状态的反应系统，如果散热加大了，反应系统的温度便随之下降，散热曲线变为 Q_{2c}，散热曲线斜率增加，见图 5-1 中曲线 Q_1 和 Q_{2c} 组合。在降负荷的过程中，燃料量减少，系统温度会降低，即由点 3 的高温燃烧状态逐渐变为点 4 的燃烧状态。负荷低到一定程度就到达点 4，点 4 为不稳定平衡态。点 4 右边，$Q_1 < Q_{2c}$，系统会降温回到点 4；在点 4 左边，$Q_1 < Q_{2c}$，系统会降温到达点 5，变成不能燃烧的缓慢氧化状态。此时点 4 为熄火点，对应的系统温度 T_{xh} 为熄火温度。熄火温度总高于着火温度。

从上面的分析可知，要加快着火，可以从加强放热和减少散热两方面着手。在散热条件不变的情况下，可以增加可燃混合物的浓度和压力，增加可燃混合物的初温，使放热加强；在放热条件不变的情况下，则可通过燃烧室保温等减少散热措施来强化着火。如在燃烧低挥发分难燃煤锅炉燃烧器区域敷设卫燃带，即曲线 Q_1 和 Q_{2d} 组合。在这种情况下，放热量总大于散热量，系统温度会不断提高，这样会导致更高温度的强烈燃烧。

通过上述分析，可以找到热自燃的充分必要条件：放热量与散热量要相等，而且两者随温度的变化率也要相等，即

$$Q_1 = Q_2 \qquad (5-5)$$

$$\mathrm{d}Q_1/\mathrm{d}T = \mathrm{d}Q_2/\mathrm{d}T \qquad (5-6)$$

在图 5-1 中 2 点是自燃临界点，该点壁温为 T_{b2}，相应的自燃温度为 T_{zh}。

将式（5-3）和式（5-4）代入式（5-5）得

$$k_0 \exp\left(-\frac{E}{RT_{zh}}\right)c_0^n VQ_r = \alpha F(T_{zh} - T_{b2}) \tag{5-7}$$

将式（5-3）和式（5-4）求导后代入式（5-6）得

$$k_0 \exp\left(-\frac{E}{RT_{zh}}\right)c_0^n VQ_r \frac{E}{RT_{zh}^2} = \alpha F \tag{5-8}$$

将式（5-7）除以式（5-8）得

$$\frac{RT_{zh}^2}{E} = T_{zh} - T_{b2} \tag{5-9}$$

解此方程，可得

$$T_{zh} = \frac{E}{2R} \pm \frac{E}{2R}\left(1 - \frac{4RT_{b2}}{E}\right)^{1/2} \tag{5-10}$$

如果取"＋"号，T_{zh} 的值很大，实际上不可能有这么高的自燃温度，取"－"号，可得

$$T_{zh} = \frac{E}{2R} - \frac{E}{2R}\left(1 - \frac{4RT_{b2}}{E}\right)^{1/2} \tag{5-11}$$

将式（5-11）按二项式展开，舍弃高次项，近似可得

$$T_{zh} \approx T_{b2} + \frac{RT_{b2}^2}{E} \tag{5-12}$$

$$\Delta T_{zh} = T_{zh} - T_{b2} \approx \frac{RT_{b2}^2}{E} \tag{5-13}$$

若 $E = 167.2\text{kJ/mol}$，$T = 1000\text{K}$，则

$$T_{zh} - T_{b2} = 50 + T_{b2} \tag{5-14}$$

因此

$$T_{zh} \approx T_{b2} \tag{5-15}$$

从式（5-15）可知，在着火条件下，热自燃温度在数值上与给定的壁面温度相差不大，由于热自燃温度测量比较困难，在近似计算中，常将容器壁温当作热自燃温度。

但必须注意，热自燃温度并不是可燃物质的某种物理化学常数，而是和外界条件如环境温度、容器形状和尺寸以及散热情况等有关的一个参数。因此，即使是同一种可燃物质，外界条件变化后，其着火温度也会不同。

三、热自燃着火影响因素

在自然界中不存在绝热过程，任何系统总是存在散热过程，单位时间、单位体积内释放的热量可用式（5-3）表征，同理，单位时间、单位容积内散热损失量可用式（5-4）表征。因而影响着火的因素可分别从该两式进行分析。

1. 可燃物特性

（1）可燃物放热量 Q_1。增加放热量，如图 5-2（a）所示，放热曲线左移，在相同温度下，可燃物放热量增加，着火温度降低，着火提前。如增加可燃物浓度、压力、可燃物低位发热量、可燃物的活性都会增加放热量，有利于着火。

（2）可燃物的性质（如挥发分、水分、灰分等）将影响其着火温度及着火热，进而影响其着火特性。

2. 环境温度及可燃物初始温度

环境温度升高，相当于散热曲线右移，更易着火，如图 5-2（b）所示。

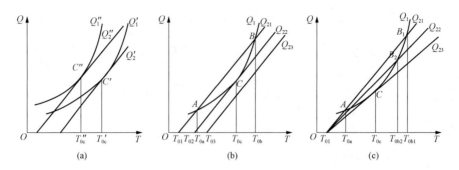

图 5-2 着火过程中放热、散热与影响因素之关系

（a）燃料放热量的影响；（b）环境温度的影响；（c）比表面积和散热系数的影响

可燃物初始温度提高，热自燃更易发生。

3. 比表面积和散热系数

可燃物的比表面积越大合散热系数就越大，相当于散热面积越大，散热率就越大，而散热率增加，会使燃料着火条件变差，着火温度上升，着火推迟。如燃料粒径大小及燃烧区周围的散热条件都会影响散热量的大小，如图 5-2（c）所示。

对电站锅炉，减少炉内散热，有利于着火。因此，为了加快和稳定低挥发分煤的着火，经常将燃烧器区域用耐火材料遮盖起来，形成卫燃带，以减少水冷壁吸热，同时也就减少燃烧过程散热，从而提高燃烧器区域的温度水平，改善煤粉气流的着火条件。

四、热自燃界限

1. 自燃着火压力界限

可燃物质在一定条件下，对于其每个自燃温度必然对应有自燃临界压力，因此可以用压力-温度（p-T）图来表示自燃界限。

大多数碳氢化合物燃料的燃烧反应都接近于二级反应，例如设可燃混合物中氧化剂 A 与燃料 B 是二级反应，则位于临界着火处：

$$VQ_r c_A c_B k_0 \exp\left(-\frac{E}{RT_{zh}}\right) = \alpha F(T_{zh} - T_{b2}) \tag{5-16}$$

将式（5-9）代入式（5-16）可得

$$VQ_r c_A c_B k_0 \exp\left(-\frac{E}{RT_{zh}}\right) = \alpha F \frac{RT_{zh}^2}{E} \tag{5-17}$$

根据理想气体状态方程 $c_A = x_A p_0 / RT_{zh}$、$c_B = x_B p_0 / RT_{zh}$，代入式（5-17）得

$$\frac{p_0^2}{T_{zh}^4} = \left(\frac{\alpha F R^3}{Q_r V k_0 x_A x_B E}\right) \exp\left(\frac{E}{RT_{zh}}\right) \tag{5-18}$$

取对数可得

$$\ln \frac{p_0}{T_{zh}^2} = \frac{1}{2}\ln\left(\frac{\alpha F R^3}{Q_r V k_0 x_A x_B E}\right) + \frac{E}{2RT_{zh}} \tag{5-19}$$

式（5-19）称为谢苗诺夫方程。

如果 α、F、Q、V、x_A、x_B 均已知，则在 p_0-T_{zh} 平面图上就可作出谢苗诺夫方程的曲线图，如图 5-3 所示。曲线把图片分成两个区域，即自燃区和非自燃区。对于一定组成的可燃混合气，在一定的压力 p_1 和散热条件 $\alpha F/V$ 下，只有达到曲线上相应点 1 时的温度 T_{01}

值时才能发生自燃。如果外界温度低于临界温度 T_{01} 时，可燃混合物就不可能燃烧，而只能长期处于低温氧化状态。同理，对于一定的温度，若其压力未能达到临界值 p_1，也不可能发生自燃。因此，对于简单热力反应来说，要在压力很低时达到着火要求，就必须要有很高的温度。

2. 自燃着火浓度界限

自燃温度还和燃料与氧化剂的混合比相关。如果固定压力 p 值，作 T-x 着火浓度界限图，如图 5-4 所示，固定温度 T 作 p-x 着火浓度界限图，如图 5-5 所示。这些曲线统称为着火浓度界限（或自燃界限和范围）。一般来说，这些图线都呈 U 形，U 形区内为着火区，U 形区外为不着火区。

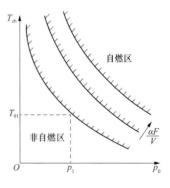

图 5-3　热自燃温度与压力的关系

这些关系说明了在一定的温度（或压力）下，并非所有混合气都能着火，而是有一定的浓度范围。超过这一范围，混合气就不能着火。在图 5-4 及图 5-5 中，只有在 $x_1 \sim x_2$ 的范围内混合气才能着火。

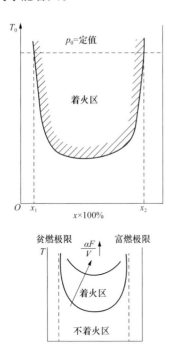

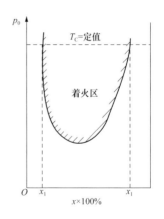

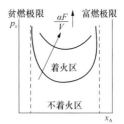

图 5-4　定压时着火界限　　　　图 5-5　定温时着火界限

随着温度（或压力）的降低，着火浓度的上、下界限逐渐彼此靠近，即着火浓度范围变窄。因此当温度（或压力）降低到某一数值以后，着火浓度界限就会消失，此时对混合气的任何组成来说都不可能引起着火。研究温度或压力对着火界限的影响，对喷气发动机的高空燃烧具有特别重要的意义。

随着散热程度（$\alpha F/V$）的增大，着火临界曲线将上移，在一定温度下着火浓度界限将缩小。

第三节　链　锁　自　燃

一、链锁自燃现象

链锁自燃是可燃混合物在低温、低压下，由于分支链锁反应使反应加速，最终导致可燃混合物燃烧。链锁爆燃理论的实质是由于链锁反应的中间反应是由简单的分子碰撞所构成，对于这些基元反应热自燃理论是可以适用的。但整个反应的真正机理不是简单的分子碰撞反应，而是比较复杂的链锁反应。

链锁自燃可以解释一些无法用热自燃理论来解释的一些反应。例如，图 5-6 为由实验测得的 3.8% 正丁烷和空气的混合物的热力爆燃界限，但是在试验过程中，发现即使温度较低（低于 280～400℃）或压力低于大气压的情况下，可燃混合物也会发生着火现象。

图 5-7 给出了氢-氧混合物的典型实验结果，发现曲线呈现 S 形，有着 2 个或 2 个以上的爆燃界限，出现了所谓"着火半岛"的现象，这是由于燃烧反应中的链锁分支的结果而引起的。

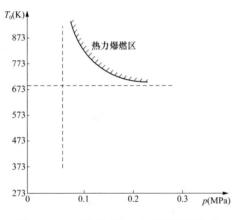

图 5-6　3.8% 正丁烷和空气的混合物的
热力爆燃临界界限

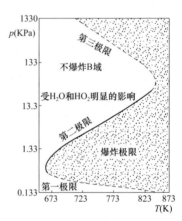

图 5-7　球形容器中氢-氧
混合物的爆炸极限

二、链锁自燃条件

链锁自燃理论认为，使反应自动加速不一定需要热量积累，而可以通过链的不断分支来迅速增加链载体（活化中心）的数量，从而导致反应自动地加速直至着火。

例如氢和氧之间反应，氢原子就是活化中心。当某种外加能量使反应产生活化中心以后，链的传播就不断地进行下去，活化中心的数目因分支而不断增多，反应速度急剧加快，直到最后形成爆炸。但是，在链锁反应过程中，不但有导致活化中心形成的反应，也有使活化中心消失和链锁中断的反应，所以链锁反应的速度是否能得以增长以致爆炸，还得取决于这两者之间的关系，即活化中心浓度增大的速度。

在链锁反应中，活化中心浓度增大有两种因素：一是由于热运动的结果而产生，例如在氢和氧的链式反应中氢分子与别的分子碰撞使氢分子分解成氢原子，它的生成速度与链锁反应本身无关；二是由于链锁反应分支的结果，例如一个氢原子反应生成两个新的氢原子，此时氢原子生成的速度与氢原子本身的浓度成正比。此外，由于与器壁相撞或与其他稳定的分子、原子相撞时刻都在发生，在反应中总存在着活化中心被消灭的现象，它的速度也与活化中心本身浓度成正比。

在反应过程中，假设 w_1 为因外界能量的作用而生成原始活化中心的速度，即链的形成速度；w_2 为链锁分支速度，即由链分支造成的链载体净增加速度；而 w_3 为链锁的中断速度。则活化中心形成的速度就可写成如下形式：

$$\frac{\mathrm{d}n}{\mathrm{d}\tau} = w_1 + w_2 - w_3 \tag{5-20}$$

或

$$\frac{\mathrm{d}n}{\mathrm{d}\tau} = w_1 + fn - gn \tag{5-21}$$

式中：n 为活化中心的瞬时浓度；f、g 分别为与温度、活化能以及其他因素有关的分支反应的速度常数和链锁中断的速度常数。

令 $\varphi = f - g$ 为链锁分支的实际速度常数，则式（5-21）可改写为

$$\frac{\mathrm{d}n}{\mathrm{d}\tau} = w_1 + \varphi n \tag{5-22}$$

这里，$w = \varphi n$ 为链锁分支的实际速度。

实际上在常温下，w_1 值很小，它对反应的发展影响不大，所以链的分支和中断的速度就成为影响链发展的主要因素。f 和 g 随着外界条件（压力、温度和容器尺寸）改变而改变，这些条件对 f 和 g 的影响程度是不相同的。在活化中心消失的反应中活化能很小，所以链的中断速度实际上与温度无关；但链的分支反应由于其活化能较大，温度对其影响就十分显著，温度越高，分支速度就越大。这样随着温度的变化，因为 f 和 g 的变化不同，φ 的大小也就不同。

下面分析一下当 φ 改变时，活化中心浓度，即整个反应的反应速度的变化。为此，对式（5-23）在下列初始条件下

$$\tau = 0, \quad n = 0, \quad \left(\frac{\mathrm{d}n}{\mathrm{d}\tau}\right)_{\tau=0} = w_1$$

进行求解，得

$$n = \frac{w_1}{\varphi}(\mathrm{e}^{\varphi\tau} - 1) \tag{5-23}$$

如果令 a 为一个活化中心参加反应后而生成的最终产物的分子数，如上述的氢氧反应中，a 值为 2（因生成两个分子 H_2O），那么整个分支链锁反应的速度就可表示为

$$w = afn = \frac{afw_1}{\varphi}(\mathrm{e}^{\varphi\tau} - 1) \tag{5-24}$$

从式（5-23）和式（5-24）可看出，若是不分支链锁反应，则因为 $f=0$，$\varphi = -g$，则从式（5-23）可导出活化中心浓度当时间 τ 趋于无限长时将接近一极限值 $n = \frac{w_1}{g}$。因而，反应速度就不能无限增长而维持一定值。所以，不分支链锁反应是永远不会爆炸的。

分支链锁反应中的反应速度和活化中心的浓度随时间的变化关系，即使在等温条件下，也差不多按指数函数关系急剧地增长。分支链锁反应在等温下即使初始反应速度接近零，过了一段时间（感应期）后亦会按指数函数的规律在瞬间急剧地上升形成爆燃（见图 5-8），而后则由于反应物浓度下降而减慢，以致最后降到接近于零。这一情况有些类似于简单热力

反应在绝热情况下的热力爆燃。

在低温时，由于分支链式反应速度很缓慢，而链的中断速度却很快，因此 $\varphi<0$。当时间趋于无限长时，由式（5-23）和式（5-24）可得，活化中心浓度和反应速度都将趋于一个定值，即当 $\tau \rightarrow \infty$ 时，

$$n = \frac{w_1}{|\varphi|} = \frac{w_1}{g-f} \tag{5-25}$$

$$w = \frac{afw_1}{|\varphi|} = \frac{afw_1}{g-f} \tag{5-26}$$

式（5-25）和式（5-26）表明，这种情况下反应是稳定的，不会发展成着火。

当温度增加到某一数值时，恰好使链的分支速度等于其中断速度，即 $f=g$ 或 $\varphi=0$，则

$$n = w_1\tau \tag{5-27}$$

$$w = afw_1\tau \tag{5-28}$$

由式（5-28）可以看出，反应速度随时间呈线性增加，但由于 w_1 很小，在这种情况下，直至反应物全部耗尽也不会出现着火。

若稍微提高一些温度而使 $\varphi=f-g>0$，则反应就会因活化中心的不断积累而产生着火；但若温度稍低一些，则会因 $\varphi=f-g<0$，则反应进入稳定状态，反应速度趋于一定值。所以 $\varphi=0$ 况正好代表由稳态向自行加速的非稳态过渡的临界条件。通常把 $\varphi=0$（$f=g$）称为"链锁着火条件"，而相应的混合气温度称为"链锁自燃温度"。此时（$\varphi=0$）的临界压力和温度就是链锁自燃的爆燃界限。对于氢氧混合气来说，链锁自燃温度 $T=550℃$。

图 5-9 为上述 3 种情况下的分支链锁反应速度随时间的变化规律。

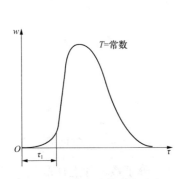

图 5-8　分支连锁反应速度
在等温下随时间的变化规律

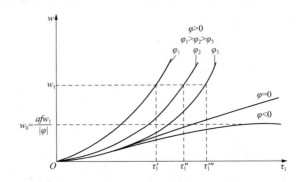

图 5-9　不同 φ 值下分支链锁反应的发展

第四节　强　迫　着　火

一、强迫着火现象

在燃烧技术中，为了加速和稳定着火，往往由外界对局部可燃混合物进行加热并使之着火，之后，火焰传播到整个可燃混合物中，这种使燃料着火的方法称为强迫着火。

强迫着火是可燃混合物从外界获得能量，使之提高温度和增加活化分子数量，迫使局部区域的可燃混合物完成着火过程而达到燃烧阶段，然后以一定的速度向其他区域扩展，导致

全部可燃混合物的燃烧。汽油发动机的电火花点火，电站锅炉的点火等现象都属于强迫着火。

强迫着火和热自燃在本质上没有多大的差别，但在着火方式上则存在较大的差别。热自燃时，整个可燃物质的温度较高，反应和着火在可燃物质的整个空间内进行。而强迫着火时，可燃物质的温度较低，只有很少一部分可燃物质受到高温点火源的加热而反应，而在可燃物质的大部分空间内，其化学反应速度等于零。强迫着火时着火是在局部区域首先发生的，然后火焰向其他可燃物质所在区域传播。

与热自燃过程类似，强迫着火过程也有着火温度、着火孕育期和着火界限。但是强迫着火过程还有一个更重要的参数，即点火源尺寸。影响强迫着火过程上述参数的因素除了可燃物质的化学性质、浓度、温度和压力外，还有点燃方法、点火能和可燃物质的流动性质等，而且后者的影响更为显著。一般来说，强迫着火温度比热自燃温度高。

工程上可以使用炽热物体来点燃静止的或低速流动的可燃物质，也可以使用电火花点燃低速流动的易燃的气体燃料，还可以先用其他方法点燃一小部分易燃的气体燃料以形成一股稳定的小火焰，然后以此作为点火源去点燃其他的不易着火的可燃物质。不论采用哪种点火方式，其基本原理都是可燃物质的局部受到外来高温热源的作用而着火燃烧。

二、强迫着火热理论

把一炽热的点火物体放在充满可燃物的容器中，其强迫着火过程如图 5 - 10 所示。可燃物的温度为 T_0，炽热物体表面的温度为 T_w，且 $T_w > T_0$。

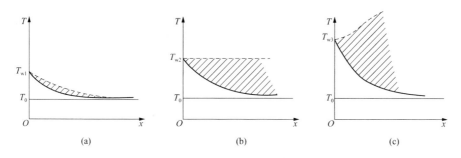

图 5 - 10　靠近炽热物体的边界层内的温度分布
（a）炽热物体温度为 T_{w1} 时；（b）炽热物体温度为 T_{w2} 时；（c）炽热物体温度为 T_{w3} 时

在图 5 - 10（a）中，如果炽热物体周围是不可燃气体，按传热规律在气体中温度按实线变化。如果炽热物体周围是气体是可燃气体，那么在实线的基础上应加上可燃物化学反应的热效应，这时温度分布如图 5 - 10（a）中虚线所示。图中阴影部分表示化学反应造成的温升。由虚线可知，越远离炽热物体，温度就越低，因此可燃物质只是处于低温氧化状态而不能着火。

在图 5 - 10（b）中，当将炽热物体表面的温度升高 T_{w2}，不可燃气体的温度分布为实线。对于可燃气体，由于在温度 T_{w2} 下，可燃气体的化学反应速度增大，从而增大反应的放热量，温度变化的下降趋势变得平缓，阴影区域将扩大。随着物体温度的不断升高和阴影区域的逐渐扩大，总可以找到这样的一个温度，即 $T_w = T_{w2}$，在该温度下，气体中的温度分布曲线在物体壁面处与物体壁面相垂直。这时炽热物体表面与气体没有热量交换，这时物体边界层内可燃气体反应放出的热量等于其向边界层外散走的热量，在壁面处可燃物的温度梯度为零，即 $(dT/dx)_w = 0$。

再稍微提高炽热物体壁温，例如 $T_w = T_{w3}$ 时，则反应速度进一步加快，周围可燃气体反应放出的热量将大于散失的热量。由于热量积累，因此反应会自动地加速到着火。这时火焰温度比壁温高得多，所以在壁面处温度梯度将出现正值，即 $(dT/dx)_w > 0$。

由以上分析可见，T_{w2} 即为临界点燃温度。要实现强迫着火的临界条件为：在炽热物体壁面处可燃物的温度梯度等于零，即

$$\left(\frac{dT}{dx}\right)_w = 0 \tag{5-29}$$

当着火发生以后，出现 $(dT/dx)_w > 0$ 的情况。

假定用来点火的某一炽热物体具有不变的温度，当可燃物流过此炽热物体附近时，由于传热及化学反应作用，使炽热物体附近的可燃物温度不断上升。可以设想，如果炽热物体附近某一层厚度为 l 的可燃物质由于炽热物体的加热作用使得化学反应产生的热量 Q_1 大于从该层可燃物向外散失的热量 Q_2，那么在这瞬间以后，该层内可燃物反应的进行将不再与炽热物体的加热有关，即此时尽管把炽热物体移开，该层内可燃物仍能独立进行高速的化学反应，使火焰扩展到整个可燃物中。这样，临界着火条件变成：

$$Q_1 = Q_2 \tag{5-30}$$

$$Q_1 = -\lambda\left(\frac{dT}{dx}\right)_l \tag{5-31}$$

$$Q_2 = \alpha(T_l - T_0) \tag{5-32}$$

式中：$\left(\frac{dT}{dx}\right)_l$ 为 l 层可燃物厚度内的温度梯度；Q_1 为在该层内由于化学反应作用而能够向周围可燃物质传递出的热量。

由于 l 层处在炽热物体边界附近，故可应用分子导热的形式，负号是因为朝可燃物传热方向的温度梯度是负的，从该层传出的热量，主要通过对流换热带走。

当由 l 层传递出的热量等于或大于由该层往周围可燃物散失的热量时，在 l 层内的火焰就能不断地传播下去。

在炽热物体附近的边界层内，可以应用有化学反应的一维导热微分方程式，即

$$\lambda \frac{d^2 T}{dx^2} + Q k_0 f(c) e^{-\frac{E}{RT}} = 0 \tag{5-33}$$

式中：Q 为燃料的反应热。

解之 Q 代入式（5-31），可得

$$Q_1 = \sqrt{2\lambda Q \int_{T_l}^{T_{zh}} k_0 f(c) e^{-\frac{E}{RT}} dT} \tag{5-34}$$

将式（5-32）和式（5-34）代入式（5-30），并考虑到 $T_{zh} \approx T_l$，则

$$\alpha(T_l - T_0) \approx \alpha(T_{zh} - T_0) = \sqrt{2\lambda Q \int_{T_l}^{T_{zh}} k_0 f(c) e^{-\frac{E}{RT_{zh}}}} \tag{5-35}$$

再由传热学的努塞尔准则 $Nu = \frac{\alpha L}{\lambda}$，经过近似处理可得

$$\frac{Nu}{L} = \sqrt{\frac{2k_0 f(c) Q R}{\lambda E} \frac{T_{zh}^2}{(T_{zh} - T_0)^2} e^{-\frac{E}{RT_{zh}}}} \tag{5-36}$$

式（5-36）即为炽热物体强迫点燃的具体条件。

它建立了临界点燃温度 T_{zh} 与炽热物体定性尺寸 L 以及其他有关参数之间的联系。

如果是炽热球体放入静止的可燃气体时，$Nu=2$，代入式（5-36），即可求出临界点燃温度 T_{zh} 下能点燃的最小圆球直径 d，即

$$d=\sqrt{\frac{2\lambda E}{k_0 f(c)QR}\frac{(T_{zh}-T_0)^2}{T_{zh}^2}e^{\frac{E}{RT_{zh}}}} \tag{5-37}$$

式（5-37）说明在其他条件不变时，随着炽热球体直径增大，临界点燃温度将下降，可燃气体容易被点燃。图5-11所示的炽热球在煤气中点燃的实验结果证明上述分析是定量正确的。

此外，点燃同自燃一样，存在点火孕育期，其定义为当点火源与可燃气体接触后到出现火焰的一段时间。实验表明点燃温度与点火孕育期有着密切的关系。图5-12示出了汽油和氧气的可燃混合气体点燃温度与点火孕育期的变化关系。从图5-12中可以看出，欲缩短点火孕育期就必须提高炽热物体的温度。

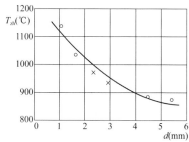
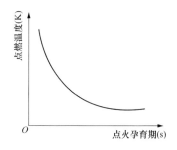

图5-11　点燃温度 T_{zh} 与热球直径 d 的关系　　　图5-12　点火温度与点火孕育期的关系

三、工程常用点燃方法

1. 炽热物体点火

常用金属板、柱、丝或球等作为电阻，通以电流使其炽热；也有用热辐射加热耐火砖或陶瓷棒等，形成各种炽热物体，在可燃混合物中进行点火。

2. 电火花或电弧点火

利用两电极空隙间放电产生火花，使这部分混合可燃物温度升高，产生着火。这种方式大都用于流速较低、易燃的混合物中，如一般的汽油发动机。它比较简单易行，但由于能量比较小，故其使用范围有一定限制。

对于温度较低、流速（或流量）较大且不易燃的混合可燃物，直接用电火花来点燃是不可靠的，甚至是不可能的，比如电站锅炉的煤粉气流。这时可先利用它点燃一小股易燃气流，如先点燃油气流，然后再借以点燃高速大流量的气流。对于煤质好的情况，也可以使用等离子体点火。

3. 火焰点火

火焰点火就是先用其他方法将燃烧室中易燃的混合可燃物点燃，形成一股稳定的火焰，并以它作为热源去点燃较难着火的混合可燃物（例如温度较低、流速较大的煤粉气流）。

在工程燃烧设备中，如锅炉、燃气轮机燃烧室中，这是一种比较常用的点燃方法。它的最大优点在于具有较大的点火能量。目前常用的技术是少油点火。

综上所述，不论是采用哪一种点火方法，其基本原理都是使混合可燃物局部受到外来的

热作用而使之着火燃烧。

第五节　灭火机理与方式

一、灭火机理

前面关于着火问题的研究，为灭火提供了重要的理论指导。为有效灭火，需对已着火系统的灭火问题进行分析。热自燃理论的灭火分析与链锁反应理论中的灭火分析有所差别，下面分别讨论。

1. 热自燃理论中的灭火分析

在非绝热情况下，由于混合气体浓度的降低，系统的放热速度将会变慢，放热曲线不会始终上升而会下降；而散热曲线与混合气体浓度变化关系不大，仍呈直线。于是放热曲线与散热曲线的交点在一般情况下不是原来的两个点而是三个点 A、B、A'，如图 5-13 所示。

如果提高环境温度 T_0，使散热曲线与放热曲线相切于 C 点，则 A' 移到 A''。A'' 点就是系统能够实现的高水平的稳定反应状态——高温燃烧态，对应的 $T_燃$ 即为燃烧温度。根据燃烧过程中的放热曲线与散热曲线关系，可知主要灭火措施有：

（1）降低环境温度 T_0。设系统已经在 A''' 进行稳定燃烧，其对应的环境温度为 T_3，如图 5-14 所示。现欲使系统灭火，将环境温度降低到 T_2，此时燃烧点 A''' 移到 A''，因 A'' 是稳定点，系统则在 A'' 进行稳定燃烧。这就是说，系统环境温度降到着火时的环境温度，系统仍不能灭火。同样，因 A' 也是稳定燃烧态，系统环境温度降低到了 T_1 时也不能灭火。

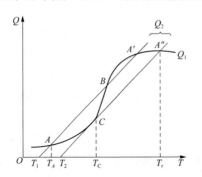

图 5-13　燃烧过程中的放热曲线与
散热曲线关系

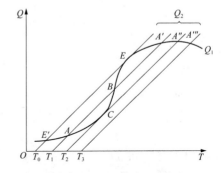

图 5-14　降低环境温度使系统灭火

当环境温度降低到了 T_0 时，放热曲线与散热曲线相切于 E 点。E 点是个不稳定点，因为系统稍微出现降温扰动，由于散热速度大于放热速度，系统会自动降温，移到 E'，E' 是低温缓慢氧化态，这样系统就由高温燃烧态 A''' 过渡到低温缓慢氧化态 E'，即系统灭火。

从以上分析可以看出：系统的灭火条件也是放热曲线与散热曲线相切。但切点位置在 E 点而不在 C 点，这是与着火条件不同之处。已着火系统的环境温度降到着火时的环境温度 T_2，系统仍不能灭火。必须使环境温度降到低于着火（自燃）时的环境温度，即降到 T_0 时系统才能灭火，这种现象称灭火滞后现象。

（2）改善系统散热条件。设系统已经在 A''' 点进行稳定燃烧，系统的环境温度为 T_0，如图 5-15 所示。现保持环境温度 T_0 不变，为使系统灭火，改善系统散热状态，即改变式

（5-4）中 αF 值的大小，在 $Q\text{-}T$ 图上就是改变散热曲线的斜率。增大系统散热曲线斜率，使散热曲线与放热曲线相切于 C 点，相应地 A''' 点移向 A''，此时因 A'' 是稳定燃烧态，系统不能灭火。继续增大斜率，使 A'' 点移向 A' 点，A' 也是稳定燃烧态，系统仍不能灭火。

如果进一步增大斜率，使散热曲线与放热曲线相切于 E 点，因 E 点是不稳定点，系统将向 E' 移动，并在 E' 进行缓慢氧化，于是系统完成了从高温燃烧态 A''' 向低温缓慢氧化态 E' 的过渡，即系统灭火。

在这里可以看到同样的灭火条件和灭火滞后现象，也就是系统要在比着火时更不利的条件（散热更大）下才能灭火。

（3）降低系统混气浓度。设系统已经在 A''' 点进行稳定燃烧，系统的浓度为 C_0，环境温度为 T_0，如图 5-16 所示。

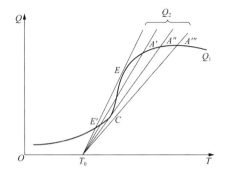

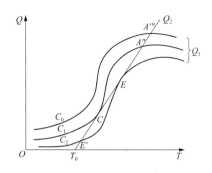

图 5-15 改善系统散热条件使系统灭火　　图 5-16 降低系统混气浓度使系统灭火

现保持环境温度 T_0 和散热条件不变，为使系统灭火，降低系统中混气的浓度 C_0。根据式（5-3）可知，放热速度 Q_1 将变小，放热曲线将下移。混气浓度从 C_0 降到 C_1，A''' 点移向 A''，因 A'' 是稳定燃烧态，系统不能灭火。继续降低混气浓度至 C_2，使散热曲线与放热曲线相切于 E 点，因 E 点是不稳定点，系统将向 E' 移动，并在 E' 进行缓慢氧化，于是系统完成了从高温燃烧态 A''' 向低温缓慢氧化态 E' 的过渡，即系统灭火。在这里也可以看到同样的灭火条件和灭火滞后现象，系统要在比着火时更不利的条件（浓度更低）下才能灭火。

在这几个影响因素中，改变环境温度 T_0 对着火的影响比较大，对灭火的影响比较小；而改变系统混气浓度 C_0 对着火的影响相对于对灭火的影响要小。

综上所述，在热自燃理论中，要想使已经着火的系统灭火，可采取以下措施：降低系统氧气或可燃气体的浓度；降低系统环境温度；改善系统散热条件。降低系统混合气体浓度和环境温度以及改善散热条件都必须使系统处于比着火更不利的状态，系统才能灭火。降低混气浓度，对灭火来讲比降低环境温度作用更大；相反，对防止着火来讲，降低环境温度的作用大于降低混气浓度的作用。

由以上分析可知，系统着火就是由缓慢氧化状态转变为高温燃烧状态，而灭火就是由高温燃烧状态转变为缓慢氧化状态。但是，着火与灭火不是一个可逆的过程，因为它们要经过不同的由稳定态向非稳定态的过渡，即从稳定点 A 向非稳定点 C 的过渡和从稳定点 A''' 向非稳定点 E 的过渡，因此具有不可逆性。如果系统原来是缓慢氧化状态，则系统不会自行着火；如果系统原来是高温燃烧状态，则系统不会自行灭火。

2. 链锁反应理论中的灭火分析

根据链锁反应着火理论，要使系统不发生着火，或使已着火的系统灭火，必须使系统中的自由基增长速度（主要是链传递过程中由于链分支而引起的自由基增长）小于自由基的销毁速度。为此，可以采取以下措施：

（1）降低系统温度，以减慢自由基增长速度。因为在链传递过程中由链分支而产生的自由基增长，是一个分解过程，需要吸收能量。温度高，自由基增长快；温度低，自由基增长慢。所以降低系统温度可以减慢自由基增长速度。

（2）增加自由基在固相器壁的销毁速度。自由基碰到固相器壁，会把自己大部分能量传递给固相器壁，本身则结合成稳定分子。为增加自由基碰撞固相器壁的概率，可以增加容器的比表面积，或者在着火系统中加入惰性固体颗粒，例如沙子、粉末灭火剂等，对链锁反应起到抑制作用。

（3）增加自由基在气相中的销毁速度。自由基在气相中碰到稳定分子后，自由基会把本身能量传递给稳定分子，自由基则结合成稳定分子。为此，可以在着火系统中喷洒卤代烷等气体灭火剂，或者在材料中加入卤代烷阻燃剂，例如溴阻燃剂。溴阻燃剂在燃烧过程中受热会分解出 HBr，HBr 与 OH 自由基会发生下面一系列反应：

$$HBr + OH \longrightarrow H_2O + Br$$
$$Br + RH \longrightarrow HBr + R$$
$$H + HBr \longrightarrow H_2 + Br$$
$$H + Br + M \longrightarrow HBr + M$$

在燃烧过程中，特别是烃类的燃烧，OH 自由基起着重要作用。HBr 在燃烧过程中不断捕捉 OH 自由基，使 OH 自由基的浓度下降；同时 HBr 还捕捉 H 自由基，使得 $H + O_2 \longrightarrow OH + O$ 的反应难以进行，同样使 OH 自由基的浓度减少，从而起到灭火的作用。

二、灭火方式

任何物质发生燃烧，都有一个由未燃状态转向燃烧状态的过程。这一过程的发生必须同时具备三个条件，即可燃物、助燃物（氧化剂）、达到着火温度，通常又称为燃烧三要素。然而一切灭火方法，都是为了破坏已经形成的燃烧条件，或者使燃烧反应中的自由基消失，以迅速熄灭或阻止物质的燃烧。灭火的原理就是使燃烧三要素不相互发生作用，其方法主要有隔离法、窒息法、冷却法、抑制法（又称化学中断法或中止法）等。

1. 隔离法

隔离法就是将未燃烧的物质与正在燃烧的物质隔开或疏散到安全地点，燃烧会因缺乏可燃物而停止。这是灭火中比较常用的方法，适用于扑救各种火灾。

在灭火中，根据不同情况，可具体采取下列措施：关闭可燃气体、液体管道的阀门，以减少和阻止可燃物质进入燃烧区；将火源附近的可燃、易燃、易爆和助燃物品搬走；排除生产装置、容器内的可燃气体或液体；设法阻挡流散的液体；拆除与火源毗连的易燃建（构）筑物，形成阻止火势蔓延的空间地带；用高压密集射流封闭的方法扑灭井喷火灾等。

2. 窒息法

窒息法就是隔绝空气或稀释燃烧区的空气氧含量，使可燃物得不到足够的氧气而停止燃烧。它适用于扑灭容易封闭的容器设备、房间、洞室和工艺装置或船舱内的火灾。

在灭火中，根据不同情况，可具体采取下列措施：用干砂、石棉布、湿棉被、帆布、海草等不燃或难燃物捂盖燃烧物，阻止空气流入燃烧区，使已经燃烧的物质得不到足够的氧气而熄灭；用水蒸气或惰性气体（如 CO_2、N_2）灌注容器设备稀释空气，条件允许时，也可用水淹没的窒熄方法灭火；密闭起火的建筑、设备的孔洞和洞室；用泡沫覆盖在燃烧物上使之得不到新鲜空气而窒熄。

3. 冷却法。

冷却法就是将灭火剂直接喷射到燃烧物上，将燃烧物的温度降到低于燃点，使燃烧停止；或者将灭火剂喷洒在火源附近的物体上，使其不受火焰辐射热的威胁，避免形成新的火点，将火灾迅速控制和扑灭。最常见的方法，就是用水来冷却灭火，比如，一般房屋、家具、木柴、棉花、布匹等可燃物质都可以用水来冷却灭火。CO_2 灭火剂的冷却效果也很好，可以用来扑灭精密仪器、文书档案等贵重物品的初期火灾。还可用水冷却建（构）筑物、生产装置、设备容器，以减弱或消除火焰辐射热的影响。

4. 抑制法

抑制法就是将灭火剂参与燃烧的链锁反应，它可以销毁燃烧过程中产生的自由基，形成稳定分子或低活性自由基，从而使燃烧反应停止。这是基于燃烧是一种链锁反应的原理，常采用这种方法的灭火剂，目前主要有 1211、1301 等卤代烷灭火剂和干粉灭火剂。但卤代烷灭火剂对环境有一定污染，特别是对大气臭氧层有破坏作用，生产和使用将会受到限制，各国正在研制灭火效果好且无污染的新型高效灭火剂来代替。

三、常用灭火剂

灭火剂是指能够有效地破坏燃烧条件，中止燃烧的物质。灭火剂的形态不一，种类很多。按形态，有气体灭火剂、液体灭火剂和固体灭火剂。按种类，有水灭火剂，泡沫灭火剂、干粉灭火剂、卤代烷灭火剂、CO_2 灭火剂、烟雾灭火剂和轻金属灭火剂。其灭火作用分别是隔离，阻止可燃物流向燃烧区；冷却，降低燃烧温度；窒息，阻止空气进入燃烧区；抑制连锁反应，使自由基消失；稀释可燃气体、液体蒸汽浓度，降低空气中的含氧量。每一种灭火剂都有自己的物理化学性能，只适用于扑灭某一类或几类物质的火灾，对其他类物质没有效果，或效果不佳，甚至会助长火势，扩大燃烧以致引起爆炸等。各种灭火剂的适用范围，列于表 5-1 中。在灭火中，要根据不同的燃烧对象，选择不同的灭火剂。

表 5-1 各种灭火剂的适用范围

灭火剂		火灾类别					电气火灾
种类	名称	一般固体	液体及可溶性固体		气体	轻金属	
			非水溶性	水溶性			
水		○	△	×	△	×	×
泡沫	化学泡沫	○	○	△	×	×	×
	蛋白、轻水泡沫	○	○	×	×	×	×
	抗溶泡沫	○	△	○	×	×	×
	高倍数泡沫	○	○	×	×	×	×
卤代烷		△	○	○	○	×	○
干粉	钠盐、钾盐、氨基干粉	△	○	○	○	×	○
	磷酸盐干粉	○	○	○	○	×	○

续表

灭火剂		火灾类别					电气火灾
种类	名称	一般固体	液体及可溶性固体		气体	轻金属	
			非水溶性	水溶性			
其他	CO$_2$	△	○	○	△	×	○
	7150	×	×	×	×	○	×
	轻金属用灭火粉末	×	×	×	×	○	×

注　○表示适用；△表示一般不用；×表示不适用。

思考题及习题

5-1　着火机理、着火方式有哪些异同？

5-2　热自燃的充分必要条件是什么？影响着火的因素有哪些？

5-3　基于谢苗诺夫热自燃理论进行谢苗诺夫零维模型推导。

5-4　着火压力、温度、浓度界限之间的关系是什么？

5-5　什么是强迫着火，实现强迫着火的临界条件是什么？

5-6　工程上常用的点火方法有哪些？

5-7　试推导一直径为 d 的点火球强迫着火临界温度表达式，并分析说明如何实现强迫着火。

5-8　基于热自然理论进行灭火过程分析。

5-9　常用的灭火方法及灭火剂有哪些？其灭火原理是什么？

第六章　燃烧火焰及传播特性

第一节　火　焰　特　性

一、火焰概念

由燃烧前沿和正在燃烧的质点所包围的区域，称为火焰。火焰是一种状态或现象，是可燃物质和助燃物混合后迅速反应转变为燃烧产物的化学过程中出现的可见光或其他的物理表现形式，燃烧着的可燃气体发光、发热、闪烁而向上升。燃烧是化学现象，同时也是一种物理现象。

产生火焰的三个条件是有可燃物，有助燃物，温度达到着火点（助燃物并非一定是氧气，如活泼的金属镁可以在 CO_2 和 N_2 中燃烧，钠可在氯气中燃烧等）。

火焰中心（或起始平面）到火焰外焰边界的范围内是气态可燃物或者是汽化了的可燃物，它们正在和助燃物发生剧烈或比较剧烈的化学反应。在气态分子结合的过程中释放出不同频率的能量波，因而在介质中发出不同颜色的光。

火焰可以理解成混合了气体的固体小颗粒混合体，固体小颗粒与助燃剂进行强烈的化学反应（受到高温或者其他的影响），以光的方式释放能量。

火焰在温度足够高时能以等离子体的形式出现，但火焰并非都是高温等离子态，在低温下也可以产生火焰，并且可燃液体或固体须先变成气体，才能燃烧而生成火焰。

二、火焰结构

火焰一般分为焰心、内焰、外焰三个部分。

（1）焰心。中心的黑暗部分，由能燃烧而还未燃烧的气体所组成，温度最低。

（2）内焰。包围焰心的最明亮部分，是气体未完全燃烧的部分。如对于碳氢火焰，含碳碳粒子，被烧热发出强光，因供氧不足，燃烧不完全，温度较低，有还原作用，也称还原焰。

（3）外焰。最外层蓝色的区域，叫作反应区，是气体完全燃烧的部分。因供氧充足，燃烧完全，温度最高，有氧化作用，也称氧化焰。火焰温度由内向外依次增高。

三、火焰的分类

火焰可以按不同的特征进行分类。通常的分类方法有以下几种。

1. 按燃料种类

（1）煤气火焰：燃烧气体燃料的火焰。

（2）油雾火焰：燃烧液体燃料的火焰。

（3）粉煤火焰：燃烧粉煤的火焰。

2. 按燃料和氧化剂（空气）的预混程度

（1）预混燃烧（动力燃烧）火焰。预混燃烧（动力燃烧）火焰指燃料与空气在进入燃烧室之前已均匀混合的可燃混合物燃烧的火焰。

（2）扩散燃烧火焰。扩散燃烧火焰指燃料和空气边混合边燃烧的火焰，油的燃烧和煤的燃烧火焰也属于扩散火焰。

（3）部分预混火焰。燃料与空气在进入燃烧室之前已有部分空气与燃料均匀混合，还有一部分燃料是边混合边燃烧。

3. 按气体的流动性质

（1）层流火焰。

（2）湍流火焰。

4. 按火焰中的相成分

（1）均相火焰。

（2）非均相（异相）火焰：指火焰中除气体外还有固相或液相存在的火焰，例如粉煤火焰、油雾火焰等。

5. 按火焰的几何形状

（1）直流锥形火焰。

（2）旋流火焰或大张角火焰。

（3）平火焰：用平展气流或其他方法形成的张角接近于 $180°$ 的火焰。

四、火焰的本质

火焰的本质是放热反应中反应区周边空气分子加热而高速运动，伴随着发光的现象。火焰内部其实就是不停被激发而游动的气态分子。它们正在寻找"伙伴"进行反应并放出光和能量，而所放出的光，让我们看到了火焰。

化学反应中当反应物总能量大于生成物总能量时，一部分能量以热能形式向外扩散，向外释放的热能在反应区周围积聚，加热周边的空气，使周边空气分子做高速运动，运动速度越快，温度越高。

在火焰焰心部分，粒子运动速度低，光谱集中在红外区，温度低，亮度较低；内焰部分粒子运动速度中等，光谱集中在可见光部分，亮度较高，温度较高；外焰部分粒子运动速度最快，光谱集中在紫外区，温度最高，亮度高。

反应区向外释放的能量从焰心至外焰逐渐升高，然后急剧下降，使火焰有较清晰的轮廓，火焰与周围空气的边界处即反应能量骤减处。

第二节　火　焰　传　播

由于火焰的传播使得燃烧从局部着火区域逐渐传播到周围其他地方。燃烧过程中，火焰的稳定性与火焰传播速度关系极大。了解火焰传播的知识，有助于掌握燃烧过程的调整要领，对稳定着火和防止爆燃极为重要。

一、火焰传播的基本概念

1. 火焰传播

当一个外来高温热源将可燃混合物的某一局部点燃着火时，将形成一个薄层火焰面，依靠导热作用将能量输送给火焰邻近的冷混合物层，使混合气温度升高而引起化学反应而燃烧。这样一层一层地着火燃烧，把燃烧逐渐扩展到整个可燃混合物，这种现象称为火焰传播。

2. 火焰传播速度

当可燃混合物在某一区域被点燃后，火焰从一个区域以一定速度往其他区域传播开去，燃料燃烧的火焰锋面在法线方向上的移动速度，称为火焰传播速度，如图 6-1 所示。

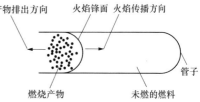

图 6-1　可燃混合物中火焰的传播

火焰在管道中传播，由于管壁的摩擦，以及近管壁处由于热边界层与管壁之间热传导（散热），管道轴心线上的传播速度要比近管壁处大。黏性使火焰面略呈抛物线的形状，而不是完全对称的火焰锥。浮力的作用又使抛物面变形。同时由于散热，管壁对火焰还有淬熄作用，当管径太小时，将不能维持火焰传播。凸出曲面的火焰锋面暴露在低温的可燃混合物之中，几面受到冷却，火焰锋面温度将降低，所以火焰传播速度也要降低一些。反凹进去曲面的火焰锋面，火焰锋面对其前面的低温可燃混合物形成钳形包围，几面导热的结果使可燃混合物升温加快，结果火焰传播速度将增大一些。

3. 火焰前沿

在火焰传播过程中，已燃区与未燃区之间会形成明显的分界线，在已燃的化学反应发光区称为火焰前沿（或称为火焰锋面、火焰前锋），如图 6-1 所示。

4. 火焰传播界限

火焰传播能够存在的浓度范围叫作火焰传播界限（或称火焰传播范围）。

可燃物在混合物中的浓度低于某值而使正常传播速度为零的浓度值称为下限；高于某值而使正常速度为零的浓度值称为上限。

5. 淬熄距离

在邻近容器壁面只有数毫米之内的地方，壁面的散热作用十分强烈，以至火焰不能传播，这段距离称为淬熄距离。

6. 火焰传播临界直径

火焰在管内传播时，随着管内径减小，壁面散热作用变得十分强烈，以致火焰不能传播，这时对应的管径叫作临界直径。

二、火焰传播的形式

当在静止的可燃混合物中某处发生了化学反应，则随着时间的进展，在满足一定的条件下，此反应将在混合物中传播。火焰传播有稳定的火焰传播和非稳定火焰传播。

1. 非稳定火焰传播

可燃混合物在开始着火时，能维持在离开管子开口约 10 倍管子直径的一段距离。当管子足够长时，火焰在经过这段距离后就不再保持均匀的移动，火焰显得非常不稳定，产生火焰的振荡运动。如果火焰振幅非常大，要么产生熄火现象，要么以爆炸波的形式传播。

2. 稳定的火焰传播

根据反应机理不同，稳定的火焰传播可划分为正常传播（或称为缓燃）和爆燃两种形式。

（1）正常火焰传播。

1）基本概念。火焰正常传播是稳定的，在一定的物理、化学条件下（例如温度、压力、浓度、混合比等），其传播速度是一个不变的常数。火焰的传播过程是依靠导热和分子扩散使未燃混合物温度升高，并进入反应区而引起化学反应，从而使燃烧波不断向未燃混合物中推进的过程。其速度一般为 1～3m/s。如从管子开口端点燃可燃混合气，火焰向内传播即为正常传播。

2）正常火焰传播过程特征。

a. 炽热燃烧反应产物以自由膨胀的方式经管口喷出，管内压力可以认为是常数。

b. 燃烧化学反应只在薄薄的一层火焰面内进行，火焰将已燃混合物与未燃混合物分隔开来。由于火焰传播速度不大，火焰传播完全依靠已燃混合物气体分子热运动的方式将热量通过火焰前锋传递给与其邻近的低温可燃混合物，从而使其温度提高至着火温度并燃烧。因此，燃烧化学反应不是在整个可燃混合物内同时进行，而是集中在火焰面内逐层进行。

c. 火焰传播速度的大小取决于可燃混合物的物理化学性质与混合物的流动状况。正常火焰传播过程依靠热传导来进行，其火焰传播速度大小有限，只有几米每秒。

3）正常火焰传播类型。根据可燃混合物气流的流动特征类型，正常火焰传播又可分为层流火焰传播和湍流火焰传播。

a. 层流火焰传播。当可燃混合物处于静止状态或层流运动状态时，可燃混合物着火部分向未燃部分导热和扩散活性粒子，使未燃气体混合物温度升高，火焰锋面不断向未燃部分推进，使其完成着火过程，为层流火焰传播。

层流火焰传播过程中向外界的散热，对火焰传播有较大的影响。而层流火焰传播速度，取决于可燃混合物的物理化学性质。

b. 湍流火焰传播。当火焰传播过程中可燃混合物处于湍流状态时，热量和活性粒子的传输就会大大加速，因而加快了火焰的传播，这称为湍流火焰传播。

特征：湍流火焰传播速度不仅与可燃混合气体的物理化学性质有关，还与气流的湍动程度有关。湍流火焰传播速度较快，在 2m/s 以上。一般工业技术的燃烧都属于湍流火焰传播。

（2）爆燃火焰传播。

1）基本概念。爆燃火焰传播不是通过传热、传质发生的，它是依靠可燃混合物受到冲击波的绝热压缩作用使未燃混合气的压力、温度迅速升高而引起化学反应，从而使燃烧波不断向未燃混合物快速推进过程。从管子的封闭端点燃可燃混合气，则会发生爆燃。

2）爆燃火焰传播过程特征。传播速度很高，可达 1000～4000m/s，这与正常火焰传播速度形成了明显的对照，其传播过程也是稳定的。

如电站煤粉锅炉炉膛出现爆燃时，火焰传播速度极快，可达 1000～3000m/s；温度极高，达 6000℃；压力极大，达 2.0265MPa。

三、可燃混合物层流火焰正常传播速度确定

1. 理论分析法

对于可燃混合物中层流火焰的传播过程，由于火焰是一层很狭窄的燃烧区域，可近似地把它当作一个数学表面（火焰前沿），由这一表面把未燃的新鲜燃料和燃烧产物分开。

假定容器内的可燃混合物是静止不动的，如图 6-2 所示，图中带有阴影部分为燃烧产物。在某瞬时的火焰表面 F（即火焰前沿）为空间坐标及时间的函数，其数学表达式为

$$F(x,y,z,\tau)=0 \tag{6-1}$$

火焰前沿在某瞬间相对于静止坐标系以速度 v_H 传播，火焰前沿将传播一个很小的距离，

其火焰前沿经过很短的时间 $\Delta\tau$ 后移动一个很小的距离至 F'，如图 6-2 所示，如果表面 F' 上任意一点 P 的法线方向为 $\vec{n}$，当表面移动到 F' 的位置时，火焰前沿在法线 $\vec{n}$ 方向上移动一个距离 Δn，则火焰前沿在 P 点处的移动速度 v_H 表示为

$$v_H = \lim_{\Delta\tau \to 0} \frac{\Delta n}{\Delta\tau} = \frac{\mathrm{d}n}{\mathrm{d}\tau} \tag{6-2}$$

式中：v_H 为火焰传播速度，m/s。

如果容器内的燃料混合物是以速度矢量 w 运动时，并且其速度 w 的方向在一般情况下与火焰前沿的移动速度 v 的方向不相同，则火焰前沿 F 相对于静止坐标（即相对于容器）而言的运动速度 v_p 为

$$v_p = v_H \pm w_n \tag{6-3}$$

式中：w_n 为可燃气体速度矢量在火焰前沿法线方向的投影，m/s；v_p 为运动的质点 p 的火焰前沿的传播速度，m/s。

2. 实验方法

可以用本生灯实验来测量某种可燃气体混合物的火焰前沿移动的正常速度 v_H(m/s)。

（1）基本原理。在一般实验室用的本生灯中，预先把可燃气体燃烧所需的空气混合好，并且使可燃气体和空气的混合物在本生灯的管子中保持运动。灯口处的可燃混合气被点燃后，形成一稳定的近似于正锥体形层流火焰，如图 6-3 所示。火焰由内、外两层火焰锥组成。

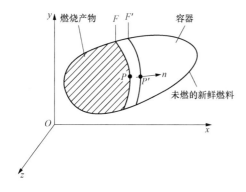

图 6-2　火焰正常传播图

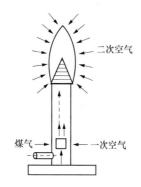

图 6-3　本生灯示意图

本生灯的内锥面即为火焰前沿，稳定火焰面上内锥表面各点的层流火焰传播速度与气流速度在火焰锥表面法向分速度相等。同时，假定内锥为一正锥体，则其各表面上 v_H 相等（这样假设所得的 v_H 是一个平均值）。

火焰的形状如简化为图 6-4 所示的锥，圆形本生灯的喷嘴半径为 r_0，锥形的高度为 h，在锥形的表面积即为锥体表面积的假设下，有

$$S_L = \pi r \sqrt{h^2 + r_0^2} \tag{6-4}$$

在稳定状态下，单位时间从灯口流出的全部可燃混合气体应与整个内锥火焰表面上被烧掉的可燃混合气体量相等，则有

$$v_H = \frac{q_v}{S_L} \tag{6-5}$$

式中：S_L 为火焰前沿的总表面积，m²；q_v 为通过本生灯整个管子断面积的可燃混合物流

量，m^3/s。

由式（6-5）可知，火焰前沿移动的正常速度亦可理解为：在单位火焰前沿的表面积上，其所能燃烧的可燃气体混合物的流量。

将式（6-5）代入式（6-6），得火焰前沿移动的正常速度为

$$v_{\mathrm{H}} = \frac{q_v}{\pi r_0 \sqrt{h^2 + r_0^2}} \qquad (6\text{-}6)$$

在实验过程中，用摄影法或用屏蔽法（用刻有比例尺的镜子）来测得火焰锥体的高度 h，另外测出管半径为 r_0，流量 q_v，就可算出该可燃气体混合物的火焰前沿移动的正常速度。

（2）本生灯实验方法缺点。

1）把火焰前沿各处的正常速度看为常数的假定是与实验不符的。实验证明，靠近管壁处火焰前沿的正常速度要比其他地方为低（见图 6-5），而在火焰锥体的顶端具有最大的正常速度，故火焰前沿亦并非直角锥体。

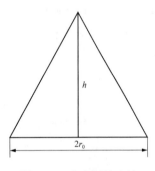

图 6-4　本生灯的火焰
内锥表面图

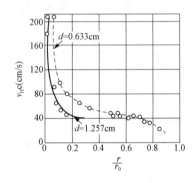

图 6-5　在本生灯火焰中各区域的火焰正常传播
速度，可燃气体混合物为 4.18% 丙烷的空气混合物

2）在上述的正常速度计算中，都假定火焰前沿的一个数学表面，实际上，当可燃气体混合物过渡到剧烈燃烧之前，存在一个很薄的加热层，因此火焰前沿锥体的形成要离喷嘴出口一段距离，并且要比喷嘴的出口宽度略微扩大，所以由实验资料说明对于给定的可燃气体混合物来讲，其正常速度将与喷嘴的直径有关，只有在采用相当大直径的喷嘴时，其正常速度的数值才与其喷嘴尺寸无关。一般推荐喷嘴直径不应小于 $7\sim8\mathrm{cm}$。

3）内锥不是一正锥体。当可燃气体混合物中的含氧量不同时，外界介质将影响火焰锥体的形状，特别在可燃气体混合物中的含氧量不足时，外界介质的影响更为显著。

虽然按照本生灯火焰内锥为一正锥体且火焰前锋为一数学表面来测量可燃气体混合物的正常速度有缺陷，但是该方法很简便，并且测量结果也足够准确，因此仍被广泛地采用。

四、层流火焰正常传播速度的影响因素

层流火焰正常传播速度是可燃混合物的一个物理化学特性参数，它主要受可燃混合物自身的特性、压力、温度、组成结构、惰性气体含量、添加剂等各种因素的影响。

1. 过量空气系数的影响

在燃烧过程中，为了使燃料尽可能地完全燃烧，实际供给的空气量一般要多于按化学当量比例混合的理论空气量，实际空气量与理论空气量之比称为过量空气系数。

可燃气体混合物的火焰传播速度 v_H 将随着过量空气系数 α 而改变。对于各种不同可燃气体混合物其最大的 v_{Hmax} 并非处于可燃气体混合物的过量空气系数 $\alpha=1$ 之时。实验表明，v_{Hmax} 是发生在含可燃物浓度稍大的地方（$\alpha<1$）。一般认为导致这种现象可能的原因有：最高燃烧火焰温度 T_r 也是偏向富燃料区的，在燃料比较富裕的情况下，火焰中自由基 H、OH 等浓度较大，链锁反应的链断裂率较少，因而反应速度较快。

图 6-6 示出了典型的各种不同燃料在空气中正常火焰传播速度的试验值，图中所示结果证实了以上结论，对于任何燃料都存在一个最大的 v_{Hmax}，且最大值出现在 $\alpha<1$ 处。

实验表明，部分碳氢化合物 v_{Hmax} 的值发生在 $\alpha\approx0.9\sim0.96$ 处，且该 α 值不随压力与温度改变。偏离 v_{Hmax} 所对应的 α 值，则火焰的传播速度将显著降低。

2. 燃料化学结构的影响

从图 6-6 可以看出一个规律，碳氢类燃料的分子量越大，可燃性的范围就越窄，图 6-7 显示了三族燃料的最大火焰传播速度与其分子中的碳原子数的关系：对于饱和碳氢化合物（烷烃类），其最大火焰传播速度（0.7m/s）几乎与分子中的碳原子数 n 无关，而对于一些非饱和碳氢化合物（无论是烯烃还是炔烃类），碳原子数较小的燃料，其层流火焰传播速度却较大。当 n 增大到 4 时，v_H 的值将陡降，而后，随 n 进一步增大而缓慢下降，直到 $n\geq8$ 时，就接近于饱和碳氢化合物的 v_H 值。碳氢化合物燃料火焰传播速度 v_H 大小顺序为 $(v_H)_炔>(v_H)_烯>(v_H)_烷$。

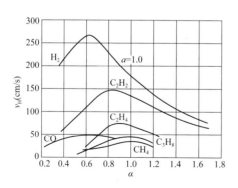
图 6-6　烃类燃料在空气中的层流火焰传播速度

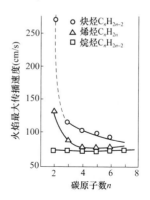
图 6-7　分子中碳原子个数对火焰最大传播速度的影响

由上面结果可以看出，燃料结构对 v_H 有很显著的影响。因为大多数燃料的绝热火焰温度都在 2000K 左右，其活化能也在 167kJ/mol 左右，各种燃料中的碳原子数对层流火焰速度的影响，不是由于火焰温度，而是由热扩散性不同所造成，这种热扩散性与燃料分子量有关。

3. 混合可燃物初始温度 T_0 的影响

混合可燃物初始温度 T_0 对火焰传播速度影响显著。提高可燃物初始温度 T_0，则气体分子运动动能增大，传热增强且分子碰撞频率加大，可大大促进化学反应速度，从而提高火焰传播速度。图 6-8 定性地给出了 T_0 对 v_H 的影响。

图 6-9 表明，对所有这三种碳氢化合物而言，v_H 都随 T_0 的升高而增大。试验结果可以用如下关系式表示：

$$v_H \propto T_0^m \tag{6-7}$$

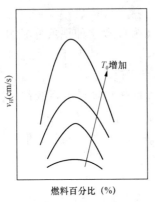

图 6-8　初始温度对 v_H 的影响的趋势

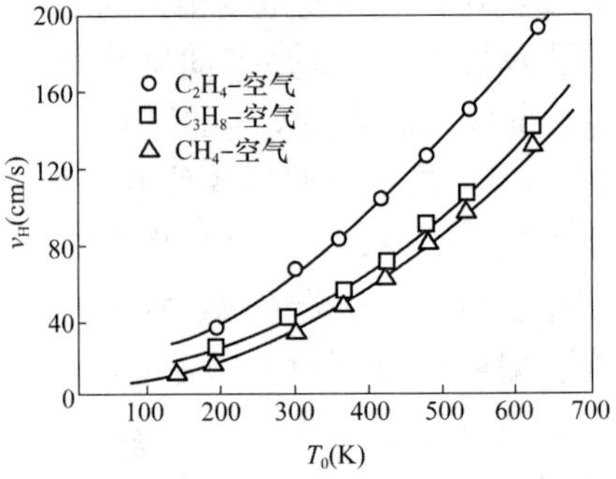

图 6-9　初温对火焰速度的影响

其中，指数 $m=1.5 \sim 2.0$，v_H 随 T_0 的升高而增大的原因主要是由于预热的影响。

4. 火焰温度 T_r 的影响

图 6-10 表示几种混合物的最大火焰传播速度与火焰温度的关系。可见 T_r 对 v_H 的影响显然是很强的，可以说 v_H 主要取决于 T_r。

当 T_r 超过 2500K 时，对 v_{Hmax} 影响更大。因为在高温下，气体离解反应的加速，从而使自由基的浓度大大增加。作为链载体的自由基的扩散，既促进了反应，又增强了火焰传播。

5. 压力的影响

因为火焰传播速度与燃烧反应速度密切相关，而压力的改变会影响燃烧反应速度的大小，从而影响了 v_H 值。根据实验结果分析，火焰传播速度 v_H 与压力具有下列关系：

$$v_H \propto p^m \tag{6-8}$$

式中：m 为刘易斯压力指数，对于各种不同碳氢化合物的可燃混合气，m 值可由图 6-11 给出。

从图 6-11 可看出，当火焰传播速度较低，即 $v_H < 0.5 \text{m/s}$ 时，因 $m < 0$，所以随着压力下降，火焰传播速度增大；当 $0.5 \text{m/s} < v_H < 1 \text{m/s}$ 时，因 $m=0$，故火焰传播速度与压力无关；而当 $v_H > 1 \text{m/s}$ 时，因 $m > 0$，则火焰传播速度随着压力而增大。

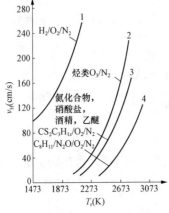

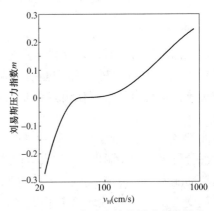

图 6-10　火焰温度对火焰传播速度的影响

图 6-11　压力对火焰传播速度的影响

此外，根据火焰传播热力理论导出 v_H 可得

$$v_H \rho_0 \propto \overline{w}^{-\frac{1}{2}} \tag{6-9}$$

由化学动力学知：$\overline{w} \propto p^n$，因此

$$v_H \rho_0 \propto p^{n/2} \tag{6-10}$$

式中：n 为总反应级数。

即燃烧的质量速度总是随着压力的增加而增大。

考虑到 $p \propto \dfrac{\rho_0}{RT}$，则

$$v_H \propto p^{\frac{n}{2}-1} \tag{6-11}$$

式（6-11）表明了火焰传播速度与压力的关系。

实验表明，一般轻质碳氢燃料在空气中燃烧其总反应级数均为 $n \leqslant 2$，它们的火焰传播速度 v_H 随压力下降而略有增加。但需要指出，此时可燃混合气的着火和火焰稳定性能将有所恶化。当压力增大时，虽然 v_H 有所下降，但流过火焰面的可燃混合气质量流量却是增加的，因而在同样大小的火焰锋面内每单位时间内燃烧的燃料量将增加。

6. 惰性物质含量的影响

实验表明，在可燃混合气体中掺入惰性组分会影响火焰传播速度。一方面，掺入的惰性气体一般不参与燃烧过程，直接影响燃烧温度，从而影响燃烧速度；另一方面，惰性物质的加入，在一定程度上将改变可燃混合气体的热物理性质，也将影响火焰传播速度。

不同的惰性物质，对可燃混合气的物理性质影响不同，因而对火焰传播速度的影响程度也不一样。它们的影响主要表现在热导率与比热容的比值 λ/c_p 上。由图 6-12 可见，掺入 CO_2 引起可燃混合气体火焰传播速度降低的幅度要比掺入同样体积分数的 N_2 来得大，其原因是 CO_2 的 λ/c_p 值明显小于 N_2，故对可燃气体的 λ/c_p 影响较大。

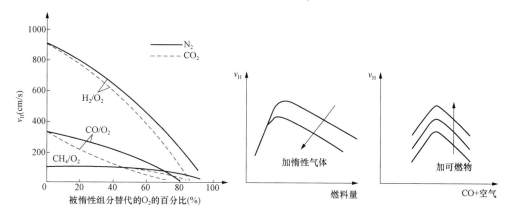

图 6-12　惰性组分影响火焰传播速度的实验结果

实验表明，掺入惰性组分量越大，火焰传播速度就越低。此外，惰性组分还将缩小可燃界限，并使最大火焰传播速度向燃料浓度减小方向移动。工程上可用下式估算惰性气体对 v_H 的影响

$$v'_H = v_H(1 - 0.01 x_{N_2} - 0.012 x_{CO_2}) \tag{6-12}$$

式中：v_H、v'_H 考虑惰性气体影响前、后的火焰传播速度，cm/s；x_{N_2}、x_{CO_2} 为可燃混合气中 N_2、CO_2 气体的体积百分数，%。

7. 可燃气体混合物性质影响

热扩散系数、燃烧温度和化学反应速度的增大，均会使火焰传播速度 v_H 值增大。

8. 多组分燃气混合物火焰传播速度 v_H 的计算

如果可燃混合气不仅含有一种燃气成分，而是多组分燃气与空气的混合物，则其火焰传播速度可按式（6 - 13）作近似计算，即

$$v_H = \frac{\frac{x_1}{l_1}v_{H1} + \frac{x_2}{l_2}v_{H2} + \frac{x_3}{l_3}v_{H3} + \cdots}{\frac{x_1}{l_1} + \frac{x_2}{l_2} + \frac{x_3}{l_3} + \cdots} = \frac{\sum\limits_i \frac{x_i}{l_i}v_{Hi}}{\sum\limits_i \frac{x_i}{l_i}} \tag{6 - 13}$$

式中：x_i 为各单一燃气占多组分燃料混合气中可燃质成分的体积百分数，%；l_i 为对应各单一燃气火焰传播速度最大时，该燃气占混合气的体积百分数，%；v_{Hi} 为各单一燃料组分的可燃混合气的最大火焰传播速度，cm/s。

例题：在下列各工况下，对火焰正常传播速度排序。

（1）按化学计量数配比的 H_2 与 21%O_2- 79%He；21%O_2- 79%Ar；21%O_2- 79%N_2。

（2）天然气-空气火焰和天然气-氧气火焰。

（3）同等条件下的空气与天然气、液化气（乙烷、丙烷的混合物）及电石气（乙炔）的火焰。

解答：

（1）21%O_2- 79%Ar＞21%O_2- 79%He＞21%O_2- 79%N_2。主要是由于掺入的 Ar、He 以及 N_2 的 λ/c_p 依次减小，λ/c_p 越小对火焰传播速度影响越大。

（2）天然气-氧气火焰传播速度＞天然气-空气火焰。主要是由于天然气作为燃料在纯氧条件下和助燃剂氧气的扩散速率大于天然气在空气中的扩散速率；另外，空气中含有氮气，燃烧后吸收热量，造成天然气-空气火焰比天然气-氧气火焰温度低，所以天然气-氧气火焰传播速度＞天然气-空气火焰。

（3）电石气＞天然气＝液化气。非饱和碳氢化合物火焰速度高于饱和碳氢化合物，且饱和碳氢化合物火焰速度几乎与分子中的碳原子数无关。

第三节 层 流 火 焰

预混可燃混合物在层流状态下的燃烧火焰，称为层流火焰。

一、层流火焰焰锋结构

1. 层流火焰焰锋结构形状

层流中的火焰前锋形状是多种多样的，但在焰锋面的两侧必然是未燃的预混可燃混合物和已燃的烟气，在很薄的焰锋面内进行着剧烈的燃烧化学反应和强烈的两类混合物混合。

如果在本生灯直管内的预混可燃气体流动为层流，则在管口处可得到稳定的近似正锥形火焰前锋；如果在静止的预混可燃气体中局部点火，则形成球面火焰前锋；如果层流火焰在管道内传播，则焰锋呈抛物线形；若在管内的层流预混可燃混合物气流中安装火焰稳定器，则会形成锥形焰锋。

2. 层流火焰焰锋特性

（1）火焰前锋是一个很窄的区域，其宽度只有几百甚至几十微米，它将已燃混合物与未

燃混合物分隔开，并在这很窄的宽度内（由图 6-13 截面 0-0 到 a-a）完成化学反应、热传导和物质扩散等过程，并且由于火焰前锋的宽度和表面曲率很小，可以认为在焰锋内温度和浓度只是坐标 x 的函数。图 6-13 中显示出了火焰焰锋内反应物的浓度、温度以及反应速度的变化情况。

（2）火焰前锋存在极大的温度梯度 $\mathrm{d}T/\mathrm{d}x$ 和浓度梯度 $\mathrm{d}c/\mathrm{d}x$，有强烈的热流和扩散流。从图 6-13 中可以看出：在前锋宽度内，温度由原来的预混可燃混合物的初始温度 T_0 逐渐升高到燃烧温度 T_f。同时反应物的浓度 c 由 0-0 截面上的接近于 c_0 逐渐减少到 a-a 截面上接近于零。在火焰前锋内，实际上，95%～98% 的燃料发生了化学反应。火焰焰锋的宽度很小，但在此宽度内温度和浓度变化很大，出现极大的温度梯度 $\mathrm{d}T/\mathrm{d}x$ 和浓度梯度 $\mathrm{d}c/\mathrm{d}x$。热流的方向从高温火焰向低温新鲜混合可燃混合物，而扩散流的方向则从高浓度向低浓度，如新鲜混合可燃混合物的分子由 o-o 截面向 a-a 截面方向扩散。反之，燃烧产物分子，如已燃可燃混合物中的自由基和活化中心则向新鲜混合可燃混合物方向扩散。因此，在火焰中分子的迁移不仅由于质量流（可燃混合物有方向的流动）的作用，而且还由于扩散的作用，这样就使得火焰前锋整个宽度内产生了燃烧产物与新鲜混合可燃混合物的强烈混合。

本生灯火焰锥如图 6-14 所示。

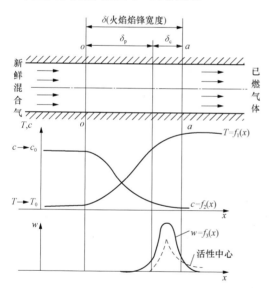 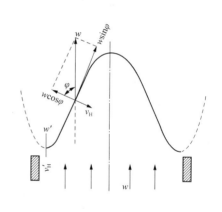

图 6-13　稳定的平面火焰前锋

δ—火焰焰锋宽度；δ_p—可燃混合物预热区宽度；δ_c—化学反应区宽度；c_0 和 T_0—分别为可燃预混可燃混合物的初始浓度和温度；w—化学反应速度

图 6-14　本生灯火焰锥

v_H—层流火焰传播速度；w—混合物流速度；φ—火焰传播速度和混合物流速度之间的夹角；v'_H 和 w'—分别代表火焰根部的层流火焰传播速度和混合物流速度

（3）在火焰前锋厚度的很大一部分（较大宽度 δ_p）区域，化学反应速度很小，这部分前沿的厚度称为可燃混合物的"预热区"。化学反应主要集中在很窄的区域（宽度 δ_c）中进行，在这个区域内反应速度、温度和活化中心的浓度都达到了最大值，称为"化学反应区"，也称为火焰前锋的"化学宽度"。

从图 6-13 中还可以看到化学反应速度的变化情况。在"预热区"，其温度和浓度的变化主要由于导热和扩散，新鲜混合可燃混合物在此处得到加热。在"化学反应区"，化学反应速度随着温度的升高按指数函数规律急剧地增大，反应物浓度不断减少，同时发出光与热，温度很快地升高到燃烧温度 T_f。在温度升高的同时，化学反应速度达到最大值时的温度要比燃烧温度 T_f 略低，但接近燃烧温度。火焰中化学反应总是在接近于燃烧温度的高温下进行的。化学反应速度越快，混合物在火焰前锋内停留时间就越短，但这短促的时间对于在高温作用下的化学反应来说是足够了。绝大部分可燃混合物是在接近燃烧温度的高温下发生反应的，因而火焰传播速度也就对应于这个温度。

二、层流火焰传播理论

1. 层流火焰传播理论分类

层流火焰传播理论目前有热力理论和扩散理论两种。

热力理论认为：火焰中化学反应主要是由于热量的导入使分子热活化而引起的，所以火焰前沿的反应区在空间中的移动决定于从反应区向新鲜预混可燃混合物传热的传导率。热力理论并不否认火焰中心有活化中心存在和扩散，但认为在一般的燃烧过程中活化中心的扩散对化学反应速度的影响不是主要的。

与此相反，扩散理论认为：层流火焰传播中火焰传播在火焰中分子的迁移不仅是由于强迫对流的作用，而且还由于扩散的作用。热量的迁移不仅靠对流，也有导热。因此，预混可燃混合物的燃烧不仅受化学动力控制，而且还受扩散作用的控制。因而，层流火焰传播中火焰前沿在预混可燃混合物中的移动，主要是由于反应区放出之热量不断向新鲜混合可燃物中传递及新鲜混合可燃混合物不断向反应区中扩散的结果。火焰中的化学反应主要是由活化中心（如 H、OH 等）向新鲜预混可燃混合物扩散，促使其链锁反应发展所致。

相对而言，这两种理论中，热力理论与实际较为接近。

2. 层流火焰传播的热力理论

该理论所作假设如下：

（1）认为火焰中化学反应是分子热活化的结果。火焰前沿在空间的移动决定于已燃混合物与新鲜可燃混合物之间的导热。活化中心的扩散影响很小，不予考虑。

（2）认为燃烧化学反应是简单反应，而非连锁反应，且在接近燃烧温度下进行。

（3）假定反应物和燃烧产物均为理想气体，温度场和浓度场相似，即质扩散系数 D 与热扩散系数 α 相等。

（4）假定反应在等压和绝热下进行，即不考虑扩散和损失。

（5）假设混合物流为一维层流流动，且忽略动能变化。

（6）认为火焰前沿稳定为一个静止平面体。

设想在一圆管中有一平面形焰锋，焰锋在管内稳定不动，预混可燃混合物以 v_H 的速度沿着管子向焰锋流动（见图 6-13）。在上述假设下，可列出具有化学反应的、一维定常层流火焰前沿的能量方程、连续性方程和边界条件表达式

$$\lambda \frac{\partial^2 T}{\partial x^2} - \rho w c_p \frac{\partial T}{\partial x} + \varphi(C_f, T) = 0 \tag{6-14}$$

$$\rho w = \rho_0 v_H = m = 常数 \tag{6-15}$$

$$x = -\infty \ 时 \ T = T_0, \quad C = C_0 \tag{6-16}$$

$$x = +\infty \ 时 \ T = T_f, \quad C = 0$$

利用近似方法，可分别求得火焰内化学反应的平均速度 w_{pj}、火焰中平均反应时间 τ_m、层流火焰传播速度 v_H 和火焰前沿面厚度 δ。

$$w_{pj} = \int_{T_0}^{T_f} \frac{w dT}{T - T_0} \tag{6-17}$$

$$\tau_m = \frac{C_f}{w_{pj}} \tag{6-18}$$

$$v_H = \sqrt{\frac{2\lambda w_{pj}}{C_{f0} c_p \rho_0}} = \sqrt{\frac{2a_0 w_{pj}}{C_{f0}}} = \sqrt{\frac{2a_0}{\tau_m}} \tag{6-19}$$

$$\delta = \frac{a_0}{v_H} \tag{6-20}$$

式中：C_{f0} 为预混可燃混合物的初始摩尔浓度；a_0 为预混可燃混合物的热扩散系数。

由式（6-19）可见，火焰传播 v_H 与预混可燃混合物热扩散系数 a 的平方根成正比，与平均化学反应时间 τ_m 的平方根成反比。因此，层流火焰传播速度只取决于预混可燃混合物的物理化学性质，是一个物性参数。此外，火焰传播速度越大，火焰前沿厚度越小。例如燃烧一种甲烷混合气的层流火焰传播速度 $v_H = 5 \text{cm/s}$，其火焰前沿厚度 $\delta = 0.4 \text{mm}$；而燃烧氢和氧的混合物时，$v_H = 1200 \text{cm/s}$，其火焰厚度 $\delta = 0.01 \text{mm}$。大部分烃类燃料预混气体的热扩散系数均小于 1cm/s，而 v_H 值一般大于 10cm/s，其火焰前沿厚度 δ 小于 1mm，但在贫燃料低压燃烧中，有可能大于 1mm。实验表明，在增压燃烧中，火焰前沿厚度会更小，v_H 会更大，即燃烧更猛烈。

三、层流火焰传播速度

采用上述理论方法得到的近似公式无法准确计算层流火焰传播速度 v_H 的数值，而确切的火焰传播速度只能由实验来测定。测定火焰传播速度的方法很多，在实验室常用本生灯法。

在本生灯法中，燃气和空气沿一垂直圆管向上做层流流动并进行混合，在到达灯口以前可燃气体混合物已十分均匀。对于层流流动，气流流速在管内分布为抛物线形规律。为了在灯口处获得均匀的速度场，必须将灯口做成特殊型面（常用维达辛斯基型面）的喷口。在灯口处获得均匀的速度场的可燃混合气被点燃后，形成一稳定的正锥体形层流火焰，稳定的火焰面内锥表面各点的层流火焰传播速度 v_H 与气流速度在焰锥表面法向分速度相等，如图 6-14所示。火焰内锥实际上并不是一个正锥体，因此火焰前沿内锥表面上各处表面积 S_l 是一个平均值，但具有足够的精确性。

当预混可燃混合物的性质、组成以及温度和压力一定时，层流火焰传播速度为定值，与混合物流动参数无关。表 6-1 列出了某些预混可燃气体的层流火焰传播速度。

表 6-1　　　　　　　常见气体燃料-空气预混可燃气体的层流火焰传播速度

燃料	理论空气量 L_0(kg/kg)	着火限时过量空气系数		火焰传播速度 v_{Hmax}(cm/s)	对应于 v_{Hmax} 体积浓度（%）
		下限	上限		
氢	34.5	10.1	0.14	315	42.2
乙炔	13.25	3.57	0.18	170	8.9
乙烯	14.8	2.51	1.35	68.3	7.4

燃料	理论空气量 L_0(kg/kg)	着火限时过量空气系数		火焰传播速度 v_{Hmax}(cm/s)	对应于 v_{Hmax} 体积浓度（%）
		下限	上限		
甲烷	17.23	1.98	0.39	33.8	9.96
苯	13.3	1.96	0.36	40.7	3.34
丙烯	14.8	2.28	0.37	43.8	5.04

第四节　湍流火焰

在层流状态下，可燃混合物的火焰传播速度较低，最大不过每秒几米，然而在实际的燃烧过程中，其流动工况通常是湍流的，而湍流的出现不仅影响着流场的特征和输运过程，也影响着燃烧速度，采用湍流燃烧方式可以显著提高火焰传播速度。

一、湍流燃烧及其特点

（1）相比层流火焰，湍流火焰厚度增加，高度变短。层流火焰很薄，一般只有 0.01～1mm，在湍流工况时，火焰根部前沿厚度增加不多，但在火焰锥顶部，火焰明显地变得很厚；在层流火焰中火焰前沿是很光滑的，并且基本上呈正圆锥形。在湍流工况下，火焰前沿很明显出现了脉动和弯曲，湍流火炬的高度比层流短得多，如图 6-15 所示。而且，当脉动速度增大时，湍流火焰高度变得越来越小。

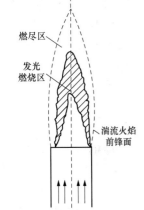

图 6-15　湍流火焰示意

燃尽区

发光燃烧区

湍流火焰前锋面

（2）湍流火焰的反应区要比层流火焰锋面厚得多，已不能看作是一个几何面。观察到的火焰面是混乱的、毛刷状的，还经常伴有噪声和脉动。

（3）湍流火焰传播速度远大于层流火焰传播速度。尽管火焰在均匀湍流中传播的基本原理与在层流中相同，均依靠已燃混合物与未燃混合物之间热量和质量交换所形成的化学反应区在空间的移动，但是混合物流的湍流特性对预混可燃混合物火焰的传播有着重大影响。在湍流中，预混可燃混合物的火焰传播速度比层流时大许多倍。例如在汽油机的燃烧室中，火焰传播速度为 20～70m/s；而汽油蒸气与空气预混气流的层流火焰传播速度只有 40～50cm/s，两者相差 40～140 倍。因此，大多实际燃烧装置均采用湍流预混燃烧方式，以湍流来促进火焰传播，实现可燃混合物的高热负荷燃烧。

（4）在湍流中，火焰传播速度 v_T 不仅取决于可燃混合物的性质和组成，而且在很大程度上受到强烈的混合物气流湍动的影响。当湍流度加大或脉动速度加大，即雷诺数 Re 增大时，湍流火焰传播速度显著增大；当燃烧器管径加大时，湍流火焰速度也增大，因为大管径内的湍流度增大。

二、湍流火焰分类

1. 分类

在湍流火焰中，如同在湍流的流体中一样，有许多大小不同的微团在不规则地运动。如果这些流体微团的平均尺寸小于可燃混合物在层流下的火焰锋面厚度就称之为小尺度湍流火焰；反之，称为大尺度湍流火焰。

将微团的脉动速度 w' 与层流火焰传播速度 v_H 比较，如果 $w'>v_H$，则称为大尺度强湍流火焰；反之，称为大尺度弱湍流火焰。

2. 小尺度湍流火焰

条件：流体微团的平均尺寸小于层流火焰锋面厚度。

现象：能够保持规则的火焰面；湍流火焰面厚度 δ_T 大于层流火焰面厚度 δ_H。

特点：小尺度湍流火焰只是增强了物质的输运特性，从而使热量和活性粒子的传输加速，而在其他方面没有影响。

3. 大尺度弱湍流火焰

条件：流体微团的平均尺寸大于层流火焰锋面厚度，微团的脉动速度 w' 小于层流火焰传播速度 v_H。

现象：由于微团脉动速度小于层流火焰传播速度，则微团不能冲破火焰锋面，但由于微团尺寸大于层流火焰锋面厚度，所以火焰锋面受到扭曲，但火焰面未被吹破。

4. 大尺度强湍流火焰

条件：流体微团的平均尺寸大于层流火焰锋面厚度，微团的脉动速度 w' 大于层流火焰传播速度 v_H。

现象：由于微团尺寸和脉动速度均大于层流火焰传播速度，故此时不存在连续的火焰锋面。

三、湍流火焰传播的皱折表面燃烧理论

德国的邓克尔（1940 年）和苏联的谢尔金（1943 年）建立了湍流火焰的皱褶表面理论，小尺度湍流火焰、大尺度弱湍流火焰可用皱折表面理论来解释。此理论是在层流火焰传播理论的基础上发展起来的，即应用了火焰前沿的概念，并认为在湍流工况中燃烧速度之所以会增大是由于在混合物气流脉动作用下使得火焰前沿表面产生弯曲，因而燃烧表面 F_T 增加，在每个可燃物微团外表面上，燃烧速度和层流火焰法线传播速度 v_H 相同，因此湍流燃烧速度 v_T 比层流燃烧速度 v_H 的增大倍数应等于因混合物气流脉动使火焰前沿表面积增大的倍数，即

$$v_T/v_H = F_T/F_H \tag{6-21}$$

可见，为了决定 v_T 值，必须首先研究如何求出 F_T。根据气流脉动情况，一般可能会出现下列三种火焰前沿情况。

1. 小尺度湍流火焰

如图 6-16（a）所示，此时气流湍流度较小，$w'\ll v_H$，$l_T<\delta_H$（w' 为气流脉动速度，l_T 为湍流标尺，δ_H 为层流火焰前沿厚度）此时只使火焰前沿起了微弱的褶皱，燃烧速度的增长主要是由于前沿内传热传质过程变成湍流性质，因此仍可采用层流火焰传播理论来计算，只不过此时应用湍流参数来代替。对层流参数而言，有

$$v_H \sim \sqrt{\frac{a}{\tau}} \tag{6-22}$$

在湍流工况下应变成

$$v_T \sim \sqrt{\frac{a+a_T}{\tau}} = v_H \sqrt{1+\frac{a_T}{a}} \tag{6-23}$$

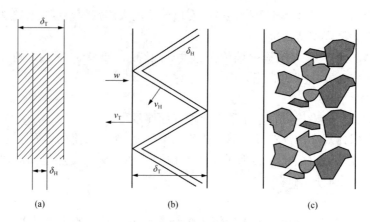

图 6 - 16　不同类型湍流火焰特点示意
(a) 小尺度湍流火焰；(b) 大尺度弱湍流火焰；(c) 大尺度强湍流火焰

因此

$$\frac{v_T}{v_H} \sim \sqrt{1 + \frac{a_T}{a}} = \sqrt{1 + \frac{w' l_T}{a}} \tag{6-24}$$

式中：τ 为化学反应时间；a，a_T 分别为分子及湍流导温系数。

2. 大尺度弱湍流火焰

如图 6 - 16 (b) 所示，此时气流脉动不很大，$w' < v_H$，$l_T > \delta_H$，火焰前沿弯曲得很厉害，但由于 $w' < v_H$，火焰前沿还未被撕裂。

假设火焰前沿近似弯曲成圆锥形，由式 (6 - 21) 可知，由于湍流脉动使火焰前沿由 $F_H = \frac{\pi l_T^2}{4}$ 增加至圆锥表面积 $F_T = \frac{\pi l_T^2}{4}\sqrt{1 + \left(\frac{2H}{l_T}\right)^2}$。求出脉动火焰高度 H 和 w' 的关系：以 v_H 的速度把尺寸为 l_T 的湍流微团燃烧完毕所需时间为 $\tau \sim \frac{l_T}{2 v_H}$，但在这段时间内火焰前沿以脉动速度运动的距离为

$$H \sim \tau w' = \frac{l_T}{2 v_H} w' \quad \text{或} \quad H = B \frac{l_T}{2 v_H} w'$$

式中：B 为比例常数，将 F_T、F_L 及 H 代入式 (6 - 21) 后可得

$$\frac{v_T}{v_H} = \frac{F_T}{F_L} = \frac{\dfrac{\pi l_T^2}{4}\sqrt{1 + \left(\dfrac{2H}{l_T}\right)^2}}{\dfrac{\pi l_T^2}{4}} = \sqrt{1 + B\left(\frac{v_H}{v_H}\right)^2} \tag{6-25}$$

3. 大尺度强湍流火焰

如图 6 - 16 (c) 所示，此时气流脉动及湍流标尺均很大，$w' > v_H$，$l_T > \delta_H$，此时火焰前沿被撕裂得四分五裂。

在大尺度湍流下，进入燃烧区的新鲜混合物气团在其表面上进行湍流燃烧的同时，还向混合物气流中扩散并燃烧，直到把气团烧完。因此，火焰的传播是通过这些湍流脉动的火焰气团燃烧来实现的。将大尺度强湍流的火焰传播速度 v_T 定义为湍流气团的扩散速度 v_D 和层流火焰传播速度 v_H 之和，即

$$v_{\mathrm{T}} = v_{\mathrm{D}} + v_{\mathrm{H}} \tag{6-26}$$

其中，湍流气团的扩散速度由下式定义，即

$$v_{\mathrm{D}} = \frac{\sqrt{x_i^2}}{\tau_{\mathrm{b}}} = \frac{\sqrt{2w'l_{\mathrm{la}}\tau_{\mathrm{b}}}}{\tau_{\mathrm{b}}} = \frac{\sqrt{2w'l_{\mathrm{la}}}}{\tau_{\mathrm{b}}}$$

式中：$\sqrt{x_i^2}$ 为湍流平均扩散位移；τ_{b} 为湍流气团燃烧完所需时间；l_{la} 为拉格朗日湍流混合长度。

根据达朗托夫的实验与假设，认为湍流气团由初始尺寸 l_0 时开始燃烧，火焰向气团内部传播速度为 $v_{\mathrm{H}} + w'$。随着燃烧的进行，气团尺寸不断缩小，火焰锋面的相对皱折面积的增量越来越小，可设定火焰向气团内部的传播速度随气团未燃部分尺寸的变化是线性的。设 $l_{\mathrm{la}} = A^2 l_0$（$A$ 为实验系数，接近于 1），由此可推得

$$\tau_{\mathrm{b}} = \frac{l_0}{w'} \ln\left(1 + \frac{w'}{v_{\mathrm{H}}}\right) \tag{6-27}$$

$$v_{\mathrm{T}} = v_{\mathrm{H}} + \frac{\sqrt{2}Aw'}{\sqrt{\ln\left(1 + \frac{w'}{v_{\mathrm{H}}}\right)}} \approx A\frac{\sqrt{2}w'}{\sqrt{\ln\left(1 + \frac{w'}{v_{\mathrm{H}}}\right)}} \tag{6-28}$$

根据式（6-28）计算的 v_{T} 值与实验结果比较符合。

四、湍流火焰传播的容积燃烧模型

利用滤色摄影法得到的大尺度强湍流火焰照片发现：在某些情况下，湍流火焰的厚度为层流火焰的几十倍到一百倍，湍流气团已深入到宽阔的燃烧区内进行着程度不同的反应。基于这种现象，提出了以微扩散为主的容积燃烧理论，大尺度强湍流火焰一般用容积燃烧理论来解释。

萨曼菲尔德和谢京科夫建立了容积燃烧理论，用来代替表面理论。容积燃烧理论认为，湍流对燃烧的影响以微扩散为主。由于这种扩散如此迅速，以致不可能维持层流火焰结构，已不存在将未燃可燃物与已燃混合物气体分开的火焰面；每个湍动的气团内，温度和浓度是均匀的，但不同气团的温度和浓度是不同的；在整个微团内存在着快慢不同的燃烧反应，达到着火条件的微团整体燃烧，未达到着火条件的在脉动中被加热并达到着火燃烧；火焰不是连续的薄层，但到处都有；各气团间互相渗透混合，不时形成新微团，进行着不同程度的容积化学反应，如图 6-17（b）所示。为了求得大尺度湍流的火焰传播速度 v_{T}，索莫菲尔德提出应用相似假设方程，即

$$\frac{v_{\mathrm{T}}\delta_{\mathrm{T}}}{D_{\mathrm{T}}} \approx \frac{v_{\mathrm{T}}\delta_{\mathrm{H}}}{v} \approx 10 \tag{6-29}$$

$$D_{\mathrm{T}} = \frac{\lambda_{\mathrm{T}}}{c_{\mathrm{p}}\rho} \tag{6-30}$$

$$v = \frac{\lambda_{\mathrm{H}}}{c_{\mathrm{p}}\rho} \tag{6-31}$$

式中：D_{T} 为湍流扩散系数；v 为分子运动黏度；λ_{H}、λ_{T} 分别为层流及湍流时的热导率。

五、湍流火焰传播速度

湍流火焰传播速度受湍流流动的影响较大，图 6-18 表示了火焰传播速度随雷诺数变化的关系。随着 Re 数的增加，湍流火焰传播速度和层流火焰传播速度的比值开始迅速增大，以后逐渐增长。

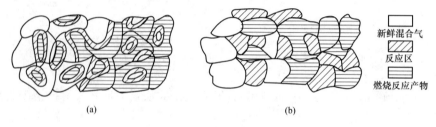

图 6-17 湍流火焰焰锋结构的两种模型

(a) 表面燃烧；(b) 容积燃烧

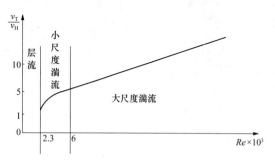

图 6-18 火焰传播速度与雷诺数的关系

当 $Re < 2300$ 时，火焰传播速度与 Re 数无关；当 $2300 \leqslant Re \leqslant 6000$ 时，火焰传播速度与 Re 数的平方根成正比；当 $Re > 6000$ 时，火焰传播速度与 Re 数成正比。

显然，$Re < 2300$ 为层流状态，层流火焰传播速度与 Re 数无关；而当 $Re \geqslant 2300$ 时，火焰已处于湍流的影响之下，因而测得的湍流火焰传播速度与几何尺寸及流量有关。

第五节 火焰稳定的基本原理

对于燃烧装置，不仅要保证燃料能顺利着火，而且还要求在着火后形成稳定火焰。火焰不稳定容易产生脱火、回火和离焰问题。

（1）脱火。当燃料混合物的流量不断增大时，各截面上混合物流速不断增大，而火焰传播速度的分布是不变的。最后在燃烧装置出口的混合物流体流场中再也找不到一个传播速度等于流体流速的地方，到处都是流速大于火焰传播速度，火焰锋面再也找不到一个可以固定的地方。这样就不可能建立点火环，可燃混合物再也不可能着火，便产生脱火。显然，脱火主要是由于喷口出口气流速度过高而引起的，故又常称为吹脱。

（2）回火。当燃料混合物流量不断减少时，各截面上的流速的分布都减小，而火焰传播速度保持不变。最后在燃烧装置出口的混合物流体流场中再也找不到一个传播速度等于流体流速的地方，到处都是流速小于火焰传播速度，最后就烧到燃烧装置里面去了，这便产生回火。

（3）离焰。当燃料混合物的流量不断增大时，火焰面无法继续保持稳定，若火焰脱离喷口，悬举在喷口上方，但不熄灭，这种现象称为离焰。发生离焰时，火焰虽不立即熄灭，但此时火焰将吸入更多的二次空气，使悬举的火焰中燃气浓度降低。若可燃混合气流速继续增大，火焰则会出现吹熄现象。

燃烧器在工作时，不允许发生离焰、吹熄、脱火或回火问题。吹熄和脱火将造成燃料在燃烧室及其周围环境中的累积，一旦再遇到明火便会使迅速着火，从而造成大规模爆燃。回火则可能烧毁燃烧器，甚至引起燃烧器或储气罐发生爆炸，也可能导致火焰熄灭，从而造成严重后果，所以必须要保持火焰的稳定。

一、火焰稳定的基本条件

要求燃烧火焰保持稳定，火焰锋面需稳定在一定的位置。火炬由喷嘴喷出后，火焰锥的形状不可能是正锥形的，否则火炬就难以稳定在燃烧室内某一位置，其理由如下：假设火炬是正锥形，那么根据在火焰锥中正常法向传播速度和燃料混合气流速度之间的关系为

$$v_H = w\cos\varphi = w_n \tag{6-32}$$

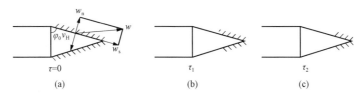

图 6-19　火焰锥示意图

由图 6-19 可知，此时混合气流可分为两个分速，一个为垂直于火焰锥的 w_n，其大小刚好等于 v_H，另一个为平行于火焰锥的 w_s，这个分速不断地把火焰前沿带离喷嘴，故着火后经过瞬间，火焰前沿被 w_s 带至图 6-19（b）的位置，在 τ_2 瞬间时，只有在火焰锥顶存在有少许火焰前沿［见图 6-19（c）］，因此火焰最终会被吹走而熄灭。可以推想，对于稳定燃烧的火炬根部不会是正锥形，由试验发现，在火炬根部出现有一圈 $w=v_H$ 的点火环，在点火环内 φ 角等于零，这才能保证 $v_H = w\cos\varphi = w_n = w$，$w_s = w\sin\varphi = 0$（见图 6-20）。出现点火环的主要条件是：对燃料混合气流来说，靠近壁面 $w\to0$，同时由于管壁向外大量散热温度较低，此外在管壁附近很多活化分子被中断，使链锁反应变慢，这些都导致 v_H 的降低，因此在火炬根部总可以找出某一圆环，保证条件 $v_H = w$ 实现。

在湍流工况下的动力火炬稳定性较差，这是因为湍流运动的速度场在轴心分布较平坦，但在管壁处速度梯度则比层流的高得多，因此使得形成 $v_H = w$ 的火炬根部圆环面积变小，再加上燃料混合气流不断地脉动，就导致湍流动力火炬较难稳定。

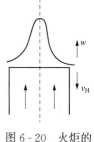

图 6-20　火炬的正确形状

火炬顶部也不成尖锥形，而一般往往形成一个圆角，可以用和上面同样的道理来解释，如果火焰锥不成圆角，则不能保证条件 $v_H = w$ 实现，因此火焰锥也就不可能稳定。

综上所述，为了确保燃料混合气流中火焰的稳定，必须具备两个基本条件：

（1）火焰传播速度应与可燃混合物气流在火焰前锋法线方向的分速度相等，即满足余弦定律。

（2）在火焰的根部必须有一个固定的点火源，且该点火源具有足够的能量。

二、火焰稳定的原理

对于简单的层流火焰，设有某一定成分的可燃物从喷嘴喷出后形成类似于自由射流的流动工况，在喷嘴边缘上和周围介质之间形成边界层区域，此时燃烧速度和流动速度之间的分布如图 6-21 所示。在喷嘴内部，火焰是不可能稳定的，在靠近喷嘴壁面处，散热较厉害，使可燃物温度降低，由试验得知，正常火焰法线传播速度 v_H 近似与温度平方成正比，故此时在壁面附近经常会出现 $v_H < w$ 的条件。当可燃物喷离喷嘴后，由于没有金属壁的作用，

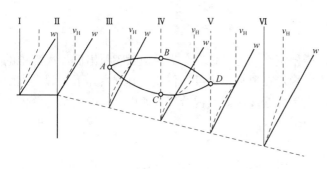

图 6-21　边界层中火炬驻定的模型

散热损失显著减少，v_H 升高，在Ⅲ截面出现某一点 A，在这里实现了条件 $v_H = w$；由于散热进一步减少，v_H 继续提高，使得在Ⅳ截面因 v_H 大于 w 而出现了大量反应产物，冲淡了可燃物的浓度，因而使燃烧速度 v_H 也减小，故在Ⅴ截面上 v_H 和 w 曲线又重新出现一个交点，在Ⅵ截面上交点不再存在，之后火焰就难以驻定。可见在 A、B、D、C、A 范围内存在着燃烧速度大于可燃物运动速度的条件，即存在使火焰往 A 点运动的条件，当由于种种原因使得某瞬间气流速度大于 v_H 时，火焰前沿便被带到 $ABDCA$ 范围内。在此处，因 $v_H > w$，使得火焰前沿回到 A 点，故此时可把 A 点看成是不变的点火源，A 点的位置与流体动力及可燃物特性等条件有关。

对于工程上经常使用的湍流火焰，情况比较复杂，但基本原理和层流火焰稳定原理相类似。根据图 6-21 的模型，并假设在喷嘴壁面和边界层附近 v_H 和 w 近似为线性变化，Lewis 等提出了边界层速度梯度相等的火焰稳定理论。亦即要使火焰稳定能得到实现，混合气流速度和燃烧速度在该点处的梯度必须相等，如果 w 和 v_H 是线性变化，则同时满足了 $v_H = w$ 的条件，对于层流火焰，一般得出抛物线的速度分布规律，即

$$w = w_0 \left(1 - \frac{r^2}{R^2} \right) \tag{6-33}$$

此时为了使火焰稳定在喷嘴口而不至于回火至喷嘴内的临界条件为

$$\left(\frac{\mathrm{d} v_H}{\mathrm{d} r} \right)_r = \left(\frac{\mathrm{d} w}{\mathrm{d} r} \right)_{r=R} \tag{6-34}$$

积分式（6-34），可得不发生回火或脱火的条件（边界速度梯度）为

$$\left(\frac{\mathrm{d} v_H}{\mathrm{d} r} \right)_{r=R} = \left(\frac{\mathrm{d} w}{\mathrm{d} r} \right)_{r=R} = \frac{4 q_v}{\pi R^3} \tag{6-35}$$

式中：q_V 为流出喷嘴的容积流量；R 为喷嘴直径。

由上式可知，增大体积流量和减小喷口尺寸，均可使边界速度梯度加大，减小回火的可能性。如果体积流量一定，则燃烧器喷口尺寸越大，越容易回火。为了不发生回火，体积流量必须与喷口半径的三次方成正比地增加。脱火条件也一样，只是在数值上更大一些。许多实验证明，可以根据边界速度梯度判断回火和脱火条件，如图 6-22 所示。由图可见，燃料的浓度越大，其稳定范围也更大；在一定的浓度下，回火有一个最大边界速度梯度值，此时火焰传播速度最大。

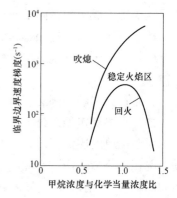

图 6-22　临界边界速度梯度与浓度关系

三、工程湍流燃烧火焰稳定方法

在高速气流中，维持火焰的稳定是比较困难的。因为火焰面在气流中的散热损失将会超过反应区的放热量。当混合物气流速度和湍流强度很大时，散热损失会更强烈。在此情况下，即使在点火源附近的一层可燃混合物气流被点燃，也

不会在气流中形成稳定的火焰传播。使火焰在气流中维持稳定地传播，即在气流中获得稳定的火焰，对燃烧过程的研究尤为重要。它不仅具有理论意义，而且还具有非常实际的意义。

工程上希望燃料和氧化剂保持稳定的化学反应及放热量，以便于控制和工程应用。因此常要求燃烧设备中火焰稳定在一定位置，即在一定位置着火，按一定速度发生剧烈反应，并在一定位置燃尽和离开燃烧室。

1. 工程上稳定火焰的方法分类

工程上稳定火焰的方法可分为三类：

（1）设置点火器，适时对主燃烧器提供点火能量。

（2）制造回流区，卷吸高温烟气，强化进入燃烧室的燃料传热，满足着火条件稳定着火。

（3）改变燃烧区的散热条件，减小着火阶段火焰的散热损失，保持火焰区的足够的温度，稳定火焰。

此外，其他能提高燃烧速度的方法，都能提高火焰的稳定性。稳定火焰的根本原理是提高火焰传播速度，使之与气流速度相匹配。

2. 工程上稳定火焰的具体方法

工程上应用的火焰都是湍流火焰，气流速度和 Re 数比较高，因此可以减少回火现象，而应主要防止脱火。稳定火焰的核心方法：保持着火区局部高温。

（1）值班火焰。在流速较高的预混可燃混合气流附近放置一个流速较低的稳定的小型点火火焰，使主气流受到小火焰不间断的点燃，只要小火焰的点火能量足够，主火焰就能够保持。

民用及工业燃烧器上广泛使用值班火焰稳燃。如图 6 - 23 所示，值班火焰稳燃方法是通过分离的缝管将少量燃料引到主燃烧器边缘，使之先点燃产生小火焰，然后用小火焰点燃主燃烧器，形成主火焰。最常见的形式是在主燃烧器出口旁边加一细管来建立值班火焰。由于火焰面传播覆盖整个燃烧器表面需要一定时间，因此当主燃烧器表面积较大时，这种方式可能造成部分燃烧器出口的燃料未能及时着火，导致燃料泄露。因此，也可在主燃烧器周围布置几个小的值班火焰，或组成一个点火环。

（2）钝体稳燃。钝体是不良流线体，在大 Re 数下，流体绕过钝体时，在钝体的某个位置会使流体边界层脱离开钝体，从而在下游钝体的背面形成回流区，可以反卷高温烟气成为热源，有利于稳定着火和燃烧。

钝体稳燃是利用物体的几何形状造成低速区的典型。混合物气流绕过钝体时，钝体后部的反向压力梯度增大，能够形成较大的回流区，如图 6 - 24 所示。高温燃烧产物被旋涡不断带到上游，点燃可燃混合物气流，形成稳定的火焰。

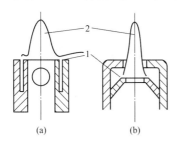

图 6 - 23　小火焰稳燃

1—值班火焰；2—主火焰

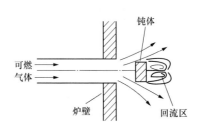

图 6 - 24　钝体稳燃的原理

影响钝体稳燃的因素很多，主要有燃料种类、燃烧室结构及钝体形状等。常用的钝体稳燃器形状如图6-25所示。钝体头部为圆盘，流动阻力损失较大，圆柱体次之，弹头状最小。钝体后部截面形状变化较大时，回流区更明显，其中弹头槽形钝体的回流区最大。钝体常用耐温耐磨的材料制成。V形钝体加工方便，前缘角 β 易于调整，应用较多。β 角大时，稳燃效果较好，但阻力也较大。

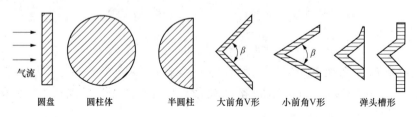

图6-25　钝体稳燃器的形状

（3）小股反向射流。采用小股高速反向射流喷入可燃混合物主气流中，形成局部回流区里提高火焰稳定性，原理上和钝体接近，但混合物主气流的阻力损失较小，小股射流介质可使用压缩空气，也可以使用蒸汽。

在混合物主气流中逆向高速喷入另一股小的射流可以形成低速区，如图6-26所示。在混合物主气流的作用下，小股射流的动能逐渐减弱，乃至为零，从而形成一个局部滞止区。这个滞止区可逆向延伸到喷口下游一定距离。在滞止区头部点火后，火焰就稳定在滞止区边缘。

逆向射流量一般不超过主射流的 $1\%\sim2\%$，因此对整个燃烧的影响很小。逆向射流是可燃混合物气流时，逆向射流发生燃烧，更有利于火焰的稳定。使用逆向射流需要另外增加一套射流管路和调节系统，系统稍复杂，因此在某些场合使用受到一定限制。

（4）旋转射流。利用旋转射流的离心作用，在燃烧室的喷口轴线附近形成回流区，它将高温烟气卷吸到火炬根部来加热燃料混合物，达到稳燃效果（见本书第三章）。

（5）大速差射流与双通道稳燃。旋转射流组织煤粉气流燃烧时，气体与颗粒的混合物同时旋转喷出，颗粒密度大，被甩到射流的外围，造成浓度场和温度场不匹配，回流区较小，不利于火焰的稳定。

大速差射流稳燃的原理如图6-27所示。煤粉气流由主喷口喷出，接近声速的高速气流从主气流喷口周围的小孔喷出。高速气流卷吸中心煤粉射流中的空气和细煤粉，回流区增大，改善了着火条件。粗煤粉仍向前运动，进入高温回流区，容易着火。

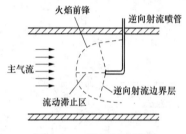

图6-26　逆向射流稳燃

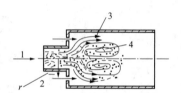

图6-27　大速差射流预燃室
1—一次风（煤粉＋空气）；2—高速空气射流；
3—空气流线；4—高温回流区

大速差射流稳燃产生接近声速的气流比较困难，适合用于体积不大、对浓度和温度场匹配要求较高的燃烧设备。煤粉颗粒对喷口造成的磨损较大，且存在局部结焦现象。

双通道煤粉燃烧器如图 6-28 所示。燃烧器有两个一次风通道，上下壁面被一次风保护，减小了结焦的可能性。两股一次风以贴壁射流的形式进入突扩段，所产生的高温烟气回流量与大速差射流产生的回流量相当，因而有较强的稳燃作用。另外，为避免回流烟气使两侧壁过热或结焦，可在侧壁腰部各加一股二次风，即腰部风，不仅保护了壁面，还可通过调整腰部风的大小来改变点火位置。

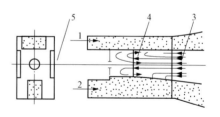

图 6-28 双通道通用煤粉燃烧器
1—上侧一次风口；2—下侧一次风口；
3—回流区；4—高速蒸汽射流；
5—腰部风

（6）受限射流。射流空间受限，散热损失小，局部气流温度高，火焰容易稳定。

1）突扩喷口稳燃。可燃混合气的喷口截面突然扩张，在喷口外围形成旋涡，高温燃烧产物回流至燃烧器喷口外缘附近，点燃刚喷出的可燃混合物气流，如图 6-29 所示。这种方式可能造成拐角处的温度相当高，造成燃烧室壁面被烧坏。因此，突扩喷口稳燃通常不宜单独应用。

2）内凹表面稳燃。燃烧室的壁面制造一定的凹槽，使该处形成回流区，从而达到稳燃的目的，如图 6-30 所示。这种方式成功应用于喷气发动机的加力燃烧室。凹槽的稳燃范围随着凹槽深度的增加而加大，且稳燃范围比普通钝体大，主要是它所形成的回流区比钝体大得多。这种稳燃器的火焰前锋较长，因此要求燃烧室具有足够的长度。

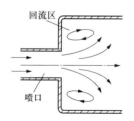

图 6-29 突扩喷口稳燃的原理

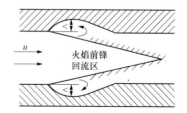

图 6-30 内凹表面稳燃器

3）罐式稳燃器。罐式稳燃器如图 6-31 所示，燃烧室内布置一个圆锥筒或圆柱筒，筒体四周钻有若干小孔（一排或几排）。可燃混合物气流由小孔进入罐内，罐顶则使罐内形成滞止区，产生高温烟气回流，在该处将气体点燃，形成一种向外扩张的火焰面。稳燃罐壁面小孔的位置和孔数决定了回流区的大小和位置。这种方式在航空发动机燃烧室中已得到应用。

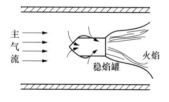

图 6-31 罐式稳燃器的形状

除了上述的几种典型的稳燃方法，不少研究者仍在继续探讨新的稳燃方法。例如沙丘驻涡稳燃器在航空发动机的加力燃烧室中得到较好的应用。近年在煤粉燃烧中发展的煤粉浓缩燃烧器也具有良好的稳燃作用。另外，对于高速流动的燃烧器，为了减少稳燃物体造成的阻力损失，提出了利用导热的流线体稳燃。因此，各种稳燃技术和原理还在不断发展。

第六节　燃烧反应控制区

一般来说，燃料燃烧所需的全部时间由两部分组成，即燃料与空气混合所需的时间 τ_{mix} 和燃料氧化的化学反应时间 τ_{ch}。如果不考虑这两种过程在时间上的重叠，整个燃烧过程所需时间为

$$\tau = \tau_{mix} + \tau_{ch} \tag{6-36}$$

燃料与空气的混合有分子扩散及湍流扩散两种方式，因此燃料与空气混合的时间可写成

$$\tau_{mix} = \cfrac{1}{\cfrac{1}{\tau_D} + \cfrac{1}{\tau_T}} \tag{6-37}$$

式中：τ_D、τ_T 分别为分子扩散、湍流扩散时间。

在燃烧中，根据 τ_{mix} 和 τ_{ch} 大小，可以将多相燃烧分成三种燃烧控制区域，即动力燃烧控制区、扩散燃烧控制区和过渡燃烧控制区。

1. 动力燃烧控制区

当 $\tau_{mix} \ll \tau_{ch}$ 时，则整个燃烧时间即可近似地等于氧化反应时间，即 $\tau \approx \tau_{ch}$，这种燃烧称为化学动力燃烧或动力燃烧。动力燃烧过程将强烈地受到化学反应动力学因素的控制，例如可燃混合物气流的性质、温度、燃烧空间的压力和反应物浓度等；而一些扩散方面的因素，如气流速度、气流流过的物体形状与尺寸等对燃烧速率的影响很小。

在动力燃烧控制区中，氧气浓度足够高，化学反应速度较慢，燃烧反应速度决定于化学反应速度，可认为与扩散速度无关，如图 6-32 中曲线 1 所示。根据阿累尼乌斯定律，反应速度常数 k 取决于温度，它随燃烧过程温度的升高而增大得很快。因此，在动力燃烧区域，反应速度 w 将随温度 T 的升高而按指数关系急剧地增大，如图 6-33 的曲线 1 所示。动力燃烧区域发生在低温区，在此区域内，提高温度是强化燃烧反应的有效措施。

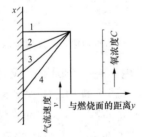

图 6-32　多相燃烧过程各燃烧
区域的氧浓度变化
1—动力燃烧区域；2、3—过渡燃烧区域；
4—扩散燃烧区域

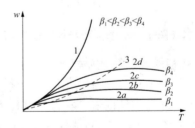

图 6-33　碳粒表面的燃烧速度
1—动力燃烧区域分界线；2—氧的扩散速度常数
β 下的反应速度；3—扩散燃烧区域分界线

2. 扩散燃烧控制区

当 $\tau_{mix} \gg \tau_{ch}$ 时，则整个燃烧时间近似等于扩散混合时间，即 $\tau \approx \tau_{mix}$，这种情况可称为扩散燃烧或燃烧在扩散区进行，此时燃烧过程的进展与化学动力因素关系不大，而主要取决于流体动力学的扩散混合因素。也就是说，此时燃烧反应的温度已经很高，化学反应能力远大

于扩散能力，这时的燃烧区称为扩散燃烧控制区。

如果燃烧过程中的燃料初始浓度 C_0 值不变，则加强通风速度，可使扩散速度系数增大。因此，在扩散燃烧区域，要强化燃烧，就必须加大风速，加强燃料与氧的扰动混合。

3. 过渡燃烧控制区

当 $\tau_{mix} \approx \tau_{ch}$ 时，则整个燃烧时间等于扩散混合时间与化学反应时间之和，即 $\tau \approx \tau_{mix} + \tau_{ch}$，这种情况称为过渡燃烧控制区。在过渡燃烧控制区内，氧的扩散速度和燃料的化学反应速度较为接近，即氧的扩散速度常数 β 与化学反应速度常数 k 值相比，哪一个都不能忽略；参加反应的氧在燃料表面的浓度，将小于周围介质的氧浓度 C_0，但不等于零，这个燃烧区域称为过渡燃烧控制区。这种情况在图 6-33 中用曲线 2、3 表示，而在图 6-33 中，多相燃烧过程的过渡燃烧控制区，被限制在动力燃烧控制区的实线 1 与虚线 3 之间，而虚线 3 与曲线 2（$2a$，$2b$，$2c$，$2d$）的交点是燃烧过程转入扩散燃烧控制区的转折点。在过渡燃烧控制区的燃烧反应速度，将同时取决于化学反应速度和扩散速度。要强化这个区域的燃烧，提高温度和强化燃料与氧的扰动混合，同样都是重要的措施。

思考题及习题

6-1　简述火焰、火焰传播、火焰前沿、火焰传播界限、淬熄距离、临界直径的概念。

6-2　简述火焰传播的基本型式。

6-3　简述火焰正常传播速度的影响因素，并分析对火焰正常传播速度的影响规律。

6-4　简述层流火焰焰锋结构特征以及层流火焰传播理论。

6-5　简述湍流火焰分类及特征。

6-6　请推导燃烧器出口火焰稳定的基本条件，绘图分析说明层流火焰稳定的基本原理。

6-7　简述工程湍流燃烧火焰稳定方法。

6-8　简述燃烧控制区分类及各分区的特征。

6-9　什么是离焰、吹熄、脱火与回火？

6-10　湍流火焰的特点是什么？

6-11　燃烧反应区域分为哪几个区域？各有何特点？

6-12　简述可燃混合物火焰正常传播速度确定方法及步骤。

6-13　简述层流火焰概念、层流火焰焰锋结构特性。

6-14　简述湍流燃烧及其特点。

6-15　简述大尺度强湍流火焰、大尺度弱湍流火焰、小尺度的湍流火焰的概念及特征。

6-16　简述湍流火焰表面燃烧理论的实质。

6-17　简述湍流火焰的容积理论特征。

6-18　影响湍流火焰传播速度的因素有哪些？简述其影响规律。

6-19　简述 Re 数与火焰传播速度规律之间的关系。

6-20　简述湍流火焰稳定的基本原理。

第七章 气体燃料燃烧

第一节 气体燃料燃烧特征及类型

一、气体燃料燃烧特征

燃气与空气的混合是一种物理过程，需要消耗能量和一定的时间才能完成。混合后的可燃气体只有加热到它的着火温度时才能进行燃烧反应，着火以后，可燃气体的加热是靠其本身燃烧产生的热量而实现的。燃烧化学反应是一种激烈的氧化反应，其反应速度非常快，可以认为是在一瞬间完成的。因此，影响气体燃料燃烧速度的主要矛盾不在燃烧反应本身，而在气体燃料与空气的混合以及混合后的可燃气体的加热升温速度方面，可燃气体与空气的混合与加热对整个燃烧过程起着更为重要的作用。

任何一种气体的燃烧过程基本上都包括以下三个阶段：①可燃气体与空气的混合；②混合后的可燃气体的加热和着火；③完成燃烧化学反应。

二、气体燃料燃烧类型

对于气体燃料的燃烧可分为完全预混式燃烧，部分预混式燃烧和扩散式燃烧。图 7-1 表示三种燃烧方式的火焰形状。

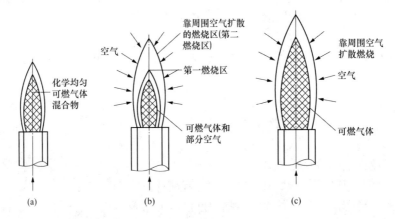

图 7-1　根据可燃气体与空气在喷燃器中不同混合方法所表示的三种火焰形状
(a) 完全预混火焰；(b) 部分预混火焰；(c) 扩散火焰

1. 完全预混式燃烧

完全预混式燃烧是指气体燃料和燃烧所需的全部空气在燃烧器中已均匀混合，预混可燃气体的过量空气系数 α_1 为 1.05～1.10，因此燃烧过程只有着火燃烧一个阶段，如图 7-1 (a) 所示。火焰由内外两个圆锥体组成，内部的稍暗、温度较低，外部的光亮、温度较高。在内圆锥体里面，可燃气体混合物不断得到加热，火炬的燃烧区宽度最薄。其燃烧速度快，火焰呈透明状，无明显轮廓，故完全预混式燃烧也称为无焰燃烧，燃烧速度主要取决于化学反应速度。由于燃料和空气在燃烧前已均匀混合，因此有回火的危险，应严格控制预热温度。对于引射式燃烧器，要求燃气有足够的压力，以免引起回火或引风量不足而出现燃烧不完全现象，燃气的热值越高，要求燃气的压力越高。其燃烧速度快，燃烧空间的热强度（指 $1m^3$ 燃烧空间在 1h 内燃料燃烧所放出的热量，单位是 W/m^3）比有焰燃烧大 $100 \sim 1000$ 倍。高温区比较集中，而且由于所用的过剩空气量少，因此燃烧温度比有焰燃烧时高。由于燃烧速度快，燃气中的碳氢化合物来不及分解成游离碳粒，因此火焰的黑度比有焰燃烧时小。燃气和空气预先进行混合，所以它们的预热温度都不能太高，原则上不能超过混合气体的着火温度，实际上一般都控制在 500℃以下。为了防止回火和爆炸，燃烧器的燃烧功率不能太大。

完全预混式燃烧易回火、脱火，火焰稳定性较差。

2. 部分预混式燃烧

部分预混式燃烧是指气体燃料和燃烧所需的部分空气在喷出喷口前，在燃烧器中预先混合（一次空气系数一般为 $0.5 \sim 0.6$），在喷口外再和燃烧所需的其余二次空气逐步混合并继续燃烧，如图 7 - 1（b）所示。火焰由三个圆锥体所组成，在第三个圆锥体内靠着从周围空间空气扩散进行燃烧。它兼有扩散式燃烧和完全预混燃烧的特点，燃烧反应速度很快，燃烧得以强化，火焰温度也提高了。有时也称为半无焰燃烧。

3. 扩散式燃烧

扩散式燃烧时，由于燃料和空气在进入炉膛前没有预先混合，而是分别送入燃烧室后，一边混合，一边燃烧，燃烧速度较慢，火焰由两个圆锥体所组成，火焰较长，较明亮，并且有明显的轮廓，因此扩散燃烧有时也称为有焰燃烧，如图 7 - 1（c）所示。其燃烧过程有两个阶段，一是可燃气体和空气的混合阶段，二是化学反应阶段。燃烧主要在扩散区进行，燃烧速度的大小主要取决于扩散混合速度，为实现完全燃烧则需要较大的燃烧空间。为了减小不完全燃烧热损失，要求较大的过量空气系数，一般 α 为 $1.15 \sim 1.25$。

由于燃气和空气在进入炉膛前不混合，因此无回火和爆炸的危险，可将燃料和空气分别预热到较高的温度，以利于提高炉内温度水平，提高热效率。燃烧所需要的空气由风机提供，因此不需要很高的燃气压力，单台燃烧器的热功率可以较高。

扩散式燃烧的特点是燃烧速度主要取决于燃气空气的混合速度，燃烧器负荷范围较大，火焰的稳定性较好。当用扩散燃烧法燃烧含碳氢化合物较多的燃气时，由于可燃气体在进入燃烧反应区之前，进行混合的同时，必然要经受较长时间的加热和分解，因此在火焰中容易生成较多的固体碳粒，火焰黑度较大。其次，扩散燃烧法可以允许将空气和燃气预热到较高的温度而不受着火温度的限制，有利于用低热值燃气获得较高的燃烧温度和充分利用废气余热节约燃料。由于以上特点，扩散燃烧法得到广泛采用，尤其是当炉子的燃料消耗量较大，或者需要长而亮的火焰时，都采用扩散燃烧法。

扩散式燃烧是人类最早使用火的一种燃烧方式。直到今天，扩散火焰仍是最常见的一种火焰。野营中使用的篝火、火把、家庭中使用的蜡烛和煤油灯等的火焰、煤炉中的燃烧以及各种发动机和工业窑炉中的液滴燃烧等都属于扩散火焰。威胁和破坏人类文明和生命财产的各种毁灭性的火灾也都是扩散火焰所造成的。

按照气体燃料和空气供入燃烧室的不同方式，扩散式燃烧可以有以下三种情况：

（1）自由射流扩散燃烧。气体燃料以射流形式由燃烧器喷入大空间的空气中，形成自由射流火焰，如图 7 - 2（a）所示。

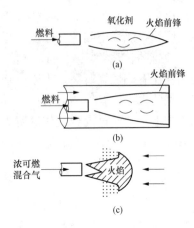

图 7-2　扩散火焰的形式

（2）同轴伴随流射流扩散燃烧。气体燃料和空气分别由环形喷管的内管与外环管喷入燃烧室，形成同轴扩散射流，如图 7-2（b）所示。由于射流受到燃烧室容器壁面的限制和周围空气流速的影响，为受限射流扩散火焰。

（3）逆向射流扩散燃烧。气体燃料和空气喷出的射流方向正好相反，形成逆向喷流扩散火焰，如图 7-2（c）所示。

扩散式燃烧可以是单相的，也可以是多相的。石油和煤在空气中的燃烧属于多相扩散燃烧，而气体燃料的射流燃烧属于单相扩散燃烧。在燃烧领域内，虽然气体燃料的扩散燃烧较之预混气体的燃烧有着更广泛的实际应用，但对其研究没有对预混火焰的研究多，其原因在于它不像预混气体火焰那样有着如火焰传播速率等易于测定的基本特性参数，因而对它的研究大都侧重于测定与计算扩散火焰的外形和长度。

扩散燃烧不会回火，也不易脱火，燃烧稳定。

第二节　气体燃料预混式燃烧

在预混可燃混合气的燃烧过程中，火焰在气流中以一定的速度向前传播，传播速度的大小取决于预混气体的物理化学性质与气体的流动状况。在层流运动工况下，化学均匀的可燃气体混合物的火焰形状（即动力火炬的形状）如图 7-3 所示。

如图 7-3 所示，预先将可燃气体燃料及空气均匀混合后的可燃气体混合物送入喷燃器内，并且在可燃气体混合物中的空气含量足以保证可燃气体燃料的完全燃烧。

一、流动速度分布

可燃气体混合物在喷燃器的管内作层流运动，这时在管内任一截面上混合物的速度分布规律：

$$w = w_0\left(1 - \frac{r^2}{R^2}\right) \qquad (7-1)$$

式中：w 为在某一横截面上任意点的混合物流速，m/s；r 为该点离开管子中心线的距离，m；R 为管子的半径，m；w_0 为管子中心线上的混合物流速，m/s，并且 $w_0 = 2\overline{w}$。

当可燃气体混合物流出喷燃器的出口时，将做层流的自由扩张，即为层流自由射流，则在喷燃器出口处以外的混合物的速度将不再按抛物线的规律来分布，米海立松认为在喷燃器出口处以外，靠近管壁处的混合物流速并不等于零，并建议采用如下的速度分布规律：

$$w = w_0\left(1 - \frac{r^2}{R^2}\right) + w_R \qquad (7-2)$$

在管壁处 $r = R$，混合物的流速 $w = w_R$，说明靠近管壁

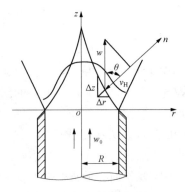

图 7-3　预混燃烧的火焰形状
w—在某一横截面上任意点的混合物流速，m/s；r—该点离开管子中心线的距离，m；z—管子轴线方向的距离，m；R—管子的半径，m；n—垂直火焰锋面的法方向；w_0—管子中心线上的混合物流速，θ—火焰传播速度与气体流动速度之间的夹角

处的混合物流速并不等于零，而具有某一速度值 w_R。

二、火焰传播速度

在分析计算时，假定火焰前沿系一数学表面，在这表面上可燃气体混合物从初始状态突然过渡到剧烈燃烧，并在这表面上完成其燃烧过程，所以在火焰前沿表面之前，亦即火焰表面内的核心中，可认为混合物是在等温条件下流动。

为了避免在横截面上气体动能产生对流的影响，可将喷燃器垂直放置，如图 7 - 3 所示。

当火焰前沿在稳定不动的情况下，如同前述，在火焰前沿某点处的气体速度和火焰前沿移动的正常速度之间有如下的关系：

$$v_H = w\cos\theta \tag{7-3}$$

式中：θ 为气流流速与该处法线方向之间的夹角。

或写成

$$\cos\theta = \frac{v_H}{w} \tag{7-4}$$

在燃烧器出口中心线上具有最大的火焰传播速度，主要原因如下：

（1）在实际的火焰燃烧过程中，其火焰锋面不可能为一数学表面，所以在火焰锥体的内部，可燃气体混合物得到一定程度的预热，这样在喷管中心线上流动的混合物的预热程度较其他部分混合物高，所以在喷管中心线上应具有最大的火焰传播速度。

（2）与此同时，活化中心从火焰的反应区向火焰锥体的内部进行扩散，这样在喷管中心轴线上所获得的活化中心亦较其他部分为多，所以促使在中心轴线上的正常火焰传播速度为最大。

（3）当该处的火焰前沿达到稳定不动时，则该处的正常速度 v_H 必然与该处的混合物流速相同，即 $v_H = w$，因而在火焰锥体的顶部为 $\cos\theta = 1$，火焰锥体的顶部成为圆形，如图 7 - 3 所示。

三、火焰长度

如果式（7 - 4）用从坐标 r 及 z 的微分关系来表示时，则

$$\cos\theta = \frac{\mathrm{d}r/\mathrm{d}z}{\sqrt{1 + \left(\dfrac{\mathrm{d}r}{\mathrm{d}z}\right)^2}} = \frac{v_H}{w} \tag{7-5}$$

由此可得

$$\frac{\mathrm{d}z}{\mathrm{d}r} = \frac{\pm\sqrt{w^2 - v^2}}{v} = \pm\sqrt{\frac{w^2}{v^2} - 1} \tag{7-6}$$

经积分变化，得

$$z = \frac{1}{v_H}\left[(w_0 + w_R)(R - r) - \frac{w_0}{3}\left(R - \frac{r^3}{R^2}\right)\right] \tag{7-7}$$

按式（7 - 7）来进行火焰形状计算时，则在 $\dfrac{\overline{w}}{v_H} > 5$ 的情况下，其计算误差不会超过 2.5％，从工程实际的角度，式（7 - 7）的精度可令人满意，可以利用式（7 - 7）来计算火焰着火区长度 L_B。

由于假定火焰前沿为一数学表面，因此火焰长度 L_B 即为火炬中心线上（$r = 0$）z 的数值，即

$$L_B = |z|_{r=0} = \left(\frac{2}{3} w_0 + w_R \right) \frac{R}{v_H} \qquad (7-8)$$

由式（7-8）可知，当可燃气体混合物的流速及喷燃器管径越大时，则火炬长度 L_B 越长，相反，当可燃气体混合物的正常火焰传播速度越大时，则着火区长度 L_B 越短。

在湍流工况下化学均匀可燃气体混合物的火焰形状亦是圆锥体形的，对于可燃气体混合物在湍流工况下火焰核心的长度也可用式（7-8）相近的形式来表示，即

$$L_B^T \sim \frac{\overline{W}_R}{v_T} \qquad (7-9)$$

式中：$\overline{W}_R$ 为湍流工况下的平均气流速度，m/s。

当气流速度增加时，则由式（7-9）可知，其火焰前沿移动的湍流速度 v_T 也成比例增加，故而其火焰核心的长度即可能增加很少。

第三节　气体燃料扩散式燃烧

气体燃料扩散式燃烧所需的空气将从火焰的外界依靠扩散的方式来供给，故火焰的形状和火焰的表面积大小不再是取决于火焰传播的速度，而是取决于气体燃料和空气之间的混合速度，对于不同的气流流动工况，其混合过程也不同；在层流工况下，混合过程是纯粹依靠分子热运动的分子扩散，而在湍流工况下，混合过程主要依靠微团扰动的湍流扩散。

一、层流扩散燃烧特性

采用同轴伴随流射流研究层流扩散燃烧，如图 7-4 所示，气体可燃物及空气分别在管径为 R_1 的内管和管径为 R_2 的外管中做层流流动，内、外管系同心。这样管径为 R_2 的外管一方面可以视为供给空气的"炉膛"，另一方面则限制了火焰外向扩散。

在火焰焰锋（即燃烧区）的内侧只有燃料没有氧气（空气），在其外侧只有氧气没有燃料。依靠分子扩散使燃料与氧气各自向对方输送，在燃料与氧气比例达到等物质的量时的各个位置上形成稳定的燃烧区（即火焰前锋），在其中燃烧迅猛地进行着。认为此时化学反应速度远远高于可燃混合物的扩散速度，整个燃烧过程的速度完全取决于燃料与氧气间的分子扩散速度。

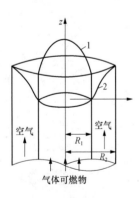

图 7-4　扩散燃烧的
火焰形状
1—空气过剩时；2—气体
可燃物过剩时

由进入燃烧区的可燃气体（燃料）与氧气所形成的可燃混合气，因火焰前锋传播的热量而着火燃烧，生成的燃烧产物将向火焰的两侧扩散，稀释与加热可燃气体与氧气。因此，火焰焰锋将燃烧空间分成两个区域：火焰的外侧只有氧气和燃烧产物而没有可燃气，为氧化区；而火焰的内侧只有可燃气体与燃烧产物而没有氧气，为还原区。由于燃烧区内化学反应速度非常大，因此到达燃烧区的可燃混合气体实际上在顷刻间就燃尽，此时在燃烧区内它们的浓度为零，而燃烧产物的浓度与温度则达到最大值。此外，由于很高的化学反应速度，燃烧区的厚度（即焰锋的宽度）将变得很薄，因此在理想的扩散火焰中可以把它看成为一个表面厚度为零的几何表面。该表面对氧气和燃料都是不可渗透的，它的一边只有氧气，而其另一边却只有燃料。所以层流扩散火焰

锋的外形只取决于分子扩散的条件而与化学动力学无关。它可作为一个几何表面利用数学分析来求出。在该表面上可燃气体向外扩散的速度与氧气向里扩散的速度之比应等于完全燃烧时物质的量的比。图 7 - 5 为距离燃料射流喷口某一高度处扩散火焰中各物质浓度的径向分布。从图中可以看出，燃料与氧化剂的浓度在火焰前锋处为最小（等于零），而燃烧产物的浓度则在该处为最大，并依靠扩散作用向火焰两侧穿透。这种浓度分布对于燃料射流喷向周围静止的大气中也同样适合。

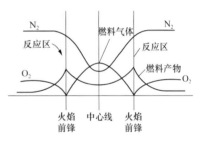

图 7 - 5 距离燃料喷口某一高度处扩散火焰中各物质浓度的径向分布

为了便于计算分析，可作如下假设：

1. 基本假设

（1）气体可燃物及空气是定型流动。

（2）气体可燃物及空气的流速相同，都为 w，单位为 m/s。

（3）由于在燃烧区域中的化学反应速度很大，故燃烧速度只取决于空气和气体可燃物之间的扩散速度。

（4）由于火焰前沿的宽度很薄，可假定为一数学表面，因而火焰前沿将空气及气体可燃物分开，在火焰前沿中，过量空气系数 $\alpha=1$。

（5）在计算过程中不考虑气体由于受热而膨胀，以及不考虑燃烧产物的渗入。

为了避免气流在横截面上产生对流现象，将喷燃器垂直放置。空气和气体可燃物最先接触是在内管的边缘，故内管边缘为火焰的开始处。

2. 基本方程

经过以上简化假设，在圆柱坐标（r、z）中，对于定型流动下的物质交换方程式为

$$\frac{\partial C}{\partial z}=\frac{D}{w}\left[\frac{\partial^2 C}{\partial z^2}+\frac{1}{r}\frac{\partial}{\partial r}\left(r\frac{\partial C}{\partial r}\right)\right] \qquad (7-10)$$

式中：D 为分子扩散系数，m²/s；C 为在坐标为（r、z）处的可燃气体混合物的浓度，m³/m³；w 为在坐标为（r、z）处的可燃气体混合物的速度，m/s。

3. 边界条件

（1）在 $z=0$ 及 $r\leqslant R_1$ 处，$C=C_r$，其中 C_r 表示由内管流出的气体可燃物的初始浓度。

（2）在 $z=0$ 及 $R_1\leqslant r\leqslant R_2$ 处，$C=C_k$，其中 C_k 表示外管中流动的氧气初浓度。

（3）在 $r=0$ 及 $r=R_2$ 处，$\frac{\mathrm{d}C}{\mathrm{d}r}=0$，即在任何横推面上，在管子中心线以及在外管壁上沿坐标 r 可燃气体混合物浓度梯度等于零。

（4）火焰前沿处，过量空气系数 $\alpha=1$，即浓度 $C=0$。

4. 层流扩散火焰长度

利用边界条件，由式（7 - 10）的微分方程，可得出气流浓度在管内的分布情况，而在浓度 $C=0$ 处，即为火焰前沿，如图 7 - 4 中的表面 1 为空气过量时的火焰前沿形状，表面 2 为气体可燃物过剩时的火焰前沿形状。

假定式（7 - 10）中，沿 z 轴的气流方向上的扩散传递和在气流横向上（r 方向）的扩散传递相比，可以忽略不计，即

$$\frac{\partial^2 C}{\partial z^2} = \frac{1}{r}\frac{\partial}{\partial r}\left(r\frac{\partial C}{\partial r}\right) \tag{7-11}$$

这样的假定对于具有一定长度的管道来说，是足够严格的，由此将式（7-10）改写成

$$\frac{\partial C}{\partial z} = \frac{D}{w}\left[\frac{1}{r}\frac{\partial}{\partial r}\left(r\frac{\partial C}{\partial r}\right)\right] \tag{7-12}$$

对式（7-12）进行求解分析，得火焰长度 L_B：

$$L_B \sim \frac{wR_2^2}{D} \tag{7-13}$$

由式（7-13）可知，当气流流动速度 w 增加和喷燃器半径增大（系平方关系）时，则火焰长度亦增加；反之，当分子扩散系数 D 增加时，则火焰长度减短。

将式（7-13）改写成

$$\frac{L_B}{R_2} \sim \frac{wR_2}{D} \tag{7-14}$$

对于层流工况来讲，假定 $D \approx \upsilon$，其中 υ 表示运动黏性系数。

则

$$\frac{L_B}{R_2} \sim Re \tag{7-15}$$

其中，$Re = \dfrac{wR_2}{\upsilon}$，即雷诺准则。

可见，$\dfrac{L_B}{R_2}$ 与 Re 数成正比，但这只适用于层流工况。

（1）对于圆截面喷燃器：空气和气体可燃物在单位时间内的流量与 wR_2^2 成正比，故而由式（7-13）可知：

$$L_B \sim \frac{q_v}{D} \tag{7-16}$$

式中：q_v 为在单位时间内空气和气体燃物的流量，m^3/s。

所以在圆截面喷燃器中，在一定的气体流量下，其火焰长度与速度、管径无关。

（2）对于缝隙形喷燃器，则气体流量正比于 wR_2。故由式（7-13）可知，其火焰长度 L_B：

$$L_B \sim \frac{q_v R_2}{D} \tag{7-17}$$

式中：R_2 为喷燃器的宽度，m。

二、湍流扩散燃烧特性

图 7-6 表示火焰高度和火焰状态随管口流出速度（管径不变）的变化，在层流区，火焰面清晰、光滑和稳定，火焰高度几乎同流速（或雷诺数）成正比。在过渡区，火焰末端出现局部湍流，火焰面明显起皱，并随着流出速度的增加，火焰端部的湍流区长度增加，或由层流转为湍流的"转变点"逐渐向管口移动，而火焰的总高度则明显降低，达到湍流区之

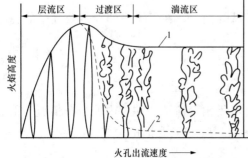

图 7-6　自由射流扩散火焰的发展示意图
1—火焰定点；2—由层流向湍流的转变点

后，火焰总高度几乎与流出速度无关，而"转变点"与管口间的距离则随着流速增加略有缩短，这时几乎整个火焰面严重褶皱，火焰亮度明显降低，并出现明显的燃烧噪声。

对于湍流流动工况下，扩散燃烧时的火焰长度公式也与式（7-13）相仿，只不过将式（7-13）中的分子扩散系数换成平均湍流扩散系数 D_T，即湍流工况下扩散燃烧的火焰长度 L_B^T 为

$$L_B^T \sim \frac{wR_2^2}{D_T} \tag{7-18}$$

其中，平均湍流扩散系数 D_T 与 Re 数有关为

$$D_T = 9 \times 10^{-3} pRe^{0.84} \tag{7-19}$$

由式（7-18）及式（7-19）可见：在湍流流动工况下，扩散燃烧的火焰核心的长度同样也随气体速度及喷燃器管径的增加而增加，但其增加之程度将比层流工况下的小。

综合以上所述，不论气体的流动工况为层流或为湍流，在化学非均匀的扩散燃烧过程中，其火焰的性质在很大程度上取决于气体的空气动力特性和混合过程的物理因素，而火焰核心的长度基本上与火焰传播的正常速度无关。

思考题及习题

7-1 简述气体燃烧火焰类型及特征。

7-2 简述气体预混燃烧与扩散燃烧的火焰长度影响因素及异同。

7-3 分析燃烧器出口中心线上具有最大速度的原因。

7-4 气体燃料的燃烧方式有哪几种？各有何特点？

7-5 预混火焰与扩散火焰的特点是什么？

7-6 气体的燃烧过程可分为几个阶段？

7-7 气体完全预混式燃烧、部分预混、扩散式燃烧的概念及特性是什么？

7-8 简述气体扩散式燃烧分类。

7-9 简要分析同轴伴随流射流扩散燃烧特性。

第八章　液体燃料燃烧

第一节　液体燃料燃烧特性

一、液体燃料燃烧类型

液体燃料的主体是各类燃料油，如汽油、煤油、柴油、重油、渣油等，因此讨论液体燃料的燃烧主要涉及燃油的燃烧。燃油的燃烧方式可分为两大类：一类为预蒸发燃烧；另一类为喷雾型燃烧。

1. 预蒸发燃烧

（1）概念。预蒸发型燃烧方式是使燃料在进入燃烧室之前先蒸发为油蒸气，然后以不同比例与空气混合后进入燃烧室中燃烧。比如，汽油机装有汽化器，燃气轮机的燃烧室装有蒸发管等。

（2）分类。根据液体燃料在着火燃烧前发生蒸发与气化的特点，可将其燃烧分为液面燃烧、灯芯燃烧、蒸发燃烧和雾化燃烧四种方式，其中又以雾化燃烧应用最为普遍。

1）液面燃烧。液面燃烧是指直接在液体表面上发生的燃烧。在液面燃烧过程中，若燃料蒸气与空气的混合不良，则将导致燃料严重裂解，通常其中的重质成分并不发生燃烧反应，因而将冒出大量黑烟，严重污染环境空气。因此，液面燃烧往往是灾害或事故燃烧的形式，例如油罐火灾、海面浮油火灾等。在工程燃烧中不宜采用这种燃烧方式。

2）灯芯燃烧。灯芯燃烧是利用灯芯的毛细吸附作用将燃油由容器中抽吸上来，并在灯芯表面生成油蒸气，然后油蒸气与空气混合发生的燃烧。这种燃烧方式功率小，一般只用于家庭生活或其他小功率的燃烧器，例如煤油炉、煤油灯等。

3）蒸发燃烧。蒸发燃烧是使液体燃料通过一定的蒸发管道，利用燃烧时放出的一部分热量加热管中的燃料，使其蒸发，然后再像气体燃料那样进行燃烧。蒸发燃烧方式适合于黏度不高、沸点不太高的轻质液体燃料，在工程燃烧中有一定的应用。

4）雾化燃烧。雾化燃烧是利用各种形式的雾化器将液体燃料破碎雾化为大量直径为几微米到几百微米的小液滴，并使它们悬浮在空气中边蒸发边燃烧。由于燃料的雾化，使其表面积增加了上千倍，因而有利于液体燃料迅速有效地燃烧。雾化燃烧是工程实际中主要的液体燃料燃烧方式。

（3）特征。液体燃料的燃烧方式主要为扩散燃烧，但它既不同于气体燃料的均相扩散燃烧，也不同于固体燃料的异相扩散燃烧。由于液体燃料的沸点低于其燃点，液体燃料的燃烧过程是先蒸发气化为油蒸气，进而进行均相扩散燃烧。与气体燃料不同的是，液体燃料在与空气混合之前存在着蒸发气化过程。油滴在蒸发气化过程中如果处于高温缺氧状态，将发生热裂解，即会分解成轻质碳氢化合物、碳黑及焦壳等。轻质碳氢化合物中的气相部分与空气扩散混合形成均相燃烧，而轻质碳氢化合物中的液相及碳黑、焦壳等固相部分则与空气扩散混合形成异相燃烧。

2. 喷雾型燃烧

（1）概念。喷雾型燃烧方式是将液体燃料通过喷雾器雾化成一股由微小油滴（50～

200 μm）组成的雾化锥气流。在雾化的油滴周围存在空气，雾化锥气流在燃烧室被加热，油滴边蒸发、边混合、边燃烧。在燃油锅炉中，油的燃烧一般采用喷雾燃烧方式。

（2）燃料油的喷雾燃烧过程。燃料油的喷雾燃烧过程可分为如下四个阶段。

1）雾化阶段。雾化质量的好坏，直接影响到燃烧油在炉膛内燃料的化学反应速度和燃烧效率。为保证炉膛内良好的燃烧工况，要求雾化气流中液滴群的平均滴径要小，最好在 $100\mu m$ 以下，而且要求滴径要尽量均匀。为了使喷嘴出口的雾化气流易于着火，还常应用旋转气流以便在中心形成回流区，使高温热烟气回流至火焰根部加热雾化气流，使之着火、燃烧。

2）蒸发阶段。将燃料油加热到沸点，将连续产生油蒸气。油的燃烧过程存在着两个相互依存的过程，一方面燃烧反应需要通过油的蒸发提供"油气"；另一方面，油的蒸发是吸热过程，所需热量要由燃烧反应提供。大多数油的沸点不高于 200℃，蒸发过程在较低的温度下便开始进行。

3）"油气"与空气的混合阶段。油及其蒸气都是由碳氢化合物组成的，它们在高温下若能以分子状态与氧分子接触，便能发生燃烧反应。在燃油锅炉炉膛温度环境中，如果油雾和油蒸气与空气混合不均匀，有些地方氧量供应不足，在缺氧状态下，碳氢化合物因受热而发生分解（即热裂解现象）。油蒸气热裂解会产生粒径非常微小的固体颗粒，这就是炭黑。另外，尚未来得及蒸发的油粒本身，如果剧烈受热而达到较高温度，液体状态的油粒会发生裂化现象。裂化的结果产生一些较轻的分子，呈气体状态从油粒中飞溅出来，剩下的较重的分子可能呈固态，即所谓的焦粒或沥青。气体状态的碳氢化合物，包括油蒸气以及热解、裂化产生的气态产物，与氧分子接触并达到着火温度时，便开始剧烈的燃烧反应。固态的炭黑很难在炉内继续燃烧，往往随烟气带走，不仅降低了锅炉燃烧效率，而且造成烟囱冒黑烟，污染环境。因此，"油气"与空气的混合质量，常常是决定燃油锅炉燃料燃烧速度和完全程度的主要因素之一。

加强"油气"和空气混合的主要措施有三条：一是提高燃烧器出口空气流速；二是加强燃烧器出口气流的扰动；三是送入一定量的一次风与油雾预先混合，以防油雾产生热裂现象。

4）着火燃烧阶段。从燃烧器喷出的油雾和空气必须不断地获取热量，使其迅速达到着火温度以上，才能保持稳定燃烧，这个热量叫作着火热。着火热的来源：一是高温烟气和炉墙的辐射热；二是回流的高温烟气与混合物（"油气"与空气的混合物）间的对流热。

为了强化油燃料的燃烧过程，应该采取措施加速油的蒸发过程、强化油与空气的混合过程、防止和减轻化学热分解（热裂解）。

二、液体燃料燃烧特征

（1）液体燃料的沸点低于着火温度，先蒸发后燃烧，总是燃烧其蒸汽。

（2）燃烧过程中蒸发速度较慢，油蒸汽与氧的相互扩散较快，油蒸汽燃烧速度高，油的燃烧速度主要取决于蒸发速度。

（3）液体燃料燃烧不同于固体燃料燃烧的异相化学反应，只能在表面蒸发，并在离液滴表面一定距离的火焰面上燃烧，液体表面无火焰，内部无火焰。

（4）液体燃料燃烧时，如果缺氧，会产生热分解。

$$C_mH_n \xrightarrow{\text{缺氧}} xC + yH_2 + C_{m-x}H_{N-2y} \tag{8-1}$$

三、强化液体燃料燃烧的措施

1. 强化液体燃料的蒸发过程

液体燃料燃烧的特点为液体先蒸发成油蒸汽，油气体与空气混合后才能燃烧。为加速液体燃料燃烧，必须先加速其蒸发过程，即在一定加热温度下尽量增大蒸发的表面积。因此，必须维持燃烧室较高的温度，并改善雾化设备的雾化质量，使雾化液滴细而均匀。

2. 强化液体燃料与空气的混合过程

（1）为加速已蒸发的燃料气体尽快着火和燃烧，必须使燃料蒸汽与空气迅速混合，这需要增强空气与燃料蒸汽之间的对流和湍流扩散。

（2）采用旋转气流，使燃烧器出口附近形成大小适当的回流区，以利燃料的着火与燃烧。回流区离喷口不应太近，以免高温回流烟气烧坏喷口与叶片，但也不应离喷口太远，否则会使燃料在燃烧室内不易燃尽。回流区的大小主要由配风器的旋流强度大小决定。回流区大小与气流出口处的扩口角成正比，也与旋流强度（旋流数）的大小成正比。

（3）合理配风。主要包括以下措施：

1）合理分配送入火焰根部的一次风与中心风比例。从火焰根部送入的空气称为一次风，这股风一般在油气着火前已和空气混合，它通常经过旋流叶片并在出口处产生旋转气流。由于旋转射流的扩张角较大，故也难以按需要送入火焰根部，因此在油配风器的中心管内通入部分空气，称中心风。送入火焰根部的一次风与中心风量占总风量的 $15\% \sim 30\%$，这股风量太大会影响回流区，从而影响着火和燃烧过程。

2）燃油雾化气流的扩张角与空气射流的扩张角度应合理匹配。送入的空气必须与油雾混合强烈，由于燃油的发热量高，可达 42 000kJ/kg，只要空气与油气混合强烈，可使燃烧速率提高，一般在离燃烧器出口约 1m 的距离内，即能使大部分燃油燃尽。为此，燃油雾化气流的扩张角与空气射流的扩张角度应合理匹配。一般旋流燃烧器出口的旋转射流衰减较快，当油雾气流与空气在前期混合不好时则后期也较难混合好，故空气射流的扩张角不宜过大，一般比油雾扩张角小些，以便使空气高速喷入油雾中，达到早期强烈混合的要求。

3）加强风、油后期的混合。离心式机械雾化喷嘴出口的油雾分布很不均匀，大量油滴集中在靠近回流区边界的环形截面内，这个区域的配风容易不良而导致缺氧，还有一些粗油滴也难免产生热裂解而形成碳黑，这些难燃的碳黑必然留到火焰尾部燃烧，如果后期混合较差则火焰会变长，形成燃烧不完全热损失。为减少局部缺氧，不能用增加总风量的办法，而只能采用合理配风来解决。提高燃烧器出口风速可以起到加强后期风、油混合的作用，以此强化燃烧，也有利于低氧燃烧，这对于燃油锅炉提高锅炉效率、降低低温腐蚀和大气污染是极为有效的。

4）维持低氧燃烧、提高风速、降低阻力以及尽量促使后期混合等，也都是重要的配风原则。配风器一般都采用一次风和二次风分别送入，为保证火焰的稳定，一次风常采用旋转气流，以产生适当的回流区，旋流一次风扩张角较大，扰动也较强，并携带油雾与二次风相交混合。二次风可采用弱旋流强度或直流射流以使二次风扩张角较小，且采用直流风可以提高风速以加强后期混合，又不使阻力增大。

3. 防止或减少液体燃料化学热分解（热裂解）

（1）液体燃料在 600℃ 以下进行热分解时，碳氢化合物呈对称分解，分解为轻质碳氢化合物和自由碳；在高于 650℃ 时，呈不对称分解，除分解成轻质碳氢化合物和炭黑外，还有重质碳氢化合物，温度越高，则热分解速度越快。

（2）工程上一般采取下列措施防止或减轻高温下燃料油的热分解：

1）以一定空气量从喷嘴根部周围送入，防止火焰根部高温、缺氧而产生热分解。

2）使雾化气流出口区域的温度适当降低，即使产生热分解也能形成对称的分解产物-轻质碳氢化合物。

3）使雾化的液滴尽量细，达到迅速蒸发和扩散混合，避免高温缺氧区的扩大。

第二节　液体燃料的雾化过程及特性

液体燃料的雾化是液体燃料喷雾燃烧的第一步，也是其关键的一步。液体雾化能增加液料的比表面积、加速燃料的蒸发气化，有利于燃料与空气的混合，从而保证燃料迅速而完全地燃烧。在雾化过程中一方面要保证液体燃料的雾化质量，也就是保证将燃料雾化成一定细度的液滴，另一方面要保证液体燃料与空气良好地混合。

一、液体燃料雾化基本原理

液体燃料燃烧一般采用喷嘴将燃料喷入燃烧设备中。在通过喷嘴时，液体燃料被破碎为大量细小液滴所组成的液滴群，油滴雾化过程如图 8-1 所示。

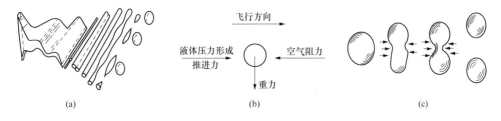

图 8-1　雾化机理示意

（a）雾化过程示意；（b）液滴雾化受力分析；（c）油粒雾化示意

液体燃料通过喷嘴喷出的过程就是燃料的雾化过程，喷嘴被称为雾化器。喷嘴的任务是使液体燃料在强烈的湍流扩散作用下破碎为粒度细小且分布均匀的液雾，液雾中液滴在气流内的分布、粒径的大小及均匀程度等与喷嘴结构和雾化介质及参数有关。各种喷嘴的主要功能是确保燃料的流量，改善雾化的质量，并有良好的调节范围。

液体燃料雾化是一个极其复杂的物理过程。它与许多因素有关，其中主要是液体射流的湍流扩散和与周围气体介质的相互作用状况。大多数研究者认为，雾化过程大致按以下几个阶段进行。

（1）液体燃料从喷嘴中喷出，被分散成薄片状液膜或流股。

（2）由于液体初始湍流状态和空气对液体的作用，使液膜或流股表面发生弯曲和皱折。

（3）在空气压力的作用下，液膜或流股越往下游发展则变得越薄、越细，分裂为细丝或细环流。

（4）在液体表面张力作用下，细丝或细环状液体破碎分裂成液滴。

（5）在空气流阻及表面张力的共同作用下，颗粒继续破碎或聚合。

对于介质雾化喷嘴，与机械雾化喷嘴不同的是燃油受到的外力主要为来自气体介质（压缩空气或蒸汽等）射流的动量冲击破碎力和炉内气体介质的流动阻力，如图 8-1（b）所示。

外力由液体压力形成的向前推动力、空气的阻力和液滴本身的重力组成。内力有内摩擦力（宏观的表现就是黏度）和表面张力，这两种力都将液滴维持原状。外力大于内力，液滴发生变形、破碎。随着分离过程的进行，液滴直径不断减小，质量和表面积也不断减小，这就意味着外力不断减小而表面张力不断增大，最后内外力达到平衡时雾化过程就停止了。

液滴的变形和破碎的程度取决于作用在液滴上的外力和形成液滴的液体表面张力的比值，此值常用维泊（Weber，We）数（或称破碎准则）式（8-2）来表示。We 数增大，液滴碎裂的可能性增加。对于油滴，当 $We > 14$ 时，油滴变形严重，以致碎裂。式（8-2）表明，燃烧室中的压力增高、相对速度增加以及液体的表面张力减小，均对雾化过程有利。

$$We = \frac{\text{作用于液滴表面的外力}}{\text{液滴内力}} \approx \frac{\varrho_g \Delta u^2}{\sigma/d_1} = \frac{\varrho_g d_1 \Delta u^2}{\sigma} \qquad (8\text{-}2)$$

式中：ϱ_g 为流体密度，kg/m^3；Δu 为特征流速，m/s；d_1 为特征长度，m；σ 为流体的表面张力系数，N/m。

二、液体燃料雾化性能指标

液体燃料雾化质量的好坏对燃烧过程及燃烧设备的工作性能有着重大影响。通常评价液体燃料雾化器的雾化性能及质量的主要指标为：雾化角、雾化细度及均匀度、流量密度分布、射程、调节比等；对于介质雾化喷嘴，还有气耗率等。

1. 雾化角

喷嘴出口处的燃料细油滴组成雾化锥（见图8-2），喷出的雾化气流不断卷吸炉内高温气体并形成扩展的气流边界。雾化角是指喷嘴出口到喷雾炬外包络线的两条切线之间的夹角，也称喷雾锥角，用 α 表示。由于喷雾炬在离开喷口后受周围气体作用，都会有一定程度的收缩，因而雾化炬外包络线并非直线。随着喷出距离的增大，雾化角逐渐减小。由于雾化炬外包络线的收缩程度会影响液体燃料在燃烧室内的分布特性，因而通常定义一个条件雾化角作为补充，常用 α_x 表示，如图8-3所示。以喷嘴出口中心为圆心，以设定轴向距离 x 为半径作圆弧线，该圆弧线与雾化锥外边界相交于两点。连接圆心与这两个交点，两条连线的夹角即为条件雾化角 α_x。对于大流量喷嘴，x 取 $100 \sim 200mm$ 对于小流量喷嘴，x 取 $40 \sim 80mm$。

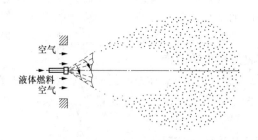

图8-2　喷雾雾化锥

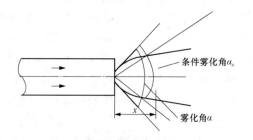

图8-3　雾化角示意

雾化角的大小对燃烧完善程度和经济性有很大的影响。若雾化角过大，油滴将会穿出湍流最强的空气区域而造成混合不良，以致增加不完全燃烧损失，降低燃烧效率，此外还会因燃油喷射到燃烧室壁面上造成结焦或积灰。若雾化角过小，则会使燃油液滴不能有效地分布在整个燃烧室空间，造成与空气的混合不良，致使局部过量空气系数过大，燃烧温度下降，对着火和燃烧不利。此外，雾化角的大小还影响火焰的长短。雾化角大则火焰粗而短，雾化角小则火焰细而长。

一般来说，雾化角为 $60° \sim 120°$。对于小尺寸燃烧室，雾化角不宜取得过大，一般为

$60°\sim80°$，否则容易把大量油滴喷射至燃烧室壁面上，造成积碳和不完全燃烧。对于燃烧渣油的燃烧室来说，这一点更为重要。不过，雾化角也不宜过小，否则燃料会过多地被喷射到缺氧的回流区中，容易发生析碳，引起冒黑烟现象。

2. 雾化细度

雾化细度是指燃油雾化后形成的雾化炬中油滴的粗细程度，它是表征油喷嘴雾化性能及质量最主要的指标之一。实际上，雾化油滴的大小是不均匀的，最大与最小的油滴之间直径大小的差别可达数十倍，因此一般只能用平均直径表示雾化细度。由于采用的平均方法不同，得到的平均直径也不相同。在工程上常用以下两种平均方法。

（1）质量中间直径（d_{50}或d_{MMD}）。所谓质量中间直径（mass mean diameter）是一个假定的液滴直径，即油滴群中大于或小于这一直径的两部分液滴的总质量相等，即

$$\sum M_{d>d_{50}} = \sum M_{d<d_{50}} \tag{8-3}$$

质量中间直径d_{50}越小，则表示雾化粒度越细。有实验表明，全部雾化颗粒中的最大油滴直径约为质量中间直径的两倍。

（2）索太尔平均直径（d_{SMD}）。d_{SMD}（sauter's mean diameter）是假设油滴群中每个油滴直径相等时，按照所测得的所有油滴的总体积y与总表面积S计算出的油滴直径，故又称体面积平均直径，即

$$V = \frac{\pi}{6}Nd_{SMD}^3 = \frac{\pi}{6}\sum N_i d_{1i}^3 \tag{8-4}$$

$$S = N\pi d_{SMD}^2 = \pi\sum N_i d_{1i}^2 \tag{8-5}$$

$$d_{SMD} = \frac{\sum N_i d_{1i}^3}{\sum N_i d_{1i}^2} \tag{8-6}$$

式中：V为所有油滴的总体积；S为所有油滴的总表面积；N为燃油雾化后油滴的总颗粒数；N_i为直径为d_{1i}的油滴数。

显然，d_{SMD}越小，雾化粒度就越细，雾化质量也就越好。

从保证燃烧迅速和高效的角度来看，希望雾化粒度越细越好。但是，雾化粒度也不能过细，若过细，一是液滴微粒易被气流带走，二是易造成局部燃料过浓或过贫，不利于燃烧的稳定和完全。对于中小型锅炉的重油或渣油雾化，d_{SMD}一般应小于$100\sim120\mu m$为好。雾化液滴也不宜过粗，液滴过粗可能会使液滴没有燃尽就被气流带出燃烧室；另外，液滴过粗还会减小燃料的比蒸发表面积，从而降低整个雾化燃烧速率。

3. 雾化均匀度

雾化均匀度是指燃料雾化后液滴群颗粒尺寸的均匀程度。假如液滴群中全部液滴的尺寸大小都一样，则这种液雾称为理想的均一液雾。实际上要得到这种理想的均一液雾是不可能的。实际油雾的液滴尺寸相差很大，而且分布很不均匀。液滴的尺寸之间差别越小，则雾化的均匀度越好。雾化均匀度表示方法较多，一般可用粒数分布曲线和质量分布曲线表示，如图8-4所示。

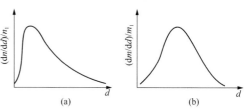

图8-4　雾化均匀度

（a）粒数分布曲线；（b）质量分布曲线

雾化均匀度可用均匀性指数n来衡量，n可用罗辛-拉姆勒（Rosin-Rammler）公式

求得

$$R = 100\mathrm{e}^{(-d_{li}/d_{lm})^n} \tag{8-7}$$

式中：R 为直径大于 d_{li} 的液滴质量占全部液滴总质量的百分数；d_{li} 为与 R 相应的液滴直径；d_{lm} 为液滴的特征尺寸，相当于 $R=36.8\%$ 的直径，即当式（8-7）中的 $d_{li}/d_{lm}=1$ 时的数值；n 为油滴群均匀性指数，对于机械雾化油喷嘴，n 为 1～4。

d_{lm} 越大，雾化颗粒越粗。当 $d_{li}=d_{50}$ 时，$R=50$，因此由式（8-7）可得

$$d_{lm} = \frac{d_{50}}{(\ln 2)^{1/n}} \tag{8-8}$$

根据实验数据，可用图解法求出式（8-8）中的均匀性指数 n。利用 n 可衡量油雾的均匀度，一般 $n>3$ 的油雾均匀性较好。

雾化均匀度较差，则油滴群中大油滴的数目较多，这显然不利于燃料的迅速着火和高效燃烧。然而，雾化粒度过分均匀也是不合适的，因为这将导致大部分油滴直径集中在某一范围，使燃烧稳定性和可调节性变差。在工程实际中，应根据燃烧设备的类型、构造和气流情况等具体条件，选择最有利的雾化均匀度分布。

4. 流量密度分布

流量密度分布特性是指在单位时间内，通过与燃料喷射方向相垂直的单位横截面上燃料质量（或体积）沿半径方向的分布规律。它在一定程度上反映了燃烧空间内的燃料浓度分布，直接影响燃料在燃烧空间内能否与空气良好混合以形成合理的浓度场。

如图 8-5（a）是离心式机械雾化喷嘴喷出的燃料分布。由于离心式机械雾化喷嘴的轴心部分存在空气核心，因而其流量密度分布呈马鞍形分布。直流式喷嘴的油雾流量密度分布如图 8-5（b）所示，其流量密度呈高斯分布，轴向的流量密度最大。

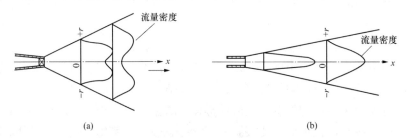

图 8-5　燃料雾化颗粒流量密度分布曲线
（a）离心式喷嘴；（b）直流式喷嘴

流量密度分布对燃烧过程有重要影响。分布较好的油雾能将油雾滴分散到整个燃烧空间，并能在较小的空气扰动下获得良好的混合和燃烧。

5. 喷雾射程

油雾化炬的喷雾射程是指油喷嘴在喷射方向上喷出的油雾丧失动能时能到达的平面与油喷嘴喷口之间的距离。显然，雾化角大和雾化很细的液滴群，其射程较短；而雾化角较小、雾滴密集的雾化炬由于从周围吸入的参与雾化炬一起运动的空气量较少，其射程较远。雾化炬的射程对燃烧空间中燃料分布有直接影响，对燃烧室内火焰的充满度也有重大影响。对于大型燃烧室，为了将燃料有效地分布到燃烧室中去，要求具有较大的喷雾射程。

6. 调节比和气耗率

调节比是指在保证雾化质量的前提下，在运行压力范围内油喷嘴的最大质量流量与最小质量流量之比值，它是油喷嘴的主要性能之一。

气耗率是仅对介质雾化喷嘴而言的参数，它是指单位时间内雾化介质的质量与喷液质量之比，即气液质量比，是评价介质雾化喷嘴雾化性能的主要参数之一。

三、液体燃料雾化方式及装置

液体燃料雾化主要有机械雾化和介质雾化两种方式，此外还有兼有这两种方式特点的组合型雾化方式，其代表形式为转杯式油喷嘴。

1. 机械雾化喷嘴

机械雾化喷嘴也叫离心式雾化喷嘴，它有多种形式。应用最为广泛的是简单机械雾化喷嘴，其结构如图8-6所示。离心式雾化油喷嘴有多种形式，由雾化片、旋流片和分流片组成，燃油经油泵升压后，在一定的压力下由进油管进入分流片上各小孔，然后由各小孔汇流到对应的环形槽道中，再由此进入并经过旋流片上的切向槽，使油流在中心锥形旋流室内形成高速旋转，最后从雾化片上的中心喷孔旋转喷出。在离心力的作用下，燃油被迅速破碎成液滴群，并形成一个空心的类圆锥形的雾化炬。

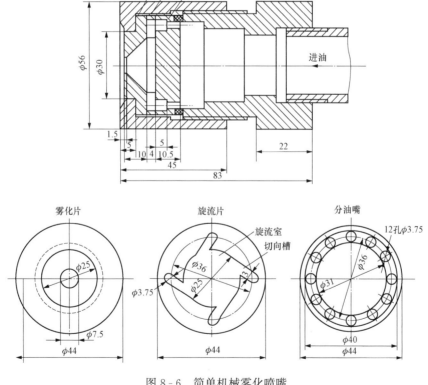

图8-6 简单机械雾化喷嘴
1—雾化片；2—旋流片；3—分流片

机械雾化油烧嘴的结构简单、紧凑，工作噪声小，适用于黏度较低的燃油。燃用雾化质量较差的油品时，易出现堵塞或雾化粒度较粗等问题，油压要求高，一般应达1.5～

2.5MPa，系统可靠性要求高，油泵耗能大。

2. 介质雾化喷嘴

介质雾化喷嘴又称气动式雾化喷嘴，它的工作原理是利用空气或蒸汽作为雾化介质，将其压力能转换为高速气流，使液体燃料喷散为雾化炬。按照雾化介质压力的高低，这种雾化喷嘴可分为两大类，即低压空气雾化喷嘴和高压气体雾化喷嘴。

（1）低压空气雾化喷嘴。低压空气雾化喷嘴的结构如图 8-7 所示。油在较低压力下从喷嘴中心喷出，利用速度较高的空气（约 80m/s）从油滴四周喷入，从而将油雾化。低压空气雾化喷嘴一般用于小型工业锅炉上，所需风机压头 5~10kPa。其特点是空气出口流通截面可以调节。转动手柄 5 使偏心轮转动，从而带动油管外部的套管 6 前后移动，由此可改变空气出口流通面积和雾化空气的喷出速度。

这种烧嘴结构简单，调节比较方便，但是手动油阀难以实现微量调节。此外，烧嘴的移动套管部分要求精密加工，否则易引起火焰偏斜。由于烧嘴结构简单，空气与燃油之间仅相遇一次，混合效果较差。

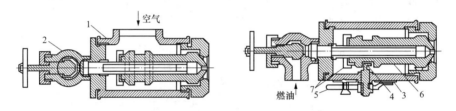

图 8-7　直流套管式低压空气雾化喷嘴

1—空气导管；2—油阀门；3—空气量指针；4—偏心轮；5—调节手柄；6—套管；7—密封垫圈

（2）高压气体雾化喷嘴。高压气体雾化油喷嘴采用高压气体作为雾化介质。常用的雾化介质为压缩空气（0.3~0.7MPa）和水蒸气（0.3~1.2MPa）。Y 形雾化喷嘴属于内混式蒸汽压力雾化喷嘴，其结构如图 8-8 所示。在这种烧嘴中，油孔、汽孔和混合孔采取 Y 形相交布置形式，各组喷孔沿烧嘴中心线对称布置，一般为 6、8 组或 10 组。燃油和蒸汽分别由外管和内管进入油孔和汽孔，两者在混合孔内相遇，一次撞击雾化为乳状油气混合物，然后在混合室压力下经混合孔喷出而得到进一步雾化。Y 形喷嘴采用多个 Y 形的中间混合孔代替混合腔，使气耗率大大降低，仅为常用气体雾化喷嘴气耗率的 1/4，且雾化质量良好，雾化粒度细；运行油压一般为 0.5~2.0MPa，运行气压为 0.6~1.0MPa。

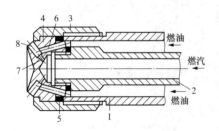

图 8-8　Y 形蒸汽雾化喷嘴图

1—外管；2—内管；3—压紧帽；4—雾化喷头；
5—垫片；6—油孔；7—汽孔；8—混合孔

3. 组合式雾化喷嘴

转杯式油喷嘴借助于机械的离心力和空气的动量进行雾化，并将两种雾化作用有机地组合起来。如图 8-9 所示，这种烧嘴的旋转部分是由高速旋转的旋转杯和通油的空心轴组成，又通过空心轴进入一个高速旋转（3000~6000r/min）的转杯内壁。在离心力的作用下，油从转杯的四周甩出。由于甩出的速度很高，使油雾化。轴上还装有一次风机叶轮，可在高速旋转时产生较高压头的一次风，同时促进雾化。

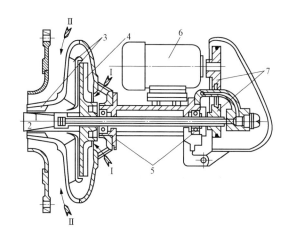

图 8-9 转杯式雾化油喷嘴图

1—旋转杯；2—空心轴；3—一次风导流片；4—一次风机叶轮；

5—轴承；6—电动机；7—传动皮带轮

转杯式油喷嘴雾化质量好，运行油压低，调节比高达 5 左右；热态运行时点火容易，燃烧稳定，火焰短，对油品要求不高；但比较笨重，运行噪声大。转杯式喷嘴常用于中小型锅炉及窑炉等装置的燃烧设备。

第三节 燃料液滴的蒸发

燃料液滴的实际燃烧过程是相当复杂的，相互作用的因素也很多，燃料液滴蒸发出来的燃料气体的反应速度比传热、传质速度快得多，因而其燃烧过程由传热、传质速度所决定。

一、燃料液滴蒸发时的斯蒂芬流

燃料液滴在静止高温环境下蒸发，驱动力不仅与浓度差有关而且与液滴周围的温差有关。因此其蒸发过程不是简单的传质，而是传热传质的综合过程。

图 8-10 所示为燃料液滴蒸发过程燃料蒸气和其他气体空气（x）含量（质量分数 m）的变化趋势，其中下标 S 表示液滴表面。燃料蒸气含量在液滴表面最高。随着半径增大，含量（质量分数）逐渐减小，直到无穷远处，即 $m_{lg\infty}=0$。对于空气，其质量分数的变化正好相反，在无限远处，$m_{xg\infty}=1.0$，并逐渐减小到液滴表面的 m_{xgs} 值。显然，在任意半径处，有 $m_{xg}+m_{lg}=1.0$。

显然，空气和燃料蒸气在液滴表面与环境之间存在浓度梯度。由于浓度梯度的存在，使燃料蒸气不断地从表面向外扩散；相反地，空气 x 则从外部环境不断地向液滴表面扩散。在液滴表面，空气力图向液滴内部扩散，然而空气既不能进入液滴内部，也不在液滴表面凝结。因此，为平衡空气的扩散趋势，必然会产生一个反向流动。根据质量平衡定理，在液滴表面

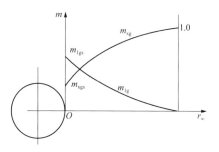

图 8-10 燃料液滴周围成分分布

r—半径；m—质量分数；m_{lg}—燃料蒸气的质量分数；m_{xg}—其他气体（空气）的质量分数；m_{xgs}—液滴表面处的其他气体（空气）的质量分数；m_{lgs}—液滴表面处燃料蒸气的质量分数

这个反向流动的气体质量正好与液滴表面扩散的空气质量相等。这种气体在液滴表面或任一对称球面以某一速度 v_g 离开的对流流动被称为斯蒂芬（Stefan）流，这是以液滴中心为源的"点泉"流，其数学表达式为

$$\rho_g D \frac{dm_{xg}}{dr} - \rho_g v_g m_{xg} = 0 \tag{8-9}$$

式中：ρ_g 为混合气体密度，kg/m^3；D 为气体的分子扩散系数，m^2/s；m_{xg} 为其他气体（空气）的质量分数；r 为液滴半径，m；v_g 为气体速度，m/s。

式（8-9）表明，在蒸发液滴外围的任一对称球面上，由斯蒂芬流引起的空气质量迁移正好与分子扩散引起的空气质量迁移相抵消，因此空气的总质量迁移为 0。实际上不存在 x 组分的宏观流动，真正存在的流动是由于斯蒂芬流动引起燃料蒸气向外对流，其数量为

$$q_{ml,0} = v_{gs} \rho_{gs} 4\pi r_1^2 m_{lgs} \tag{8-10}$$

式中：$q_{ml,0}$ 为燃料蒸气向外对流量，kg/s；v_{gs} 为离开液滴表面的气体的流速，m/s；ρ_{gs} 为液滴表面混合气体的密度，kg/m^3；r_1 为液滴半径，m；m_{lgs} 为液滴表面的燃料蒸气质量分数。

二、相对静止环境中燃料液滴的蒸发

相对静止环境指燃料液滴与周围气体间无相对运动。当周围介质的温度低于液体燃料沸点时，在相对静止环境中液滴的蒸发过程实际上是分子扩散过程。对于半径为 r_1 的液滴比蒸发率与燃料蒸气向外对流量相等。则液滴比蒸发率为

$$q_{ml,0} = -4\pi r^2 D\rho_g \frac{dm_{lg}}{dr}\bigg|_{r=r_1} = 4\pi r_1 D\rho_g (m_{lgs} - m_{lg}) \tag{8-11}$$

式中：$q_{ml,0}$ 为燃料蒸气向外对流量，kg/s；D 为气体的分子扩散系数，m^2/s；ρ_g 为混合气体密度，kg/m^3；m_{lg} 为燃料蒸气质量分数；r 为液滴半径，m；m_{lgs} 为液滴表面的燃料蒸气质量分数。

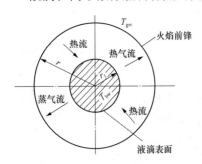

图 8-11　高温下液滴蒸发的
能量平衡

液滴在高于液体燃料沸点的高温气流介质中，不断受热升温而蒸发，但由于液滴温度的升高，致使液滴与周围介质之间温差减小，因而减弱了周围气体对液滴传热量。图 8-11 所示为高温下液滴蒸发的能量平衡图。另外，随着液滴温度的升高，液滴表面蒸发过程也加速，蒸发过程中液滴所吸收的蒸发潜热也不断增多。这样，当液滴达到某一温度，液滴所得的热量恰好等于蒸发所需的热量，于是液滴温度就不再改变，蒸发处于平衡状态，液滴在这不变温度下继续蒸发直到汽化完毕，这一过程类似于水分子一定压力下的等温沸腾过程。这时燃料蒸发掉的数量就是等于扩散出去的分子量，即蒸发速率等于扩散速率。

如前所述，在相对静止高温环境中，通过斯蒂芬流动和分子扩散两种方式将燃料蒸气迁移到周围环境，若含量分布为球对称，则液滴表面的燃料蒸气比流速率为

$$q_{ml,0} = -4\pi r^2 D\rho_g \frac{dm_{lg}}{dr}\bigg|_{r=r_1} + 4\pi r_1^2 \rho_g v_{gs} m_{lgs} \tag{8-12}$$

式中：$q_{ml,0}$ 为燃料蒸气向外对流量，kg/s；D 为气体的分子扩散系数，m^2/s；ρ_g 为混合气体密度，kg/m^3；m_{lg} 为燃料蒸气质量分数；r 为液滴半径，m；v_{gs} 为气体在液滴表面的速度，m/s；m_{lgs} 为液滴表面的燃料蒸气质量分数。

对于任意半径的蒸气比流速率为

$$q_{\mathrm{ml},0} = -4\pi r^2 D\rho_\mathrm{g}\frac{\mathrm{d}m_{\mathrm{lg}}}{\mathrm{d}r} + 4\pi r_1^2 \rho_\mathrm{g} v_{\mathrm{gs}} m_{\mathrm{lg}} \tag{8-13}$$

积分可得在相对静止的高温环境中液滴的蒸发速率，即

$$q_{\mathrm{ml},0} = 4\pi r_1 D\rho_\mathrm{g}\ln(1+B) \tag{8-14}$$

$$B = \frac{m_{\mathrm{lgs}} - m_{\mathrm{lg\infty}}}{1 - m_{\mathrm{lgs}}} \tag{8-15}$$

其中，B 值的物理意义在于：在蒸发和燃烧过程中，出现了斯蒂芬流后，就需用量纲的迁移势来考虑；只有当 $B \geqslant 1$ 时，斯蒂芬流的影响才可以不考虑。对于不同的燃料气中 B 值近似是常量。

计算时通常可假定液滴表面的蒸气压等于饱和蒸气压力，因此只要已知液滴表面温度以及液体的饱和气压与温度的关系，即可求得 m_{lgs}。图 8-11 所示为以液滴为中心，r 为半径的液滴蒸发热能量的平衡图，平衡方程为

$$-4\pi r^2\lambda_\mathrm{g}\frac{\mathrm{d}T}{\mathrm{d}r} + q_{\mathrm{ml},0}c_{\mathrm{pg}}(T_\mathrm{g}-T_1) + q_{\mathrm{ml},0}Q_{\mathrm{lg}} + \frac{4}{3}\pi r_1^3\rho_1 c_{\mathrm{pl}}\frac{\mathrm{d}T_1}{\mathrm{d}\tau} = 0 \tag{8-16}$$

式中：$-4\pi r^2\lambda_\mathrm{g}\dfrac{\mathrm{d}T}{\mathrm{d}r}$ 为在半径为 r 的球面上由外部环境向内侧球体的导热量；$q_{\mathrm{ml},0}c_{\mathrm{pg}}(T_\mathrm{g}-T_1)$ 为使液体蒸气从 T_1 升温到 T_g 所需要热量；$q_{\mathrm{ml},0}Q_{\mathrm{lg}}$ 为液滴蒸气消耗的潜热；$\dfrac{4}{3}\pi r_1^3\rho_1 c_{\mathrm{pl}}\dfrac{\mathrm{d}T_1}{\mathrm{d}\tau}$ 为液体内部温度均匀，并等于 T_1 所消耗热量；ρ_1 为液滴密度，$\mathrm{kg/m^3}$；c_{pl}、c_{pg} 分别为液体和蒸气的比定压热容，$\mathrm{J/(kg \cdot K)}$；T_g、T_1 分别为控制球面和液滴的温度，K；Q_{lg} 为液体的汽化热，$\mathrm{J/kg}$；τ 为时间，s。

在液滴达到蒸发平衡温度后，有

$$\frac{\mathrm{d}T_1}{\mathrm{d}\tau} = \frac{\mathrm{d}T_{\mathrm{bw}}}{\mathrm{d}\tau} = 0 \tag{8-17}$$

式中：T_{bw} 为液滴平衡蒸发温度，K。

则式（8-16）可简化成

$$\frac{q_{\mathrm{ml},0}}{4\pi\lambda_\mathrm{g}}\frac{\mathrm{d}r}{r^2} = \frac{\mathrm{d}T}{c_{\mathrm{pg}}(T_\mathrm{g}-T_{\mathrm{bw}})+Q_{\mathrm{lg}}} \tag{8-18}$$

边界条件：

$$r = r_1, \quad T = T_{\mathrm{bw}}$$
$$r = \infty, \quad T = T_{\mathrm{g\infty}} \quad （外界环境温度）$$

可得

$$q_{\mathrm{ml}} = 4\pi r_1\frac{\lambda_\mathrm{g}}{c_{\mathrm{pg}}}\ln\left[1+\frac{c_{\mathrm{pg}}(T_{\mathrm{g\infty}}-T_{\mathrm{bw}})}{Q_{\mathrm{lg}}}\right] \tag{8-19}$$

由此可见，可以用式（8-16）或式（8-19）计算液滴的纯蒸发速率，但两式的应用条件不同。式（8-19）仅适用于计算液滴已达蒸发平衡温度后的蒸发，而式（8-16）却不受这个条件的限制。实验表明，大多数情况下，特别是油珠比较粗大以及燃油挥发性较差时，油珠加温过程所占的时间不超过总蒸发时间的 10%，因此当缺乏饱和蒸气压力数据时，也可用式（8-19）来计算蒸发的全过程。

对于半径为 r_1 的液滴，存在

$$q_{ml,0} = -4\pi r_1^2 \rho_1 \frac{\mathrm{d}r_1}{\mathrm{d}\tau} \tag{8-20}$$

经变化，可得

$$\tau = \frac{c_{pg}\rho_1 r_1^2 \rho_1 (r_{1,0}^2 - r_1^2)}{2\lambda_g \ln(1+B_T)} = \frac{d_{1,0}^2 - d_1^2}{K_{1,0}} \tag{8-21}$$

式中：$K_{1,0}$ 为静止环境中液滴的蒸发速率常数，有

$$K_{1,0} = \frac{8\lambda_g \ln(1+B_T)}{c_{pg}\rho_1} = \frac{4q_{ml,0}}{\pi d_{1,0}\rho_1} \tag{8-22}$$

其中，$B_T = c_{pg}(T_{g\infty} - T_{bw})/Q_{lg}$。

则在相对静止气氛中液滴完全蒸发时间为

$$\tau_0 = \frac{d_{1,0}^2}{K_{1,0}} \tag{8-23}$$

从式（8-23）中可看出，给定温差和燃油物理特性后，蒸发时间只是油滴初始直径 $d_{1,0}$ 平方的函数，称为直径平方蒸发定律。因此，初始直径越大，蒸发所需时间就越长（成平方倍增加），所以若液体燃料雾化后具有较多的大颗粒液滴，则蒸发时间就会大大地延长，因而火炬拖长，燃烧效率降低。故要缩短液体燃料蒸发时间，就必须要求具有较小的雾化细度。

三、强迫气流液滴的蒸发

实际上液滴在蒸发和燃烧时，往往和气流有相对运动，即使在静止气流中蒸发和燃烧，由于液滴和气流存在着温差，也会出现明显的自然对流现象。当液滴喷射到炉内时，往往和气流存在有较大的相对速度，此时，液滴四周的边界层变成如图 8-12 所示的状况，即迎风面变薄，背风面变厚。其形状和相对速度的大小有密切的关系，这样使得蒸发和燃烧过程的计算十分困难，目前很难能用分析方法彻底解决这个复杂问题。

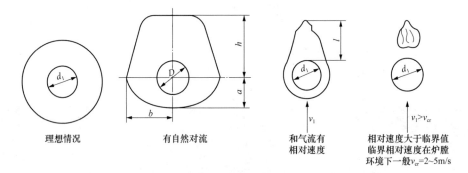

理想情况　　　　有自然对流　　　　和气流有相对速度　　　　相对速度大于临界值临界相对速度在炉膛环境下一般 $v_{cr}=2\sim5\mathrm{m/s}$

图 8-12　气流流速对液滴边界的影响

球周围的流动比较复杂，当 Re 较高时（$Re > 20$），球前面有边界层流动，球后面又有尾涡旋流动。把边界层的传热传质阻力近似看做通过球对称的边界层薄膜传热传质阻力，则其所相应的折算薄膜半径用符号 r_{sup} 表示。当液滴与气流有相对速度时，但不考虑蒸发过程，则折算薄膜半径 r_{sup} 用式（8-24）计算。

$$4\pi r_1^2 \alpha_s (T_{sup} - T_{bw}) = 4\pi \frac{1}{\dfrac{1}{r_1} - \dfrac{1}{r_{sup}}} \lambda_g (T_{sup} - T_{bw}) \tag{8-24}$$

式中：T_{sup} 为折算边界层温度，K；α_s 为液滴的表面传热系数，W/(m²·K)。

即

$$\alpha_s = \frac{\lambda_1}{r_1} \frac{r_{sup}}{r_{sup} - r_1} \qquad (8\text{-}25)$$

则

$$Nu_s = \frac{\alpha_s d_1}{\lambda_g} = \frac{2}{1 - \dfrac{r_1}{r_{sup}}} \qquad (8\text{-}26)$$

式中：Nu_s 为液滴表面的 Nu 数。

式（8-24）是 r_{sup} 的定义式，在气流静止时，$r_{sup} \to \infty$ 即 $Nu_s \to 2$，即微小液滴在静止气流中传热的努塞尔数取极限值。这样就大大简化了问题，可以沿用前述中的一些分析方法，只是积分范围是由原来的 $r_1 \to \infty$ 变成现在的 $r_1 \to r_{sup}$。则实际蒸发过程，当液滴达到热平衡时，液蒸发速率为

$$q_{ml} = 4\pi \frac{\lambda_g}{c_{pg}} \frac{Nu_s r_1}{2} \ln\left[1 + \frac{c_{pg}(T_{sup} - T_{bw})}{Q_{lg}}\right] \qquad (8\text{-}27)$$

而在强迫对流气流中液滴完全蒸发时间也可写作

$$\tau_0 = \frac{d_{1,0}^2}{K_1} \qquad (8\text{-}28)$$

式中：K_1 为在强迫对流气流中液滴的蒸发常数，即

$$K_1 = \frac{4\lambda_g Nu_s}{\rho_1 c_{pg}} \ln(1 + B_T) \qquad (8\text{-}29)$$

随着相对速度的增大，Nu_s 增大，使得 K_1 增加，因而蒸发时间 τ 比在静止气流中明显缩短。对油滴，当雷诺数为 $Re = 0 \sim 200$ 时，则 K_1 为

$$K_1 = K_{1,0}(1 + 0.3 Sc^{\frac{1}{3}} Re^{\frac{1}{2}}) \qquad (8\text{-}30)$$

式中：Sc 为施密特（Schmidt）数，$Sc = v/D$。

例题：在常压，200℃的环境温度下，对于直径为 0.1mm 的煤油雾滴，分别计算在相对静止和强迫对流（$Re = 100$）条件下的完全蒸发时间。[煤油：密度 $\rho = 840 \text{kg/m}^3$，$B_T = 3.4$；在 200℃和常压下煤油蒸汽的混合气：比定压热容 $C_{pg} = 2.47 \text{kJ/(kg·K)}$，热导率 $\lambda_g = 2.75 \times 10^{-5} \text{kW/(m·K)}$。]

解答：

（1）相对静止蒸发时间：

可得，静止环境中的液滴蒸发速率常数为

$$K_{1,0} = \frac{8\lambda_g \ln(1 + B_T)}{c_{pg}\rho_1} = \frac{8 \times 2.75 \times 10^{-2} \text{W/(m·K)} \times \ln(1 + 3.4)}{2.47 \times 10^3 \text{J/(kg·K)} \times 840 \text{kg/m}^3}$$
$$= 1.57 \times 10^{-7} \quad (\text{m}^2/\text{s})$$

则：

$$\tau_0 = \frac{d_{1,0}^2}{K_{1,0}} = \frac{(1 \times 10^{-4})^2 \text{m}^2}{1.57 \times 10^{-7} \text{m}^2/\text{s}} = 0.064 \quad (\text{s})$$

（2）同理，在 $Re = 100$ 的强迫对流条件下，根据液滴在空气流中的传热努塞尔特准则数的实验公式（$Re = 10 \sim 500$）：

$$Nu_s = 2 + 0.6\sqrt{Pr}\sqrt{Re} = 2 + 0.6 \times \sqrt{0.7} \times \sqrt{100} = 7.02$$

故同理，强迫对流气体中液滴完全蒸发时间为

$$\tau_0 = \frac{d_{1,0}^2}{K_1}$$

其中，K_1 为强迫对流气流中液滴的蒸发常数，可由下式计算

$$K_1 = \frac{4\lambda_g Nu_s}{\rho_1 c_{pg}}\ln(1 + B_T)$$

$$= \frac{4 \times 2.75 \times 10^{-5} \times 10^3\,\text{W}/(\text{m} \cdot \text{K}) \times 7.02 \times \ln(1 + 3.4)}{2.47 \times 10^3\,\text{J}/(\text{kg} \cdot \text{K}) \times 840\,\text{kg}/\text{m}^3}$$

$$= 5.51 \times 10^{-7}\,(\text{m}^2/\text{s})$$

则

$$\tau_0 = \frac{d_{1,0}^2}{K_1} = \frac{(1 \times 10^{-4})^2\,\text{m}^2}{5.51 \times 10^{-7}\,\text{m}^2/\text{s}} = 0.018\,(\text{s})$$

四、燃料液滴群的蒸发

在实际喷嘴雾化过程中所形成燃料液滴是由大小不同的液滴群组成，研究燃料液滴群的蒸发对液体雾化燃料的蒸发以致燃烧是很重要的。

根据雾化均匀度分布函数式（8-7），可推得单位体积液雾具有直径 d_1 的液滴颗粒的表达式为

$$dN_1 = -n\frac{6}{\pi}\frac{d_1^{n-4}}{d_{lm}^n}\exp[-(d_1/d_{lm})^n]d(d_1) \tag{8-31}$$

式中：d_1 为液滴直径；d_{lm} 为液滴的特征尺寸；n 为油滴群均匀性指数；N_1 为具有直径 d_1 的液滴的数量。

经过时间 τ 蒸发后以后，所剩下的液滴直径为

$$d_1 = (d_{1,0}^2 - K_1\tau)^{3/2} \tag{8-32}$$

由式（8-32）可见，在时间 τ 以后凡是颗粒直径小于 $(K_1\tau)^{1/2}$ 的油滴均已全部蒸发完。那么此时的单个液滴体积为

$$V_\tau = \frac{\pi}{6}(d_1^2 - K_1\tau)^{3/2} \tag{8-33}$$

即在时间 τ 以后没有蒸发完的所有液滴的总体积，可由式（8-28）和式（8-30）相乘并积分算得

$$V_\tau = \int_{(K_1\tau)}^{\infty} -n\frac{d_1^{n-4}}{d_{lm}^n}(d_1^2 - K_1\tau)^{3/2}\exp[-(d_1/d_{lm})^n]d(d_1) \tag{8-34}$$

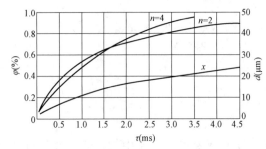

图 8-13　经过 τ 时间后蒸发的不同尺寸液滴的百分含量（按体积计）和液滴直径数

实验表明，当 $3 < n < 4$ 时，在蒸发过程中 d_{lm} 和 n 几乎保持不变。图 8-13 给出了式（8-34）的图解积分结果。同时，在图中也给出了在时间 τ 后完全蒸发完的油滴颗粒直径。

从图 8-13 中可看出，对于雾化均匀度差的油雾（即具有较小 n 值），在其蒸发初始阶段具有较快的蒸发速率，这将有利于燃料的迅速着火；但当其 60%（按体积计）的

燃料被蒸发完后，蒸发速率就变慢。但这时雾化均匀度好的油雾却蒸发得快了。这说明了雾化均匀度差的油雾，虽然其初始蒸发速率很快，但蒸发完全所需时间却较长；反之，雾化均匀度好的燃料，最初蒸发虽较慢，但蒸发过程却结束得较早。因此，为了缩短蒸发时间及加速燃烧过程，应要求油雾的雾化均匀度好些。另外，初始阶段蒸发快的油雾还可能会形成过浓的可燃混合气而使着火困难。

第四节　燃料液滴的燃烧

液体燃料的液滴群蒸发和燃烧是一个复杂的过程。它不是单个液滴燃烧的叠加，也不同于液滴在无限空间中的蒸发和燃烧，因为液滴群中各个液滴相互间要发生干扰，特别是当液滴群十分接近时更是如此。

在液体燃料燃烧技术中多采用液雾燃烧方式，即把液体燃料通过雾化器雾化成一股由微小油滴组成的液雾气流。在雾化的油滴周围存在着空气，当液雾被加热时，油滴边蒸发、边混合、边燃烧。研究雾化燃烧的基本物理化学过程时，经常聚焦于单一液滴燃烧的过程。模拟实际系统（喷气发动机、内燃机或直接射入的汽油燃烧器）时常采用液滴群燃烧模型。

一、静止单个燃料液滴的燃烧

燃料液滴在足够高的炉温下，不断蒸发出燃料蒸气，燃料蒸气向外扩散与空气中的氧相遇，在达到着火条件时，即迅速着火燃烧。可以认为气相反应十分迅速，燃烧在一个球面（火焰锋面）上完成，当燃料蒸气没有达到燃烧火焰面前，不进行燃烧化学反应。燃烧火焰面所放出的反应热一部分向外散失，另一部分则通过热交换传给燃料液滴，使液滴不断蒸发，燃料蒸气向外扩散，而氧气则向燃料液滴扩散。

燃料蒸气从液滴表面流向火焰锋面的过程中，温度渐渐升高，由液滴表面温度 T_{bw}（近似地等于该压力下的饱和温度）升高到火焰锋面温度 T_f。

以下对油滴的燃烧作一个初步近似的计算。计算中忽略了油滴周围的温度场不均匀对热导率、扩散系数等的影响，也没有考虑油滴表面生成的油蒸气向外扩散所引起的向外流动的那股质量流（称为斯蒂芬流）。这种简化并不影响所建立的物理模型的主要意义及其应用。

设有半径为 r 的球面，通过该球面向内传导的热量，必然等于油在油滴表面汽化成油蒸气的气化热，与油蒸气流到球面上并使温度升高所需的热量之和，即

$$4\pi r^2 \lambda \frac{dT}{dr} = q_m [c_{pg}(T - T_1) + Q_{lg}] \tag{8-35}$$

式中：λ 为热导率（设为当常数）；T 为当地温度；q_m 为油气流量，即油滴表面的气化量；T_1 为油滴表面温度，设等于油的饱和温度；Q_{lg} 为单位质量油的气化热，J/kg。

将上式改写，然后自油滴表面（r_1 和 T_1）到火焰锋面（r_f 和 T_f）积分

$$\int_{T_1}^{T_f} 4\pi r \frac{dT}{c_{pg}(T - T_1) + Q_{lg}} = \int_{r_1}^{r_f} q_m \frac{dr}{r^2} \tag{8-36}$$

$$\frac{4\pi r}{c_p} \ln \frac{c_{pg}(T_f - T_1) + Q_{lg}}{Q_{lg}} = q_m \left(\frac{1}{r_1} - \frac{1}{r_f} \right) \tag{8-37}$$

于是

$$q_{\mathrm{m}} = \frac{4\pi\lambda}{c_{\mathrm{pg}}\left(\dfrac{1}{r_1} - \dfrac{1}{r_{\mathrm{f}}}\right)} \ln\left[1 + \frac{c_{\mathrm{pg}}g}{Q_{\mathrm{lg}}}(T_{\mathrm{f}} - T_1)\right] \qquad (8\text{-}38)$$

现在再来求火焰锋面所在球面的半径 r_1。假设火焰锋面之外有一半径为 r 的球面。氧气从远处通过球面向内扩散的数量，必然等于火焰锋面上所消耗的氧量，因而也等于式（8-38）的汽油流量 q_{m} 乘以化学反应方程式中氧与油的当量比 β。

$$4\pi r^2 D_{\mathrm{O_2}} \frac{\mathrm{d}m_{\mathrm{O_2}}}{\mathrm{d}r} = \beta q_{\mathrm{m}} \qquad (8\text{-}39)$$

式中：$D_{\mathrm{O_2}}$ 为氧的分子扩散系数；$m_{\mathrm{O_2}}$ 为氧的浓度。

将式（8-39）改写后，在远处和火焰锋面之间积分可得，火焰半径为

$$r_{\mathrm{f}} = \frac{\beta q_{\mathrm{m}}}{4\pi D_{\mathrm{O_2}} m_{\mathrm{O_2}\infty}} \qquad (8\text{-}40)$$

式中：$m_{\mathrm{O_2}\infty}$ 为远处的氧浓度。

火焰锋面处因为化学反应非常强烈，氧气的密度非常小，所以可近似等于 0。

从式（8-40）消去 r_{f}，然后解出 q_{m} 得

$$q_{\mathrm{m}} = 4\pi r_0 \left\{ \frac{\lambda}{c_{\mathrm{pg}}} \ln\left[1 + \frac{c_{\mathrm{pg}}}{Q_{\mathrm{lg}}}(T_f - T_1)\right] + \frac{\rho_{\mathrm{O_2}} D_{\mathrm{O_2}} m_{\mathrm{O_2}\infty}}{\beta} \right\} \qquad (8\text{-}41)$$

在油滴达到蒸发平衡温度后，

$$T_1 = T_{\mathrm{bw}}$$

于是

$$q_{\mathrm{m}} = 4\pi r_0 \left\{ \frac{\lambda}{c_{\mathrm{pg}}} \ln\left[1 + \frac{c_{\mathrm{pg}}}{Q_{\mathrm{lg}}}(T_f - T_{\mathrm{bw}})\right] + \frac{D_{\mathrm{O_2}} m_{\mathrm{O_2}\infty}}{\beta} \right\} \qquad (8\text{-}42)$$

从初始直径 $d_{1,0}$ 燃烧到某一直径 d_1 需要的时间为

$$\tau = \frac{d_{1,0}^2 - d_1^2}{K_0} \qquad (8\text{-}43)$$

式中：K_0 为静止环境中液滴的燃烧速率常数。

$$K_0 = \frac{8}{\rho_1} \left\{ \frac{\lambda}{c_{\mathrm{pg}}} \ln\left[1 + \frac{c_{\mathrm{pg}}(T_{\mathrm{f}} - T_{\mathrm{bw}})}{Q_{\mathrm{lg}}}\right] + \frac{\rho_{\mathrm{O_2}} D_{\mathrm{O_2}} m_{\mathrm{O_2\infty}}}{\beta} \right\} \qquad (8\text{-}44)$$

式（8-43）中，$d_1 = 0$ 时油滴烧完，燃尽时间为

$$\tau_0 = \frac{d_{1,0}^2}{K_0} \qquad (8\text{-}45)$$

从中可以看出，液滴燃烧所需时间与液体蒸发所需时间都遵循着同一个规律：直径平方-直线规律，也就是液滴直径的平方随时间的变化呈直线关系。

二、强迫气流中液滴的燃烧

实际燃烧过程中，由于燃料喷雾的射入或者湍流流场存在的缘故，油滴与气流有了相对速度。在湍流气流中（实际燃烧装置中多为湍流），液滴的质量惯性比气团大得多，因此液滴总是跟不上气团的湍流脉动，相互间存在着滑移速度。当液滴与气团之间有相对运动时，前面关于球对称的假设是不适用的。也就是说，在对称球面上，浓度、温度等不再相等，斯蒂芬流也不再保持球对称。为处理这个复杂得多的问题，常用所谓"折算薄膜"来近似

处理。

对于不考虑辐射加热的稳定燃烧，由图 8-14 的液滴燃烧模型示意图可见，此时有两个折算边界层厚度，一个为流动时折算边界厚度 r_{sup}，另一为油气燃烧的火焰面厚度 r_f，因为燃烧过程取决于油气和氧气在 $\alpha=1$ 的面上的相互扩散，因而可以设想 $r_1 < r_{sup}$，并且 r_1 和 r_{sup} 同时减少。则根据液滴蒸发式 (8-27)，可得液滴在 r_1 的燃烧速度计算表达式：

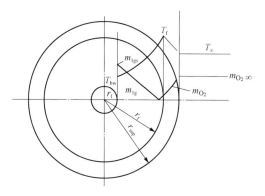

图 8-14 液滴燃烧模型示意图

$$q_{ml} = 4\pi \frac{Nu_s r_1}{2}\left\{\frac{\lambda_g}{c_{pg}}\ln\left[1+\frac{c_{pg}(T_f-T_{bw})}{Q_{lg}}\right]+\frac{\rho_{O_2}D_{O_2}m_{O_2\infty}}{\beta}\right\} \qquad (8-46)$$

则液滴燃烧的时间为

$$\tau = \frac{d_{l,0}^2 - d_l^2}{K} \qquad (8-47)$$

对于液滴直径在燃烧过程不断减少的轻油，燃烧速率常数 K 为

$$K = \frac{4Nu_s}{\rho_l}\left\{\frac{\lambda_g}{c_{pg}}\ln\left[1+\frac{c_{pg}(T_f-T_{bw})}{Q_{lg}}\right]+\frac{\rho_{O_2}D_{O_2}w_{O_2\infty}}{\beta}\right\} \qquad (8-48)$$

则燃尽时间为

$$\tau_0 = \frac{d_{l,0}^2}{K} \qquad (8-49)$$

三、液滴群的燃烧

液体燃料的液滴群燃烧（包括其蒸发）是一个复杂的过程。实验研究表明，在液滴群燃烧时，液滴燃烧时间仍遵循着前述的直径平方-直线规律。

不过此时燃烧速率常数值 K 与孤立单滴燃烧时有所不同。某些研究表明，认为 K 值与压力有关，提出了如下的关系式：

$$d_{l,0}^2 - d_l^2 = f(p)K\tau \qquad (8-50)$$

其中，$f(p)$ 是压力 p 的函数，且 $f(p)\leqslant 1$。

但在实际燃烧过程中液滴群的流量密度和液滴直径是不均匀的。因此不能简单地用同一个 K 值来进行计算，目前还需借助实验研究。

如图 8-15 所示，液滴群燃烧的燃烧速度一般总比均匀混合气燃烧时小。这是因为液滴群中液滴的燃烧需经过传热、蒸发、扩散和混合等过程，以致所需时间相对较长。

液滴群燃烧还有一个显著的特点，就是具有比均匀可燃混合气燃烧更为宽广的着火界限和稳定工作范围（见图 8-15）。这对燃烧室的工作性能来说，具有很实际的意义。它可以在变化较大的工作范围内进行稳定的燃烧。

液滴燃烧过程的扩展主要取决于液滴周围的液气比例（质量比），即局部地区的过量空气系数。因此，若从燃烧室的整体来说，总的过量空气系数虽已超出均匀可燃混合气可

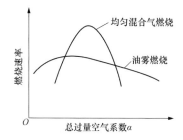

图 8-15 均匀混合气与油雾燃烧速率与总过量空气系数间的关系

以燃烧的界限，但在局部地区仍会有适合液滴燃烧的液/气比（质量比），它可保证燃烧所需空气的及时供应和相邻液滴间的相互传热，以促进燃烧，这样就显然扩大了液滴群燃烧的稳定工作范围。

思考题及习题

8-1　液体燃料的燃烧方式有哪几种？各有何特点？

8-2　液体燃料雾化的主要特性参数有哪些？

8-3　机械雾化与介质雾化有何不同？

8-4　试述简单机械雾化喷嘴的结构特点及其使用范围。

8-5　什么是液滴蒸发时的斯蒂芬流？

8-6　单个液滴的燃烧与液滴群的燃烧有何差异？

8-7　通过单个液滴燃烧时间的表达式分析为什么雾化质量是控制燃烧的首要关键？

8-8　试述强化液体燃料燃烧的措施、途径。

8-9　燃料液滴的蒸发特性是什么？

8-10　何为液滴、液滴群燃烧时间遵循直径平方蒸发规律。

8-11　试述液体燃料扩散燃烧理论与特征。

8-12　试述液滴群的蒸发与燃烧分类及特征。

8-13　为什么燃烧液体燃料时，要预先雾化？

8-14　试述液体燃料预蒸发燃烧与喷雾燃烧的区别。

8-15　试述燃油雾化过程及特征。

8-16　燃油喷嘴的雾化特性有哪些？

8-17　试述油滴的蒸发与燃烧过程。

8-18　试述液体燃料燃烧的特点。

8-19　试述工程上油的雾化方式、特征及原理。

8-20　试述液体燃料的燃烧过程。

8-21　液滴分布表示方法是什么？

8-22　液体燃料雾化的几个阶段是什么？

8-23　试述机械雾化喷嘴与介质雾化流量密度分布特征。

8-24　燃油设备对配风有哪些要求？

8-25　液滴（群）颗粒直径与蒸发及燃尽时间有什么关系？

8-26　试推导静止单个液滴完全燃尽所需时间与液滴直径之关系。

第九章　固体燃料燃烧

第一节　煤粒着火及燃烧过程

煤是一种很复杂的固体碳氢燃料，除了水分和矿物质等惰性杂质外，煤是由碳、氢、氧、氮和硫这些元素的有机混合物组成的，这些有机混合物就构成了煤的可燃质。

由于煤种的多样性，煤本身的不均匀性以及单个煤组分的复杂性，不同煤的结构是不同的。许多研究者对不同的煤种提出了假想的结构模型。但是，各种模型只能代表统计平均概念，而不能看做煤中客观存在的真实分子形式。典型的分子结构模型有 Fuchs 模型、Given 模型、Wiser 模型、本田模型、Shinn 模型和 Takanohashi 模型等，Soloman 等根据红外测量、核磁共振、元素分析和热解数据所得的信息为基础，提出了一个煤的化学有机结构模型，如图 9-1 所示。它的基本结构单元以缩合芳环为主体，并带有许多侧链、杂环和官能团等，结构单元之间又有各种桥键相连。当然，煤的结构无疑要比这个结构更复杂。

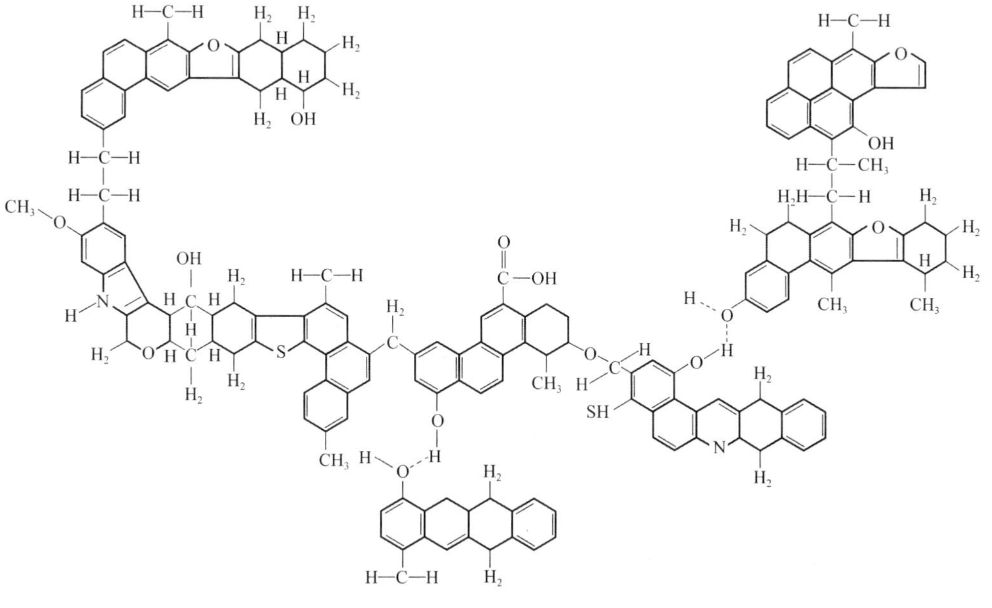

图 9-1　假想的煤大分子结构

一、煤的燃烧过程

煤的燃烧过程大致可分为 5 步：

(1) 干燥。100℃左右，析出水分。

(2) 热解。约 300℃以后，燃料热分解析出挥发分，为可燃气体、CO_2 和水，同时生成焦和半焦。其中可燃气体包括 CO、氢、气态的碳氢化合物以及少量酚醛。

(3) 着火。约 500℃，挥发分首先着火，然后焦炭开始着火。

(4) 燃烧。挥发分燃烧，焦炭燃烧。挥发分燃烧速度快，从析出到基本燃尽所用时间约占煤全部燃烧时间的 10%；挥发分的燃烧过程为气–气同相化学反应，焦炭的燃烧为气–固异相化学反应。

（5）燃尽。焦炭继续燃烧，直到燃尽。这一过程燃烧速度慢，燃尽时间长。

二、煤的热解与挥发分的燃烧

（一）煤的热解

煤被加热到一定温度后，会进入热分解阶段。热分解阶段释放出焦油和气体，并形成剩余焦炭，这些焦油和气体称为挥发分。挥发分由可燃气体混合物、CO_2 和水组成，其中可燃气体包括 CO、氢、气态烃类和少量酚醛。煤的热解过程示意如图 9-2 所示。

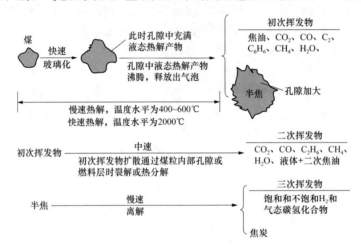

图 9-2　煤的热解过程示意

1. 煤热解分类及方法

（1）按煤的热解过程所处的环境分类，一般的热解过程可分为以下两类：

1）在惰性气体中加热时煤中挥发分的析出过程，如煤的气化，炼焦过程等均属此类。

2）在氧化气氛中加热时煤中挥发分的析出过程，如煤的燃烧过程初期经历的热解就属于此类。

（2）根据升温速度不同，可将热解过程分为慢速热解和快速热解：加热煤粒的升温速度小于 2℃/s 为慢速热解，大于 10^4℃/s 为快速热解，居于慢速热解和快速热解之间的热解过程为中速热解。

（3）煤的热解的试验方法有静态样品法和连续流动法两大类。前者煤样是静止的（对煤来讲是间歇性试验），后者煤样为连续进料和出料，二者在分析上各有优缺点。

1）静态样品法包括：固定床法、金属网栅加热法以及热天平法。热天平法由于其精度高，容易规范，目前受到了极大的重视，采用热天平通过计算可以得到热解反应的动力学参数。

2）连续流动法包括：流化床热解法、机械搅拌法、气体夹带煤粉通过加热的反应器法、自由沉降反应器法、等离子高速加热煤粉法等。

应该指出的是，在研究煤的热解特性时，煤是在各种不同的加热速率、气氛、压力等条件下得到的，热解产物必须和工业分析测定的挥发分含量加以区别，因为后者仅仅是一种简便标准。

2. 影响煤热解的因素很多，主要包括温度、加热速率、压力、颗粒粒度、气氛、煤种

（1）温度的影响。在正常的热解温度下，温度越高，热解产物的生成量越大，但曲线的形状随加热速率或煤种的不同而有所不同。

（2）加热速率的影响。加热速率的影响比较复杂。高的加热速率可以缩短热解时间，但不影响最终热解产率。随着热解速率的提高，达到一定热解失重量的温度也随之提高。

（3）压力的影响。随着热解压力增加，热解析出量呈单一下降趋势，这是由于压力增大，煤粒内部裂化及碳沉积度增大。

（4）颗粒粒度的影响。增大颗粒粒度对热解产率的影响很小，但由于颗粒粒度的改变将导致温升速率放慢，如果停留时间一定，则可能导致热解产物量也减少。

（5）气氛的影响。在不同的工艺过程中，煤热解所处的气氛会不相同。如在煤燃烧时，热解是在空气中进行的，此时热解产物析出后马上会与空气中的氧气发生反应。而在煤气化或干馏过程中，热解是在热解产物中进行的。

（6）煤种的影响。煤种对热解失重的影响是明显的，首先表现在不同的煤种其工业分析挥发分有差别，无烟煤的热解失重很小，而烟煤就相对较高，而且挥发分含量越高，挥发分析出的速率也越快一些。

热解产物主要是由焦油及气体所组成，气体成分中，多数情况下甲烷是主要组分，其余为 CO_2、CO、H_2 以及轻质烃等，对于热解产物，煤种明显是一个影响组分的主要因素，而且温度、加热速率等也会对各种成分产生很大的影响。例如，温度升高，CO_2 浓度减少，CO 和 H_2 浓度会增加。

3. 煤的热解动力学模型对煤的热解除了广泛的实验研究外，人们也十分重视对其过程的模拟，并提出了许多动力学模型

（1）单方程模型。最简单的煤热解反应动力学模型是 1970 年由贝特若依克（Badzioch）提出的单方程模型，即认为煤的热解是在整个煤粒中均匀发生的，其总的过程可近似为一级分解反应。因而，热解速度可以表达为

$$\frac{\mathrm{d}V}{\mathrm{d}t} = k(V_\infty - V) \tag{9-1}$$

式中：V 为时间 t 以前所产生的挥发分的累积量，当 $t \to \infty$ 时，$V \to V_\infty$；k 为速度常数，可用阿累尼乌斯定律表示 $k = k_0 \exp(-E/RT)$；V_∞ 为煤的有效挥发分含量。

根据试验研究结果，单方程模型有以下三个问题需要注意：

1）最终的有效挥发分产量 V_∞ 往往超过按工业分析标准得到的挥发分含量 V_{daf}。

2）比较各类试验数据可看到，活化能 E 和频率因子 k_0 的差异很大，E 值在 $16.75 \sim 188.4\mathrm{kJ/mol}$ 之间变化，而 k_0 的变化可达几个数量级。发生这一变化的原因，是煤种变化所引起的，但主要原因是把试验数据代入一个带有任意性的动力学模型所致。

3）V_∞ 在高温下往往会转变成温度的函数，因而该模型仅适合在中等温度下的热解，而在高温下则不适用。

鉴于上述理由，单方程模型仅可用于粗略的估算和比较，要进行准确一些的计算，用该模型是不合适的。为此有人试图改进单方程模型的实用性，认为热解过程可以采用不同时间间隔发生的一系列一级过程来表达，即按时间划分几个一级过程，每个过程均有不同的活化能和频率因子。另一种方法则是采用 n 级反应式表达，即

$$\frac{\mathrm{d}V}{\mathrm{d}t} = k(V_\infty - V)^n \tag{9-2}$$

式（9-1）与式（9-2）的缺点之一是在达到终温一段时间之后观测到的表观热解产物的产率，V_∞ 的表观值也仅为终温的函数。然而这既不能与热解机理相一致，在数学上也经不起验证。同样，在指定温度下较长时间后所观测到的相对慢的失重速度需要另一组参数，这些参数是明显地不同于适合短时间失重行为的参数。因为煤的热解显然不是一个单一反应，在等速热解时，反应集中在不同温度间隔的许多重叠的分解过程，而在一般加速热解的情况下，反应集中在不同时间和不同温度间隔的许多重叠的分解过程。对于这些方程式，任何一组参数都不能期望在一个较宽的条件范围内能正确地代表全部数据。

因此，一些研究者沿着同一思路修改了单方程模型，提出了双方程模型。

（2）双方程模型。斯廷克勒（Stickler）等人于 1975 年提出的双平行反应模型是目前应用比较广泛的热分解模型。他们认为煤粉颗粒的快速热分解是由两个平行的一级反应控制，即

$$
煤
\begin{cases}
\xrightarrow{k_1} \;\underset{a_1}{挥发分V_1} + \underset{1-a_1}{残碳C_1} \\
\xrightarrow{k_2} \;\underset{a_2}{挥发分V_2} + \underset{1-a_2}{残碳C_1}
\end{cases}
$$

其中 $k_1 = k_{01}\exp(-E_1/RT)$、$k_2 = k_{02}\exp(-E_2/RT)$ 服从阿累尼乌斯定律，各有频率因子。

在该模型中，斯廷克勒（Stickler）给出 $E_1 = 74\ 106\mathrm{J/mol}$，$E_2 = 252\ 464\mathrm{J/mol}$，$k_1 = 3.7\times10^5\mathrm{s}^{-1}$，$k_2 = 1.46\times10^{13}\mathrm{s}^{-1}$，因此，$E_2 > E_1$，$k_2 > k_1$。这样在低温时，第一个反应起主要作用；在高温时，第二个反应起主要作用。总的挥发分析出速率为

$$\frac{\mathrm{d}V}{\mathrm{d}t} = \frac{\mathrm{d}V_1}{\mathrm{d}t} + \frac{\mathrm{d}V_2}{\mathrm{d}t} = (a_1 k_1 + a_2 k_2)W \tag{9-3}$$

式中：W 为挥发分析出时煤的质量，kg。

双方程模型在实际数值模拟中应用极广，其主要原因是在数值模拟时其计算比较简单，而计算结果又有一定的准确性。但当要专门进行热解产物的精确描述时，本模型误差仍较大。

对双方程模型的发展可得到多方程模型，假设热解的发生经历一系列无限多个平行反应，并假定活化能是一个连续的高斯分布形式，而频率因子是一个公共值。

无论是单方程、双方程还是多方程热解模型，均是考虑总体的热解产物的析出过程。

从另一种思路出发的一种煤热解模型化方法是将一级反应模型应用于许多单个化合物或几类化合物的释放过程。从试验数据可以推断，对很多产物不能采用一级反应过程来描述。可是当一个组分的释出仅由很少几个步骤控制，或由累积产率或释放速率与温度关系图上简单形状的几个高峰所控制时，则其动力学可用一个、两个或三个平行的反应来很好地描述。而步骤的数目可根据性质的复杂性来加以选择。这就是热解产物的组分模型。

（二）煤热解产物的燃烧

挥发分是煤的热解产物，挥发分的着火对组织煤的燃烧是十分重要的，而煤的热解产物的燃烧是一个相对薄弱的研究领域。但从 20 世纪 60 年代开始，由于强调了对煤电转变过程的详细理论模型描述，因而对煤热解产物燃烧问题进行了逐步深入的研究。一些研究者提出了煤的反应顺序，这就涉及了热解产物燃烧的某些方面，但到目前为止，尚未能对热解产物

的燃烧做完整的、准确的描述。

目前对煤热解产物燃烧的研究相对薄弱，主要原因可能有：首先是热解产物燃烧本身的复杂性，它所涉及的反应机理本身非常复杂，涉及许多碳氢化合物的反应；其次是由于热解产物的燃烧在煤的燃烧过程中相对于残碳来讲要容易得多，而且可以用一般的气体燃烧的理论来近似描述，所以总体研究相对薄弱。

尽管大家普遍认为挥发分的组成和各种成分的反应机理都比较复杂，但是在一定条件下，对挥发分的燃烧过程还是能够进行某种程度的近似描述。局部平衡法、总体反应速度法、完全反应法是几种比较有效的方法。

（1）局部平衡法。局部平衡法从全息摄影方法实验现象出发，假设热解产物与氧化性气体处于局部热力学平衡状态，此时热解产物的燃烧完全决定于热解产物射流与周围环境的扩散过程。

（2）总体反应速度法。总体反应速度法的提出是基于有些过程热解产物和氧化性气体并不处于热平衡状态，有些组分复杂而机理又十分清楚，该方法将各种不同成分的化学反应速度归纳为一个总体反应，只是不同的方案所考虑的燃烧反应产物不同而已。目前常用的总体反应速度模型有以下三类：

1）假定碳氢化合物燃烧机理归纳为一个产物为 CO_2 和 H_2O 的总体反应。

2）总体反应的产物为 CO_2 和 H_2。

3）提供了 H_2、CO_2、C_2H_4 及烷烃的总体反应速度。

对挥发分的燃烧问题，总体反应法是十分有效的方法，它能给出符合实际情况的总体燃烧模型。

（3）完全反应法。完全反应法为了精确描述热解产物的完整燃烧情况，应该把热解产物的每一个组分的反应机理结合在一起，以形成整体的反应机理。但由于目前对热解产物的组成成分了解不够，得到的反应动力学速率数据不是很可靠，这种方法还需要进一步发展。

三、煤粒着火

（一）煤的着火模式

煤的着火有均相着火、非均相着火、联合着火三种模式。均相着火指煤粉的着火在气相挥发分中发生，气相着火结束后，煤焦才着火；非均相着火指煤粉的着火首先发生在煤粉颗粒表面，即煤焦先着火；联合着火指煤粉挥发分着火后颗粒升温，并将煤焦在低于其非均相着火温度的条件下点燃。

任何燃烧的组织，着火是必要条件，如果没有稳定连续的着火，燃烧就无法进行下去。煤的着火是很复杂的，还没有恰当的模型来描述，采用各种不同的实验手段，也得到不同的煤着火的判据，如：谢苗诺夫判据；范特霍夫绝热判据：$dT/dt = 0$；质量消耗突变判据：燃烧速度突增，燃烧开始；燃料浓度判据：达到可燃物浓度极限；壁面温度超温判据：燃烧强，则放热强；闪光判据：光学检验，出现燃烧；其他判据，如爆燃、压力突升等。

对于煤的着火模式，早期人们一直认为煤粒的着火总是在气相中发生的，即均相着火。其过程为：煤受热释放出挥发分，挥发分与氧气混合燃尽，生成热量点燃固定碳，固定碳着火燃尽。随着煤粉燃烧装置的出现，由于煤粉升温速率的数量级为 $10^4 K/s$，远大于工业分析条件下的升温速率，并且颗粒直径小，其着火机理发生了改变。20 世纪 60 年代，How-ard 和 Essenhigh 等人证实，煤粒的着火也有可能首先发生在其表面上，即非均相着火。如何着火，取决于颗粒表面加热和挥发分释放速率的相对大小。不同条件下，煤可能出现均相、非均相和联合着火模式。低加热速率下（小于 10K/s），小颗粒（小于 $100\mu m$）以非均相着火方式着火，而大颗粒（大于 $100\mu m$）则以均相方式着火。随着加热速率的提高，它们均向联合着火模式转变。直到加热速率达到 $10^3\,K/s$ 以上时，联合着火模式成为唯一可能的着火方式。研究表明，不能把煤粉燃烧看成是挥发分燃烧与焦炭燃烧的简单叠加，实际上这两个燃烧阶段是相互影响的，有交叉、平行之处。

（二）煤粒非均相热力着火条件

可根据煤粒的热平衡方程来分析非均相热力着火的特点，通常煤粒的热平衡可写成以下一般形式

$$m_p c_p \frac{dT_p}{dt} = Q_1 - \alpha A_{sp}(T_p - T_\infty) - \varepsilon \sigma_0 A_{sp}(T_p^4 - T_\infty^4) + Q_3 \tag{9-4}$$

其中，各项分别表示颗粒的热力学能增加速度、非均相反应热、对流散热、辐射散热和外部加热。式中：m_p 为煤粒的质量，kg；c_p 为煤粒的比热容，kJ/(kg·K)；T_p 为煤粒的温度，K；t 为反应时间，s；Q_1 为非均相反应热，kW；α 为颗粒的表面传热系数，kW/(m²·K)；A_{Sp} 为颗粒的表面积，m^2；T_∞ 为周围环境温度，K；ε 为系统黑度；σ_0 为绝对黑体的辐射常数，kW/(m²·K⁴)；Q_3 为外部加热，kW。

$$Q_2 = \alpha A_{Sp}(T_p - T_{\infty A_{Sp}}) + \varepsilon \sigma_0 A_{Sp}(T_p^4 - T_\infty^4) \tag{9-5}$$

在不考虑外部加热的情况下，根据谢苗诺夫热力着火的理论，着火点的判别可以用临界条件［见式（9-6）、式（9-7）］来判别，所得到的热力着火温度为临界着火点。而在强迫着火过程中，环境温度远高于临界着火温度，因此，在煤粒温度达到环境温度时，反应已进行得相当剧烈，即，这就必然在更高的温度点达到生成热和散热的平衡。这个温度实际是温度曲线的转变温度，也就是实际强迫点火下的着火温度。

$$Q_1 = Q_2 \tag{9-6}$$

$$\frac{dQ_1}{dT_p} = \frac{dQ_2}{dT_p} \tag{9-7}$$

如果假定着火前质量消耗忽略不计，则煤粒的热平衡方程为

$$m_p c_p \frac{d^2 T_p}{dt^2} = \left(\frac{dQ_1}{dT_p} - \frac{dQ_2}{dT_p}\right)\frac{dT_p}{dt} \tag{9-8}$$

$$\frac{d^2 T_p}{dt^2} = \frac{Q}{(m_p c_p)^2} \frac{dQ}{dT_p} \tag{9-9}$$

$$Q = Q_1 - Q_2 = m_p c_p \frac{dT_p}{dt} \tag{9-10}$$

谢苗诺夫热力着火的临界条件可以表示为

$$\frac{dT_p}{dt} = 0 \tag{9-11}$$

$$\frac{d^2 T_p}{dt^2} = 0 \tag{9-12}$$

式（9-11）、式（9-12）得到的热力着火温度是临界着火点煤粒与周围气体的温度。即满足 $dT_p/dt = 0$，$d^2 T_p/dt^2 = 0$，为着火的临界点温度，事实上要实现稳定的着火，一定要在 $Q_1 > Q_2$ 的条件下才能进行，即

$$\frac{\mathrm{d}T_{\mathrm{p}}}{\mathrm{d}t} \geqslant 0 \tag{9-13}$$

$$\frac{\mathrm{d}^2 T_{\mathrm{p}}}{\mathrm{d}t^2} \geqslant 0 \tag{9-14}$$

热力着火是在可燃混合物自身放热大于或等于向外散热时发生的一种着火现象。而在实际燃烧的组织中，为了稳定着火和加速燃烧反应，往往由外界对局部的可燃混合物进行加热，使之着火，即采用强迫着火方式进行。

（三）影响煤粒着火的因素

理论分析表明，影响煤粒着火的主要因素有煤种（包括燃料活化能、水分、挥发分、灰分等）、煤的粒径、换热条件、氧化剂含量、初始温度、压力、锅炉结构及运行参数等。

（1）煤种的影响。反映煤种着火性能的有活化能、水分、挥发分及灰分等。

在煤质特性中，活化能低的煤易着火；着火温度随挥发分增加而降低，易着火；灰分对着火温度没有明显的影响。活化能随着煤种的不同而变化，一般来讲，活化能越高的煤，意味着进行反应需要越高的能量，因而较难使反应进行。因此，在相同条件下，对活化能 $E=$ 80 000kJ/mol 的煤，要求介质温度 $T_0=$ 980K 时，即达到临界着火温度，当煤的活化能增至 120 000kJ/mol 时，T_0 要增到 1030K 才能着火。可见，对于越难着火的煤，为能保证稳定着火，所需介质温度就越高。

煤中的水分大小将影响煤的着火热，水分越大，着火热就越大，也就越不易着火。

挥发分 V_{daf} 对煤着火过程影响很大，煤粒的着火温度随 V_{daf} 的变化规律如图 9-3 所示。煤粒的着火温度随挥发分的增加呈下降趋势。

灰分的增加会妨碍挥发分的析出，影响着火速度，降低火焰温度。煤的灰分在燃烧过程中不但不能放热，而且还要吸热。如在燃用高灰分的劣质煤时，由于燃料本身发热量低，燃料的消耗量增大，大量灰分在着火和燃烧过程中要吸收更多热量，因而使得炉内烟气温度降低，同样使煤粉气流的着火推迟，而且也影响了着火的稳定性。

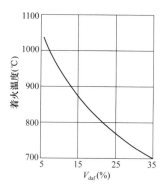

图 9-3　煤粒着火温度与挥发分的关系

（2）煤粒直径对着火过程有显著的影响，存在临界着火直径。对任何一种煤，在热力着火工况下，一个温度会对应一个着火的临界煤粒直径。煤粒直径大时，升温速度慢，但散热也小；煤粒直径小时，升温速度快，但散热也相应地增加。实验发现，在一定炉温下煤粒直径小于一定值后就不能着火。

但在实际燃烧的组织时，一般是将冷煤粒抛入高温烟气的炉膛内，因此在初期，高温烟气对煤粒进行强烈的对流加热，煤粒直径越小，加热时间会越短，煤粒迅速达到高温烟气所具有的温度。但当煤粒温度因反应放热继续提高时，煤粒直径越小越容易散热，使煤粒温度提高越慢，只能使煤粒温度接近烟气的温度。可见当烟气温度不是很高时，煤粒尺寸不宜过小，否则煤粒只能长期进行低温氧化反应，甚至会出现熄火现象，故煤粉火焰在燃烧后期，由于氧浓度低，温度水平不是很高，粉粒大部分已被烧去而变得很小，容易熄火，形成机械未完全燃烧损失。

（3）炉内换热条件。减少散热的任何措施都有利于着火，如设置炉膛卫燃带、着火区域的有限空间设置、合理的流动速度等。煤粒存在使着火最容易的最佳运动速度，速度过低，烟气的对流传热量少，速度过高，散热加强。

（4）氧化剂含量。对均相、非均相着火，着火温度随氧浓度增加而降低，着火变易；氧气浓度增加，着火温度下降。

（5）初始温度、压力。煤粉气流初始温度、压力越高，就越容易着火。着火区烟气温度越高，煤粒着火越容易。

（6）对于电站锅炉，锅炉结构和运行参数也影响煤粉着火。如炉膛热负荷高、配风方式合理、燃烧器参数最佳、锅炉负荷高等，都使着火更容易。在实际应用中，应采取合理措施，强化煤粉颗粒的着火，以提高燃烧效率。

第二节　碳燃烧及反应控制区

煤的挥发分析出后剩余的固体物质就是煤焦，它是由固定碳和一些矿物杂质组成。煤粒的燃烧特性主要由焦炭燃烧决定，这是因为焦炭占煤可燃质量的 $55\%\sim97\%$，发热量占 $60\%\sim95\%$，焦炭燃烧时间占煤总燃烧时间的 90%。

一、碳燃烧的异相反应理论

1. 碳晶格结构及特性

固体碳具有两种结晶形态——石墨和金刚石。在金刚石的晶格中碳原子的排列非常紧密（如图 9-4 所示），原子间键的结合力很大，金刚石硬度高而且活性小，很不容易被氧化。石墨的晶格结构为六角晶格，各个基面相互叠置。在基面内碳原子分布于正六角形的各个顶点上。

在常温下，碳晶体表面会吸附一些气体分子，此时温度不高，属于物理吸附。当外界压力或温度变化时，这些气体分子会被解析而离开晶格，恢复到原有状态而不会有任何化学变化。

当温度升高时，气体分子具有较高的相对速度，能侵入石墨晶格表面层基面间的空间内，把基面的空间距离撑大，和碳原子形成新的键。气体分子可溶于晶格基面之间，使晶格变形，生成性质很不稳定的固溶物。该络合物可能会由于其他具有一定能量的氧分子碰撞而结合成 CO 和 CO_2。它也可以分解产生一些气体而逸出，但这些已非原吸附的气体，而是发生了一定化学变化后生成的新物质。

当温度很高时，物理吸附已很微弱，固溶物也逐渐减少，化学吸附占了主导地位，吸附后形成的碳氧络合物会受热分解成为 CO 和 CO_2 气体，或被其他分子碰撞而离解，离开晶体而形成自由分子。由于晶格基面周界上的碳原子一般只有 $1\sim2$ 个价电子与基面内的其他碳原子相结合，尚有多余的自由键，

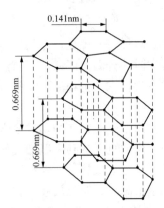
图 9-4　碳的晶格结构

因此活性较大。但由于其活化能的影响，在低温时并不能表现出强的化学吸附能力，当温度升高时才明显地增加它的活性，产生很强的化学吸附。新生气体会自动地或被其他气体分子

撞击而解析，并逸入空间。

固体可燃矿物质具有复杂的结构。大分子理论证实煤的粒子是巨大的片状分子。这种分子是以石墨晶格的单原子层为基础的，其边缘有化学结合的原子团。在原子团中除碳之外，还有各种以侧链形式存在的氢、氧、氮、硫。

2. 碳氧燃烧异相反应步骤

根据 Lanmuir 的异相反应理论，有碳和氧的异相反应是氧分子溶入碳的晶格结构的表面部分，由于化学吸附络合在碳晶格的界面上。在碳表面上的吸附层只有单分子的厚度，该吸附层首先形成碳氧络合物，然后由于热分解或其他分子的碰撞而分开，这称为解析。解析形成的反应物扩散到空间，剩下的碳表面再度吸附氧气。

碳的燃烧是气固非均相化学反应的过程，这种异相化学反应较均相反应要复杂得多。碳的燃烧就是通过氧的扩散、氧在碳表面的吸附、表面化学反应、反应络合物的吸附、氧化和脱附及扩散等一系列步骤完成的。其燃烧反应包括以下步骤：

（1）氧气从气相扩散到固体碳表面。

（2）扩散到碳表面上的氧被表面吸附，形成中间络合物。

（3）吸附的中间络合物之间，或吸附的中间络合物和气相分子之间进行反应，形成反应产物。

（4）吸附态的产物从碳表面解吸。

（5）解吸产物从碳表面扩散到气相中。

以上五步骤可归纳为两类，（1）、（5）为扩散过程；而（2）～（4）为吸附、表面化学反应和解吸，故称表面反应过程。整个碳表面上的反应取决于以上步骤中最慢的一个。

3. 碳氧异相反应级数

先不考虑扩散的因素，假定碳表面上吸附了氧的面积份额为 θ，即

$$\theta = \frac{吸附了氧气分子的表面积}{固体的总表面积} \tag{9-15}$$

在吸附了氧的碳表面积上，已不能再吸附新的氧分子了，而只能解析氧和碳的反应产物，解析速度 v_d 和 θ 成正比，即

$$v_d = k_d \theta \tag{9-16}$$

k_d 为解析速度常数。由于剩余部分没有吸附氧，因而表面附近的氧分子就会吸附上去，其吸附速度和 $(1-\theta)$ 及表面上的氧浓度成正比，则

$$v_s = k_s (1-\theta) C_{s,o_2} \tag{9-17}$$

式中：k_s 为吸附速度常数；C_{s,o_2} 为碳表面上的氧浓度。

如果吸附和解析之间达到平衡，此时碳表面上吸附了氧的面积份额 θ 将不再变化，从而可以求出 θ。

$$\theta = \frac{k_d C_{s,o_2}}{k_d C_{s,o_2} + k_s} = \frac{C_{s,o_2}}{C_{s,o_2} + B}$$

这里，$B = \dfrac{k_d}{k_s}$，由于碳和氧的反应只能在吸附了氧的那部分碳表面上发生，因此，θ 越大，碳和氧的反应速度也越大，反应速度 v_r 和 θ 成正比，有

$$v_r = k_r \theta = k_r \frac{C_{s,o_2}}{C_{s,o_2} + B} \tag{9-18}$$

式中：k_r 为反应速度常数。

式（9-18）可能存在 3 种情况：

（1）$B \gg C_{s,o_2}$，此时，$v_r = k_r\theta = k_r \dfrac{C_{s,o_2}}{C_{s,o_2}+B} \approx k_r \dfrac{C_{s,o_2}}{B} = \dfrac{k_r k_d}{k_s} C_{s,o_2} = k C_{s,o_2}$，则该反应为一级反应，化学反应速度和碳表面氧浓度一次方成正比，碳表面处氧浓度很低，吸附了氧的碳表面积很小，吸附能力很弱。

（2）$B \ll C_{s,o_2}$，则 $v_r = k_r\theta = k_r \dfrac{C_{s,o_2}}{C_{s,o_2}+B} \approx k_r \dfrac{C_{s,o_2}}{C_{s,o_2}} = k_r$，则该反应为零级反应，化学反应速度和碳表面氧浓度无关，碳表面处氧吸附能力很强，使碳表面的吸附氧几乎达到饱和，但同时解析能力很弱。

（3）$B \approx C_{s,o_2}$，此时，只有部分固体表面被氧吸附，碳表面处氧的浓度为中等，因此，$v_r = k_r\theta = k_r \dfrac{C_{s,o_2}}{C_{s,o_2}+B} = k C_{s,o_2}^n$，$0 < n < 1$。

当温度低于 800℃ 时，吸附能力强，碳表面氧浓度高，属于零级反应；温度高于 1200℃，碳表面氧浓度低，属于一级反应；温度在 800~1200℃ 之间的阶段，一般为分数级反应。在实际中，把碳氧反应作为一级反应来处理。

二、碳燃烧的化学反应

在碳的燃烧化学反应中化学反应包括碳与氧、CO_2、水蒸气、H_2 的反应，以及产物在容积中的二次反应，而这些反应的动力特征往往是不同的。一般把碳与氧的直接反应称为一次反应，把一次反应生成物继续发生的化学反应称为二次反应。

1. 碳氧化学反应

碳的燃烧是一个气固间的异相化学反应过程，这种反应过程可以用图 9-5 来描述。其存在以下几种可能性：

（1）碳在表面的完全氧化反应。主要化学反应是碳和氧的直接反应，其反应产物是 CO_2，并放出一定的热量 [如图 9-5（a）所示]，即

$$C + O_2 = CO_2 + 40.9 \times 10^4 kJ \tag{9-19}$$

烧掉的碳和消耗的氧的物质的量之比等于 1。

（2）在碳表面仅氧化为 CO，并放出一定的热量 [如图 9-5（b）所示]。

$$2C + O_2 = 2CO + 24.5 \times 10^4 kJ \tag{9-20}$$

烧掉的碳和氧的物质的量之比等于 2。

式（9-19）和式（9-20）所表示的碳和氧的反应，只是表示整个化学反应的物料平衡和热平衡而已。它并未说明碳和氧的燃烧化学反应机理。

（3）实际上碳的燃烧化学反应要比式（9-19）和式（9-20）复杂得多，可能出现碳在表面反应后部分被氧化成 CO 和 CO_2 [如图 9-5（c）所示]。发生如下的化学反应

$$4C + 3O_2 = 2CO_2 + 2CO \tag{9-21}$$

或

$$3C + 2O_2 = 2CO + CO_2 \tag{9-22}$$

式（9-21）和式（9-22）是碳和氧燃烧化学反应过程的初次反应。这两个初次反应生成的 CO_2 和 CO 又可能与碳和氧进一步发生二次反应，即发生 CO_2 的还原反应或 CO 的燃

烧反应。

$$C + CO_2 = 2CO - 16.2 \times 10^4 \, kJ \qquad (9-23)$$

$$2CO + O_2 = 2CO_2 + 57.1 \times 10^4 \, kJ \qquad (9-24)$$

（4）可能出现氧到不了固体表面的情况，固体表面只有从气相扩散过来的CO_2，所产生的是式（9-23）的还原反应，还原后的CO在向外扩散的过程中，在颗粒四周的滞流燃烧层按式（9-24）进行燃烧反应而生成CO_2〔如图9-5（d）所示〕。

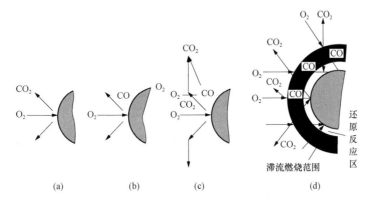

图9-5　几种可能的碳燃烧化学反应过程

（a）碳完全氧化生成CO_2；（b）碳不完全氧化为CO；（c）碳部分氧化为CO与CO_2；

（d）氧气不能到达碳表面

尽管碳的燃烧化学反应非常复杂，但式（9-21）～式（9-24）是基本反应过程，这四个反应在燃烧过程中同时交叉和平行地进行着，是碳燃烧过程的基本化学反应。

2. 碳和水蒸气的反应

反应式（9-21）～式（9-24）并不是全部可能的反应，如果在燃烧过程还有水蒸气存在，还可能进一步发生下列反应

$$C + 2H_2O = CO_2 + 2H_2 \qquad (9-25)$$

$$C + H_2O = CO + H_2 \qquad (9-26)$$

$$C + 4H_2O = 4H_2 + 2CO + CO_2 \qquad (9-27)$$

$$C + 2H_2 = CH_4 \qquad (9-28)$$

另外，在靠近碳表面附近的气体层中，还可能有下面的化学反应发生

$$2H_2 + O_2 = 2H_2O \qquad (9-29)$$

$$CO + H_2O = CO_2 + H_2 \qquad (9-30)$$

这些反应中究竟哪些反应是主要的，哪些反应是可以略去的，就要取决于温度、压力以及气体成分等燃烧过程的具体条件。例如常压高温下CH_4很容易受热而分解为H_2和C，化学反应的平衡向左移动，因此式（9-28）的正向反应速度很低而可以忽略不计；但增加压力后如果气体中含H_2很多，就会加速式（9-28）的正向反应，生成更多的CH_4，如在增压煤气发生炉的煤气中，CH_4可达到1.8%。

三、二次反应对碳燃烧过程的影响

碳球的初次反应是$C + O_2 = CO_2$及$2C + O_2 = 2CO$。实际上，除碳与氧的初次反应外，CO可能还要与氧在碳球周围的空间内燃烧，在温度较高时，CO_2在碳球表面还会发生气化

反应。也就是说，碳球在燃烧过程中还存在着二次反应，即

$$C + CO_2 = 2CO \qquad (9\text{-}31)$$

$$2CO + O_2 = 2CO_2 \qquad (9\text{-}32)$$

$$2CO = C + CO_2 （歧化反应） \qquad (9\text{-}33)$$

温度很高时，不能发生歧化反应；在温度很低时，反应速度太低，也不能析碳（仅在200～1000℃温度范围，才可能析碳），歧化反应的最大速度出现在温度为400～600℃范围内。

在不同的反应温度、不同的流动状态以及不同的反应气氛下，一次反应和二次反应共同组成了碳球的燃烧过程。

1. 在静止空气中（或者对应碳球与空气之间相对速度的 $Re<100$）碳球表面的燃烧

碳球在静止空气中燃烧时，燃烧过程主要受反应温度的影响。

（1）当温度低于700℃时，氧扩散到碳球表面，按式（9-34）进行化学反应，即

$$4C + 3O_2 = 2CO_2 + 2CO \qquad (9\text{-}34)$$

由于反应温度较低，CO_2 和碳球之间还不能发生气化反应，CO 也不能与氧在空间内燃烧。反应生成的 CO_2 与 CO 浓度相等，都向外扩散出去，图 9-6 所示。这种情况下，二次反应的影响很小。

（2）当温度在 800～1200℃范围内时，反应方程仍为式（9-34）。图 9-7 所示，CO 此时由碳球表面向远处扩散时，与氧相遇即发生燃烧，形成火焰锋面。只有与 CO 燃烧后剩余的氧才能继续扩散到碳球表面与碳发生反应。由于环境温度不够高，反应生成的 CO_2 仍不能与碳球发生气化反应，其在向外扩散过程中，汇合了 CO 空间燃烧生成的 CO_2，一并向远处扩散。

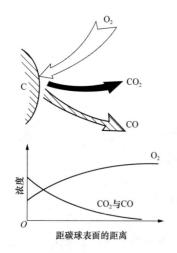

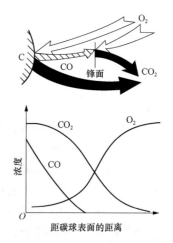

图 9-6　静止碳球周围的燃烧情况　　　　图 9-7　静止碳球周围的燃烧情况
（温度低于 700℃）　　　　　　　　　（温度在 800～1200℃之间）

（3）当温度大于 1200～1300℃时，碳球表面上的反应随温度升高而加速，即使介质中的氧能扩散到碳球表面，一次反应的产物基本上只是 CO。

静止碳球周围的燃烧情况如图 9-8 所示，CO 在火焰锋面处就将从远处向碳球表面扩散来的氧完全消耗掉，并生成 CO_2。与 CO 不同，CO_2 同时向远处及向碳球表面扩散。向表面扩散的 CO_2 到达碳球表面后就和碳发生气化反应，即

$$C + CO_2 = 2CO \qquad\qquad (9-35)$$

反应生成的 CO 又由碳球表面扩散到火焰锋面，并与自远处扩散而来的氧发生燃烧反应。CO_2 由火焰锋面扩散到碳球表面就起了运输化合状态氧的作用而使碳气化。该气化反应是吸热反应，但由于火焰锋面离碳球不远，锋面处的燃烧反应释放的热量传递到碳球表面供给了气化反应所需的热，因此可以保证碳球表面的温度维持在 1200～1300℃ 以上。

根据上述碳球的燃烧机理，碳球表面的燃烧速率 w_c 和温度的关系如图 9-9 中实线所示。

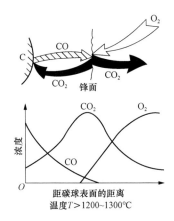

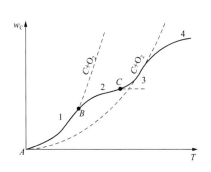

图 9-8　静止碳球周围的燃烧情况　　　　　　　图 9-9　碳球燃烧速率示意图

2. 在流动的介质中（$Re>100$）碳表面附近的燃烧

碳粒的燃烧特性与气流的相对速度有很大的关系。当气流速度提高，$Re>100$ 时，碳粒燃烧情况有很大的改变，碳粒周围的燃烧变得极不均匀。碳粒迎着气流的部分反应速度很高，而在它的后面却几乎是不反应的，同时在碳粒的后面拖着很长的蓝色火焰，如图 9-10 所示。这是由于在碳粒正面部分所形成的 CO 来不及燃烧完全就被吹到碳粒后面，和扩散来的 O_2 反应生成 CO_2。

在碳粒的背风区，由于被 CO 及 CO_2 包围，使 O_2 无法扩散进去。CO_2 也有可能在碳粒的背风面引起气化反应，当温度低于 1200～1300℃ 时，气化反应不显著，碳粒背风面不参与燃烧。若温度很高，碳粒背风面发生气化反应，碳粒燃烧得到强化。

只要温度不很低（不低于 700℃），碳粒的燃烧速度总是随气流的相对速度的提高而加大，在实际工程中，加强煤粒与空气之间的相对运动是强化燃烧的重要手段。在流化床技术中，煤粒在

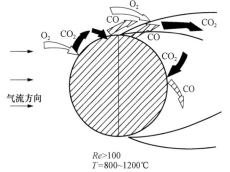

图 9-10　流动介质中碳粒表面的燃烧

炉内上下翻滚，与空气之间的相对运动很强，床层温度一般控制在 900～1000℃，从而实现了在较低温度下依靠提高煤粒与空气之间的相对速度来强化燃烧。

四、碳粒燃烧速度

1. 碳燃烧速度的概念及表达式

（1）概念。碳燃烧速度是指碳在单位时间，单位表面积上燃烧的质量。

（2）速度表达式。先考察碳燃烧时氧量的平衡。

氧扩散到固体燃料表面就与其发生化学反应，这个化学反应速度与表面上的氧浓度 C_{s,O_2} 有关系。为简便起见，认为化学反应消耗的氧量与 C_{s,O_2} 成比例，即碳燃烧反应的氧量为

$$m_{s,O_2} = kC_{s,O_2} \tag{9 - 36}$$

式中：k 为燃烧反应速度常数。

当固体燃料与气体之间的化学反应是在固体表面上进行时，气流主体中的氧扩散到固体的表面与之化合，化合形成的反应产物（CO_2 或其他）再离开固体表面扩散到气流主体中。根据 Fick 扩散定律，氧从气流主体中扩散到碳固体表面的流量为

$$m_{d,O_2} = \alpha_d(C_{\infty,O_2} - C_{s,O_2}) \tag{9 - 37}$$

式中：α_d 为氧气扩散到碳表面的扩散速度常数。

当处于平衡状态，$m_{s,O_2} = m_{d,O_2}$，即：$kC_{s,O_2} = \alpha_d(C_{\infty,O_2} - C_{s,O_2})$，有

$$C_{s,O_2} = \frac{\alpha_d}{k + \alpha_d}C_{\infty,O_2} \tag{9 - 38}$$

于是

$$m_{s,O_2} = k\frac{\alpha_d}{k + \alpha_d}C_{\infty,O_2} = \frac{1}{\frac{1}{k} + \frac{1}{\alpha_d}}C_{\infty,O_2} \tag{9 - 39}$$

则可得碳的燃烧速度：

$$M_s^c = \beta m_{s,O_2} = \beta\frac{1}{\frac{1}{k} + \frac{1}{\alpha_d}}C_{\infty,O_2} \tag{9 - 40}$$

式中：β 为碳与氧的化学当量比。

折算反应速度常数：

$$k_{zs} = \frac{1}{\frac{1}{k} + \frac{1}{\alpha_d}} \rightarrow M_s^c = \beta k_{zs}C_{\infty,O_2} \tag{9 - 41}$$

当燃烧按 $C + O_2 = CO_2$ 进行时 $\beta = \frac{12}{32} = 0.375$，当燃烧按 $2C + O_2 = 2CO$ 进行时 $\beta = \frac{24}{32} = 0.75$。

2. 碳燃烧反应控制区

在碳燃烧反应中，根据 k 和 α_d 的大小不同，可以把燃烧分成三个不同规律的燃烧区域（或燃烧状态）。

（1）当 $k \gg \alpha_d$，有 $1/k \rightarrow 0$，则

$$k_{zs} \approx \alpha_d, \quad 碳表面度 C_{s,O_2} 大小取于 \alpha_d 大小, \quad 有 M_s^c = \beta\alpha_d C_{\infty,O_2}$$

此时的燃烧状态称为扩散燃烧。这时反应温度很高时，化学反应能力很强，碳的燃烧速度取决于氧气扩散速度，称为扩散控制燃烧，又称扩散燃烧区。如果燃烧过程中的燃料初始

浓度值不变，则加强通风速度，或者减小碳粒直径，都可使扩散速度系数增大。因此，在扩散燃烧区域，要强化燃烧，就必须加大风速，加强碳粒与氧的扰动混合。

（2）当 $k \ll \alpha_d$，有 $1/\alpha_d \approx 0$，则

$$k_{zs} \approx k, \quad 有 M_s^c = \beta k C_{\infty, O_2} = \beta k_0 \exp\left(-\frac{E}{RT}\right) C_{\infty, O_2}$$

此时的燃烧状态为动力燃烧。这时，氧的扩散能力强，化学反应能力差，温度较低时，碳的燃烧速度取决于化学动力学因素，可以认为与扩散速度无关，称为动力控制燃烧，又称动力燃烧区。

根据阿累尼乌斯定律，反应速度常数 k 取决于温度，它随燃烧过程温度的升高而增大得很快。因此，在动力燃烧区域，燃烧速度 M_s^c 将随温度 T 的升高而按指数关系急剧地增大。动力燃烧区域发生在低温区，在此区域内，提高温度是强化燃烧反应的有效措施。

（3）当 $k = \alpha_d$，则有 $M_s^c = \beta k_{zs} C_{\infty, O_2}$。

即化学反应能力与氧气的扩散能力处在同一数量级的情况下，此时燃烧强化的实现与 k 和 α_d 两者都有关，无论提高 k 还是 α_d，都可以收到强化燃烧的效果。在这种燃烧速度介于动力燃烧区和扩散燃烧区之间称为过渡燃烧区。碳表面的氧浓度也介于扩散与动力燃烧之间，即 $0 < C_{s,O_2} < C_{\infty,O_2}$。燃烧过程在过渡燃烧区域的燃烧反应速度，将同时取决于化学反应速度和扩散速度，两者的作用都不能忽略。要强化这个区域的燃烧，提高温度和强化碳粒与氧的扰动混合，同样都是重要的措施。

3. 碳燃烧区域判定的谢苗诺夫准则

由于不同的燃烧工况取决于燃烧时扩散能力和化学反应能力之间的关系，即取决于湍流质量交换系数 α_d 和化学反应速度常数 k 之间的比例系数。因此可以用这一比值来判断碳的燃烧工况，称为谢苗诺夫准则，即 $S_m = \alpha_d/k$。也有用 S_m 的倒数 $Da = k/\alpha_d$（达姆可勒特征数）或用浓度比来判断。

当 $S_m > 10$，为动力燃烧区；当 $S_m = 0.1 \sim 10$，为过渡燃烧区；当 $S_m < 0.1$，为扩散燃烧区。

4. 影响碳燃烧速度的因素

从碳的燃烧速度表达式（9-41），可知，化学反应速度常数 k 和氧气扩散系数 α_d 是影响其重要的因素，由阿累尼乌斯定律，有

$$k = k_0 \exp\left(-\frac{E}{RT}\right)$$

不同煤有不同的动力学参数 E 和 k_0 的值，需通过实验测得此参数才能计算出 k 来。

同时，由于扩散和传热都是由分子的不规则热运动所引起的迁移现象，它们具有相似的规律。仿照传热学中的努塞尔特征数 $Nu = \alpha d/\lambda$，对于湍流扩散现象可引入传质努塞尔特征数，即有扩散速度常数：

$$\alpha_d = Nu_d D/\delta \tag{9-42}$$
$$Nu_d = \alpha_d \delta/D$$

式中：Nu_d 为扩散的 Nussellt 数；D 为扩散系数，m^2/s；δ 为碳粒直径，m。

对于单个碳粒，根据实验数据 Nu_d 与 Re、Pr 的关系可整理成以下形式利用经验公式求解

$$Nu_d = 2\frac{0.35\sqrt{Re}}{1-\mathrm{e}^{-0.35\sqrt{Re}}} \qquad (9-43)$$

Re 很小时，$Nu_d \approx 2$；$Re > 100$ 时，$Nu_d = 0.7Re^{0.5}$。

因而谢苗诺夫准则可以表达为

$$S_m = \frac{Nu_d D}{k\delta} = \frac{Nu_d D}{\delta \cdot k_0 \mathrm{e}^{\frac{E}{RT}}} \qquad (9-44)$$

从式（9-44）可以看出，影响 S_m 的因素包括以下几项：

（1）火焰温度 T。

$$\left.\begin{array}{l} T\uparrow, \exp\left(-\dfrac{E}{RT}\right)\uparrow, S_m\downarrow \\[3mm] T\uparrow, D=D_0\left(\dfrac{T}{T_0}\right)^m, S_m\uparrow, m=1.5\sim2 \end{array}\right\} S_m\downarrow, T\uparrow \text{ 趋于扩散区。}$$

（2）气流相对速度 w。

$$w\uparrow, Nu_d=f(Re)=f\left(\frac{w\delta}{v}\right)\uparrow, S_m\uparrow \text{ 趋于动力区。}$$

（3）活化能 E，频率因子 k_0。反应活化能 E 和频率因子 k_0 受煤质的影响。

$$E\uparrow, \exp\left(-\frac{E}{RT}\right)\downarrow, S_m\uparrow \text{ 趋于动力区。}$$

$$k_0\uparrow, S_m\downarrow \text{ 趋于扩散区。}$$

（4）煤的粒径 δ。

燃料粒径：

$$\left.\begin{array}{l} \delta\uparrow, S_m\downarrow \\[3mm] Nu_d=f(Re)=f\left(\dfrac{w\delta}{v}\right)\uparrow, S_m\uparrow \end{array}\right\} \text{ 总的趋势，趋于扩散区。}$$

例如：粒径 10mm 时，$T=1000℃$ 进入扩散燃烧区；粒径 0.1mm 时，$T=1700℃$ 进入扩散燃烧区。

5. 碳燃烧速度计算示例

设一碳粒粒径 $\delta=60\mu m$，炉温为 1300℃，碳粒气流之间的相对速度 $w=5m/s$，碳粒反应活化能 150kJ/mol，频率因子 $k_0=14.9\times10^3 m/s$，判断该燃烧处于何燃烧区？计算碳燃烧速度。

在燃烧中，$T_0=273$，$D_0=1.98\times10^{-5}$

$$v\approx D=D_0(T/T_0)^m=1.98\times10^{-5}[(1300+237)/237]^2=657\times10^{-6} \quad (m^2/s)$$

$$Re=wd/v=5\times60\times10^{-6}/657\times10^{-6}=0.46$$

Re 很小，按 $Re\approx0$ 处理，则 $Nu_d=2$

$$\alpha_d=DNu_d/\delta=657\times10^{-6}\times2/60\times10^{-6}=21.9 \quad (m/s)$$

$$k=k_0\exp\left(-\frac{E}{RT}\right)=14.9\times10^3\times\mathrm{e}^{-\frac{150\times10^3}{8.3\times(1300+273)}}=0.156 \quad (m/s)$$

$$S_m=\frac{\alpha_d}{k}=\frac{21.9}{0.156}=140>10$$

该燃烧过程处于动力燃烧区。

在 1200℃时，碳表面反应为

$$4C + 3O_2 = 2CO_2 + 2CO$$

化学当量比

$$\beta = 4 \times 12/3 \times 32 = 0.5$$

1300℃时空气密度

$$\rho = 1.293 \times 273/(273 + 1300) = 0.224 \quad (kg/m^3)$$

氧在空气中的质量百分数 23.2%

氧的质量浓度

$$C_{\infty, O_2} = 23.2\% \times 0.224 = 0.052 \quad (kg/m^3)$$

碳燃烧速度

$$M_s^c = \beta k C_{\infty, O_2} = 0.5 \times 0.156 \times 0.052 = 4 \times 10^{-3} \quad kg/(m^2 \cdot s)$$

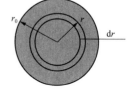

图 9-11　碳粒粒径示意

五、碳粒燃尽时间

碳粒粒径示意如图 9-11 所示。

1. 基本假设

在建立碳粒燃尽模型时，首先进行如下假设：①产物 CO_2 向外扩散，无二次反应；②无相对运动 $Re = 0$，$Nu_d = 2$；③碳粒周围氧气体分布均匀，$C_{\infty, O_2} = const$；④碳粒是半径为 r_0 的实心球体；⑤碳粒成分为均匀纯碳，$\rho = const$。

2. 碳粒燃尽时间模型

(1) 碳燃烧速度。微元体在 $d\tau$ 时间内，燃烧掉的质量为 dM，有

$$dM = -4\pi r^2 \rho dr \tag{9-45}$$

根据定义，碳燃烧速度可表示为

$$M_s^c = \frac{dM}{4\pi r^2 d\tau} = -\frac{4\pi r^2 \rho dr}{4\pi r^2 d\tau} = -\rho \frac{dr}{d\tau} \tag{9-46}$$

(2) 微元体燃烧时间。

由式 (9-46)，有微元体燃烧时间

$$d\tau = -\rho \frac{dr}{M_s^c} \tag{9-47}$$

对 (9-47) 积分，有

$$\tau = \int_0^\tau d\tau = -\int_{r_0}^0 \rho \frac{dr}{M_s^c} \tag{9-48}$$

又因为有 $M_s^c = \beta \dfrac{1}{\dfrac{1}{\alpha_d} + \dfrac{1}{k}} \cdot C_{\infty, O_2}$，以及 $\alpha_d = \dfrac{D}{\delta} Nu_d = \dfrac{D}{2r} Nu_d = \dfrac{D}{2r} \times 2 = \dfrac{D}{r}$，则

$$M_s^c = \beta \frac{C_{\infty, O_2}}{\dfrac{r}{D} + \dfrac{1}{k}} = \frac{\beta C_{\infty, O_2} D}{\dfrac{D}{k} + r}，\text{代入式 (9-48)，并积分，可得碳燃尽时间：}$$

$$\tau = \rho \int \frac{1}{\beta C_{\infty, O_2} D} \left(\frac{D}{k} + r \right) dr = \frac{\rho r_0^2}{2\beta C_{\infty, O_2} D} \left(\frac{2D}{r_0 k} + 1 \right) \tag{9-49}$$

3. 影响碳粒燃尽时间的因素

(1) 煤的粒径。

1) 扩散燃烧区，$D/r_0 \ll k$，$D/r_0 k \ll 1$（$k \gg \alpha_d$）

$$\tau = \frac{\rho r_0^2}{2\beta C_{\infty,O_2} D} \propto r_0^2 \qquad (9\text{-}50)$$

2）动力燃烧区，$D/r_0 \gg k$，$D/r_0 k \gg 1$（$k \ll \alpha_d$）

$$\tau = \frac{\rho r_0}{\beta C_{\infty,O_2} k} \propto r_0 \qquad (9\text{-}51)$$

3）过渡燃烧区，$D/r_0 \approx k$，$D/r_0 k \approx 1$（$k \approx \alpha_d$）

$$\tau \propto r_0^{1\sim2} \qquad (9\text{-}52)$$

（2）炉内温度。

1）在扩散燃烧区，有 $C_{\infty,O_2} \propto 1/T$，以及 $D \propto T^n$（$n=1.5\sim2.0$）

$$\tau \propto T^{-(0.5\sim1)} \qquad (9\text{-}53)$$

2）在动力和过渡燃烧区：

$$T\uparrow, k\uparrow, M_s^c\uparrow, \tau\downarrow$$

（3）燃料性质。挥发分含量越高，焦炭含量越少，燃尽时间就越短；同时，挥发分析出后，所残留焦炭疏松，密度小，易于与空气接触，燃尽时间也要减小。

（4）化学当量比。化学当量比越大，碳粒周围氧浓度越高，燃尽时间就越短。但同时，随着化学当量比的提高，燃烧温度要降低，排烟热损失要增加，有可能造成燃尽时间延长。通常的措施是根据燃料的性质，将化学当量比控制在 1.0～1.4 范围内。

六、焦炭的燃烧

焦炭的燃烧属于多相燃烧反应，其特征是物质的化学反应发生在分界表面上，既可以在内表面上进行，又可以在外表面上进行。多相反应进行得越剧烈，反应的温度越高，固体的反应性越强，则反应很大程度集中到物体外表面上进行。焦炭的燃烧比单纯的碳球燃烧要复杂，除了要考虑挥发分析出对焦炭燃烧的影响外，还要考虑灰分等因素对焦炭燃烧的影响。

1. 挥发分析出对燃烧的影响

（1）挥发分、焦炭的燃尽观点。一种论点认为，在固体燃料的燃烧过程中，从开始干燥到析出挥发分直至挥发分大部分烧掉的时间，只占总燃烧时间的十分之一。另一种论点认为，挥发分的析出与燃烧是和焦炭的燃烧同时进行的，而且挥发分的析出一直延长到燃烧过程的末期，即存在着挥发分的燃烧和焦炭的燃烧交叉平行进行的过程。挥发分和焦炭同时燃尽的论点较为合理。但是，在燃烧的初始阶段，焦炭烧掉 15%～20% 时，80%～90% 的挥发分已经燃尽。

（2）对固体燃料而言，挥发分对其焦炭的着火过程中起着十分重要的作用，挥发分的析出速率及其对整个焦炭燃烧过程的影响很大。

由于挥发分能够在较低的温度下析出和着火、燃烧，从而为焦炭的着火与燃烧创造了极为有利的条件。同时，挥发分的析出过程，使煤粒膨胀，增大了内部孔隙及外部反应表面积，也有利于提高焦炭的燃烧速率。

（3）由于挥发分在焦炭周围燃烧，消耗了从周围介质中向煤粒表面扩散进来的部分氧气，以至于扩散到煤粒表面的氧气显著减少。

2. 灰分对燃烧的影响

灰的存在对焦炭燃烧有以下几方面潜在的影响：

（1）热效应。大量的灰改变了焦炭的热特性，灰也要随碳一起被加热到高温，消耗了热量，不利于着火及燃烧。

（2）辐射特性。灰的辐射特性不同于碳粒和烟气，灰的存在给碳燃尽提供了一个辐射传热的介质。

（3）颗粒尺寸。焦炭在燃烧过程中往往会破裂成小碎片，有利于提高燃烧效率，这一破碎过程与焦炭中灰的含量与特性有关。

（4）催化效应。焦炭中存在不同矿物质能使焦炭的反应性增加，尤其是在低温条件下，有利于燃烧的进行。例如，在 923K 时，当焦炭中钙的含量从 0 变为 13% 时，褐煤焦炭的反应性增加了 30 倍。

（5）障碍效应。灰为氧和燃烧产物的扩散增加了障碍。氧气必须克服这个障碍才能到达焦炭表面，产物也需克服灰阻力才能到达表面，尤其是在接近燃尽时，高灰含量将阻碍燃烧。由于灰的软化和熔化，燃烧工况会恶化。

3. 其他因素的影响

（1）氧浓度：氧浓度变化会增加燃烧速率。

（2）总压力：燃烧室压力增大时，焦炭反应速度也提高。

（3）烟气温度和燃烧室壁温：焦炭的燃烧速率随着烟气温度和燃烧室壁温的升高而提高。

（4）颗粒直径：一般情况下，颗粒直径缩小，反应速度会提高，有利于焦炭的着火和燃尽。

第三节　煤粉燃烧过程

一、煤粉气流着火

1. 煤粉气流着火特性

煤粉与一次风气流喷进炉膛后，受到对流传热与辐射传热而升温着火。煤粉的燃烧速度要比气体燃料与空气可燃预混物的燃烧速度低得多。火焰前锋面不像气体燃料预混火焰的锋面那样薄，而是很厚。火焰前锋面内的温度梯度相当小，火焰前锋面向新鲜的煤粉与一次风混合物的导热很小。

煤粉一次风气流的着火，也就是火焰在煤粉一次风混合物中的传播，是靠对流传热和辐射传热来进行的。静止的平面火焰前锋面在向下游气流中传播时，没有对流传热，这时只有在火焰前锋面上游的高温燃烧产物向下游辐射传热，成为火焰传播的动力。其火焰传播的物理模型可描述为：高温火焰的辐射热能传递给来流的煤粉空气的混合物，煤粉浓度越大或煤粉越细时，混合物的黑度就越大，混合物吸收的辐射热量也就越多。煤粉受到辐射热后还要传递一部分热量给气体，使气体温度和煤粉温度一齐升高。当混合物温度达到着火温度时，煤粉空气混合物就着火。根据火焰辐射的热流密度可以算出煤粉空气混合物的温度，从而就能求出火焰传播速度。实验证实，上述情况下的火焰传播速度为 0.1～1.0m/s。

当煤粉与一次风混合物以射流形式喷入炉膛着火时，着火机理与上面所述的平面火焰锋面有些不同。首先是射流与周围高温烟气的卷吸混合使气流受到十分强烈的对流传热。旋转射流或钝体稳焰器产生的回流区更使气流与高温烟气的混合加强。火焰辐射也变化了，射流被高温烟气和火焰所包围，辐射传热的角系数比平面火焰锋面时增大，因此煤粉一次风气流

的流速达到 $15\sim30\mathrm{m/s}$ 仍能稳定着火。

煤粉着火的实质是：辐射传热直接到达煤粉表面而被煤粉吸收。对流传热则是烟气与一次风混合，先传热给一次风，再由一次风传给煤粉。一次风把热能传给煤粉的对流换热的热阻比较大。$20\mu\mathrm{m}$ 直径的煤粉在着火过程中因上述对流换热将使着火推迟 $0.008\sim0.018\mathrm{s}$；$200\mu\mathrm{m}$ 直径的煤粉的着火推迟将达到 $0.8\sim1.8\mathrm{s}$。

煤粉内部为非稳定导热时所耗时间很小，即使对于 $200\mu\mathrm{m}$ 直径的煤粉，非稳定导热所耗时间只有 $0.01\mathrm{s}$ 左右，故非稳定导热所耗时间可以忽略不计。为了缩短着火孕育时间，一定要把煤粉气流加热到远高于着火温度的状态。

2. 煤粉气流着火热

煤粉着火过程中，必须具备一定的着火热。将煤粉气流加热到着火温度所需要的热量称为着火热。它主要用于加热煤粉和空气以及使煤中水分蒸发和过热。着火热可以用式（9 - 54）计算：

$$Q_{zh}=B_r\Big(V^0\alpha_r r_1 c_{1k}\frac{100-q_4}{100}+c_d\frac{100-M_{ar}}{100}\Big)(T_{zh}-T_0)$$
$$+B_r\Big\{\frac{M_{ar}}{100}[2510+c_p(T_{zh}-100)]-\frac{M_{ar}-M_{mf}}{100-M_{mf}}[2510+c_q(T_{01}-100)]\Big\}\quad(9\text{ - }54)$$

式中：B_r 为每只燃烧器的燃煤量（以原煤计），$\mathrm{kg/s}$；V^0 为理论空气量，$\mathrm{m^3/kg}$；α_r 为由燃烧器送入炉中并参与燃烧的空气所对应的过量空气系数；r_1 为一次风风率；c_{1k} 为一次风比热容，$\mathrm{kJ/(m^3\cdot K)}$；$(100-q_4)/100$ 为由燃料消耗量折算成计算燃料量的系数；q_4 为固体不完全燃烧热损失；c_d 为煤的干基比热容，$\mathrm{kJ/(kg\cdot K)}$；M_{ar} 为煤的收到基水分，%；T_{ah} 为着火温度，K；T_0 为煤粉与一次风气流的初温，K；$[2510+c_q(T_{zh}-100)]$ 是煤中水分蒸发成蒸汽，并过热到着火温度的焓增（$\mathrm{kJ/kg}$）；$[2510+c_q(T_0-100)]$ 为煤中水分蒸发成蒸汽，并过热到一次风初温所需的焓增（$\mathrm{kJ/kg}$）；c_q 为过热蒸汽的比热容，$\mathrm{kJ/(kg\cdot K)}$；$(M_{ar}-M_{mf})/(100-M_{mf})$ 为原煤在制粉系统中蒸发的水分；M_{mf} 为煤粉水分百分数，%。

由式（9 - 54）可见，着火热随燃料性质（着火温度，燃料水分、灰分、煤粉细度）和运行工况（煤粉气流初温、一次风率和风速）的变化而变化，当煤粉与一次风通过对流与辐射传热获得的热量大于或等于着火热时，在过了孕育期时，着火就发生。

3. 影响煤粉气流着火的因素

除前面第九章第一节描述的影响煤粉颗粒的着火的影响之外，影响煤粉气流着火的因素还有一次风量、一次风速和一次风温。

一次风量和一次风速提高都要使着火点推迟。一次风量增加时，着火热增大，因此着火要推迟。减少一次风量，会使着火热显著降低，由于一次风要保证燃烧初期氧的供给，一次风量不能过小。

一次风速过高将降低煤粉气流的加热速度，使着火距离加长。但一次风速又过低，燃烧器喷口会被烧坏。

提高一次风气流的初温，可以降低着火热，使着火提前。

二、煤粉的燃烧及燃尽

煤粉气流着火后，火焰会以一定速度向逆着气流方向扩展，若此速度等于从燃烧器喷出的煤粉气流某处的速度时，则火焰稳定于该处。反之，则火焰被气流吹向下游，在气流速度衰减到一定程度的地方稳定下来,此时可能会导致火焰被吹灭,或出现着火不稳定的现象。一次风煤粉气流的速度低,在相同的距离内会吸收更多的热量,有利于着火稳定。提高煤粉浓度和煤粉细度,提高一、二次风温,都有利于着火稳定。

当煤粉气流达到稳定着火后,将会有更多的空气混入煤粉气流,提供足够的氧气使燃烧继续进行。为使煤粉完全燃烧,除应有足够的氧气外,还必须保证煤粉在高温的炉膛内有足够的停留时间,这是通过保证火焰有足够的长度来实现的。煤粉气流一般在喷入炉膛 0.3~0.5m 处开始着火,到 1~2m 处大部分挥发分已析出燃尽,不过余下的焦炭却往往到 10~20m 处才燃烧完全或接近完全。

200MW 机组锅炉的炉膛温度与煤粉燃尽率随炉内火焰长度的变化而变化的情况如图 9-12 所示,锅炉燃烧无烟煤。在离燃烧器出口 4m 处,煤粉气流所形成火焰温度已升到最高值。在 20m 处燃尽率已达 97%,到炉膛出口 28m 处燃尽率只增加不到 1%。进入对流受热面后烟气温度迅速下降,氧的浓度已很低,未燃尽的焦炭颗粒不再继续燃烧,成为固体不完全燃烧损失。

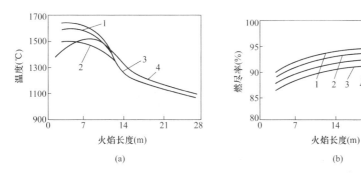

图 9-12　煤粉炉的温度与燃尽率随火焰长度的变化(200MW,186kg/s,旋流燃烧器,无烟煤)

(a) 温度变化;(b) 燃尽率变化

1—$\alpha=1.27$;2—$\alpha=1.1$;3—$\alpha=1.21$;4—$\alpha=1.32$

三、煤的燃烧方式

煤的燃烧方式主要分为层燃燃烧、悬浮燃烧与沸腾燃烧。

1. 层燃燃烧

层燃燃烧也叫火床燃烧,是将一定粒度的煤块置于炉排上而形成具有一定厚度的煤层,大部分的煤在该煤层中燃烧。燃烧过程中,煤粒在炉排上静止不动,或者依靠机械外力(非气流作用)而移动,但不离开炉排。炉排具有一定的缝隙,空气自下而上流过炉排和煤层,参与燃烧反应。少量细小的煤粒可能会被气流吹起,并与煤粒受热分解出的挥发分及焦炭的不完全燃烧产物 CO 一起,在煤层上方空间燃烧。按照燃料层相对于炉排的运动方式的不同,层燃炉可分为三类:

(1) 燃料层不移动的固定炉排炉,如手烧炉。

(2) 燃料层沿炉排面移动的炉子,如往复炉排炉和振动炉排炉。

(3) 燃料层随炉排面一起移动的炉子,如链条炉和抛煤机链条炉。其中链条炉排炉、往复炉排炉最为常见。

2. 悬浮燃烧

悬浮燃烧,也叫火室燃烧,燃料呈悬浮状态在炉膛(燃烧室)空间中进行燃烧。为了实现悬浮燃烧，必须将煤破碎成细小的煤粉（粒径小于0.1mm），并采用煤粉燃烧器组织煤粉气流，连续不断地喷入炉膛中。喷入炉膛的煤粉悬浮于空气中，不断随空气和燃烧产物在炉膛中运动，并完成升温、着火和燃烧等过程。与层燃燃烧相比，煤粉与空气的接触面积大大增加，两者的混合得到了显著的改善，加快了着火，燃烧非常剧烈，燃尽率高，而且过量空气系数可以控制得很低，从而使其燃烧效率大大超过层燃燃烧。

燃烧器是煤粉炉的关键燃烧设备，其作用是将燃料和燃烧所需空气送入炉膛，组织合理的空气动力工况，保证煤粉气流及时着火，煤粉与空气充分混合，稳定完全燃烧，并使锅炉安全经济运行。煤粉炉燃烧器按其出口气流的流动特性可分为旋流燃烧器和直流燃烧器两大类。

3. 沸腾燃烧

沸腾燃烧又称流化床燃烧，是20世纪60年代发展起来的新型煤燃烧技术，它利用空气动力使煤种沸腾状态下进行传热、传质和燃烧。沸腾燃烧所燃用的煤的粒度一般为8～10mm，大部分为0.2～3mm的碎屑。运行时刚加入的煤粒受到气流的作用而迅速与灼热料层中的灰渣粒子强烈混合，并与之一起上下翻滚运动，从而迅速升温并着火燃烧。沸腾燃烧的燃料适应性很广，可用以解决劣质煤的利用问题，因此得到了很快的发展，目前已由第一代鼓泡床发展到第二代的循环床。

思考题及习题

9-1　影响煤热解的因素有哪些？如何影响？

9-2　阐述描述挥发分燃烧的三种方法——局部平衡法、总体反应速度法、完全反应法。

9-3　煤粒热力着火的条件是什么？

9-4　影响煤粒着火的因素有哪些？如何影响？

9-5　碳的燃烧反应包括哪些步骤？

9-6　碳的动力燃烧与扩散燃烧各有何特点？

9-7　分析二次反应对碳燃烧过程的影响。

9-8　什么是煤粉气流的着火热？试分析影响煤粉气流着火的主要因素。

9-9　煤的燃烧方式有哪些？

9-10　简要分析影响焦炭燃烧的因素。

9-11　如何建立碳粒燃尽时间与其半径之间的关系？并推导碳粒燃尽时间表达式。

9-12　碳粒燃烧速度的概念是什么？其表达式是如何获取的？影响因素是什么？

9-13　碳反应的异相反应理论是什么？

9-14　试述煤粒着火方式。

9-15　煤的燃烧过程可分为哪几步？

9-16　碳燃烧化学反应机理有哪些？

9-17　碳燃烧过程可分几种方式进行？

9-18　试述碳球的燃烧速率。

9-19　试述影响碳燃烧速率的因素。

9-20　如何判断碳燃烧处于什么样的燃烧控制区？

9-21　试述影响碳燃烧时间的因素。

9-22　试述强化煤粉燃烧的方法。

第十章　燃烧污染物产生与控制

化石燃料燃烧产生的气体、粉尘等污染对环境危害很大，必须进行严格控制。与燃烧相关的被指定为环境标准的物质主要有硫氧化物、氮氧化物、CO、粉尘和碳氢化合物。CO_2作为燃烧产生的温室气体，也面临巨大的减排压力。

第一节　燃烧污染物产生机理

一、CO 和炭黑的产生机理

1. CO 的产生机理

CO 是大气中分布最广和数量最多的污染物，也是燃料燃烧过程中生成的重要污染物之一。大气中的 CO 主要来源是内燃机排气，其次是锅炉中化石燃料的不完全燃烧。CO 是一种窒息性气体，在大气对流层能滞留约半年。

CO 是含碳燃料燃烧过程中生成的一种中间产物，最初存在于燃料中的所有碳都将形成 CO。燃料热分解也会产生 CO。因此，CO 的产生途径主要有燃料不完全燃烧和热解两种。燃料不完全燃烧的原因包括氧气总量不足和局部缺氧，会产生大量 CO；燃烧区域温度不够高、存在局部低温区和 CO 与低温壁面直接接触，导致 CO 不能发生燃烧反应；CO 在燃烧室停留时间不够，如燃烧室容积较小，气体流动短路或点火延迟；气体混合不充分。

2. 炭黑产生机理

炭黑是碳氢化合物在高温缺氧条件下热解产生的碳烟颗粒。炭黑的生成机理非常复杂，其结构属于无定形碳，粒径分布较宽，从不足 $1\mu m$ 到 $100\mu m$。$10\mu m$ 以下的微粒会悬浮在大气中，而且停留时间很长，对人体健康和环境的影响很大。

（1）炭黑的生成过程。碳氢燃料燃烧生成粒径为 $10nm$ 以上的微粒的过程分为两个阶段。第一阶段，低分子量不饱和烃由化学反应形成微粒核的高分子化阶段，产生碳烟核；第二阶段，碳烟核经过聚合、生长形成炭黑微粒。炭黑一旦形成则难以燃尽，往往以黑色碳烟的形式污染大气。燃料与空气混合不充分时，燃烧产生的火焰是发光火焰，能够发出可见光和红外线，光谱分析表明火焰内存在游离碳。从火焰中产生的碳烟就是这些游离碳或者碳的自由基高分子化后形成的。这个过程与燃烧形态和火焰的发光燃烧有重要关系。即使是预混火焰，燃料过剩也会产生碳烟。燃料的碳氢比较高时，更容易产生碳烟。火焰温度较高时，根据化学平衡原理，碳原子难以聚集成碳烟，火焰的光辐射强度较高，但是碳烟在排出火焰前将被氧化。

（2）炭黑的种类。碳氢类燃料燃烧时生成的炭黑，按其生成机理及其特殊形式，有气相析出型炭黑、剩余型炭黑、雪片型炭黑以及积碳等几种形式。

1）气相析出型炭黑。气相析出型炭黑是气体燃料、液体燃料的蒸发油气和固体燃料的挥发分气体，在空气不足的高温条件下热分解所生成的固体颗粒。颗粒尺寸很小（$0.02\sim0.05\mu m$），聚集成链时，尺寸显著增加。炭黑在火焰中产生，辐射力增强，发出亮光，形成发光火焰。

气相析出型炭黑是碳氢燃料经过一系列脱氢聚合反应而生成的。例如甲烷的热分解：

$$CH_4 \longrightarrow C + 2H_2$$

上式是一个综合的反应式，产生了单质碳。炭黑产生的实际过程更复杂，还包括了碳核的生成和生长。碳氢燃料热分解时，烷烃经过脱氢反应产生烯烃。氧气不足时，首先是烃类脱氢生成烯烃，烯烃进而转变为环烷烃，环烷烃脱氢进一步成为芳香烃，芳香烃缩合形成多环芳烃。随着温度升高，反应时间延长，多环芳烃继续缩合，不断从分子中释放出氢。缩合物的分子量逐渐增大，氢含量相应减少，碳含量相对增加，形成高分子炭黑物质。

气相析出型炭黑产生过程是以最初形成的炭黑颗粒为核心，然后，一方面是气相组分向核心表面吸附，另一方面是核心颗粒之间的碰撞凝聚，使核心不断长大，近似球状。颗粒穿过火焰面，则会被氧化，燃烧生成 CO 或 CO_2。没有氧化掉的粒子集结成絮凝体悬浮在空气中。

2）剩余型炭黑。剩余型炭黑是液体燃料燃烧剩余的固体颗粒，称为油灰或烟炱。油滴被炉内高温和其周围的火焰加热，产生油蒸汽，同时油滴发生聚缩反应，一面激烈地发泡，一面固化，生成孔隙率高的絮状空心微珠，尺寸很大（$10 \sim 300 \mu m$），外形近似球状。重油或渣油燃烧时容易形成剩余型炭黑，而汽油和柴油等易燃油燃烧时不易产生。

3）雪片。雪片是以炭黑为核心，在烟气温度接近露点温度时，炭黑吸附烟气中的硫酸，长大成为雪片形状的烟尘，又称为酸性烟尘。颗粒尺寸较大，常常会沉落在烟囱附近，且具有很强的腐蚀性。

炭黑粒径很小，尤其是小于 $1 \mu m$ 的气相析出型炭黑，因其表面积很大，给硫酸蒸汽的凝结提供了良好的核心。烟尘粒子中有大量的可燃碳，是很好的吸附剂，对 SO_2 和 SO_3 具有很高的亲合力，而且对 SO_2 氧化生成 SO_3 有催化作用。当烟气温度低于露点温度时，粒子之间相互碰撞或粒子碰到壁面上，从而被黏附而形成大颗粒，这是粒子的聚合长大过程。

4）积碳。积碳可以认为是剩余型炭黑的一种，油滴附着在燃烧器和燃烧室壁面，受炉内高温作用，油滴不断气化而剩下的物质。油滴附着处的形状、附近烟气流动和温度情况不同，积碳的形状不定，但其颗粒尺寸较大。

积碳量与燃烧火焰温度特别是壁温有着复杂的关系，温度升高，既能使积碳增加，又能使积碳减少，而最终结果主要取决于温度范围。燃油的挥发性、沸点和燃油组成等也对这种积碳有明显的影响。

（3）炭黑的特性。炭黑粒子通常呈黑色，主要由碳元素组成，表面往往凝结或吸附未燃烃。不同种类的炭黑，其直径差异较大。积碳的尺寸一般较大，剩余型炭黑一般为 $10 \sim 300 \mu m$，气相析出型炭黑一般尺寸较小，且燃料种类与火焰形状对其尺寸影响不大。

炭黑的元素组成比较复杂，随燃料种类、火焰形式及产生位置变化。炭黑包含种类极不相同的多种有机化合物和无机化合物。炭黑的物理结构与无烟煤、石墨相差不多。炭黑形成后，燃烧在固体表面上进行，燃烧速度取决于氧化剂扩散到固体表面上的扩散速度，以及固体表面上进行的化学反应速度，这两个过程对燃烧速度的影响取决于温度和粒径大小。一般燃烧室温度下，小颗粒主要由反应控制，大颗粒不能忽略扩散的影响，甚至扩散是主要因素。

二、硫氧化物产生机理

各种燃料均含有少量硫，以无机硫或有机硫的形式存在于燃料之中。气体燃料中一般较少，煤和石油中比较多。

气体燃料中的硫含量较少，主要是 H_2S，一般在 0.5% 以下。气态的 H_2S 比较容易从燃料中脱除。因此，气体燃料属于清洁燃料，燃烧造成的硫化物污染通常很小。

液体燃料中的硫小部分为无机硫，大部分为硫与碳、氢、氧等元素组合的复杂化合物。

原油的含硫量因产地而异。由于原油经多次炼制而使硫化物浓缩的作用，轻质馏分含硫量少，硫的结构简单，重质馏分含硫量更多，结构复杂。轻柴油的硫含量不大于 0.2%，汽油不大于 0.15%。

固体燃料中的硫含量变化较大，为 0.2%~11%。煤中的无机硫含量比液体燃料大，主要组分是黄铁矿。煤中的有机硫的结构则更为复杂。

燃烧产生的 SO_x 起源于燃料中的硫，特别是可燃性硫在燃烧中向 SO_x 的转化率几乎是 100%。SO_x 包括 SO_2 和 SO_3。SO_3 在高温下难以生成，在通常燃烧条件下生成量较少，但是 SO_x 容易吸附在烟尘、煤灰及壁面，测定困难。

无机硫转化为 SO_2 的路径比较复杂。黄铁矿（FeS_2）燃烧生成 SO_2 的反应很容易进行，温度高于 400℃时，反应如下：

$$FeS_2 + O_2 \longrightarrow FeS + FeSO_4 + Fe_2(SO_4)_3 + SO_2 + Fe_2O_3$$

温度超过 500℃时，反应如下：

$$FeS_2 + O_2 \longrightarrow SO_2 + Fe_2O_3$$
$$FeS_2 + O_2 \longrightarrow FeSO_4 + Fe_2(SO_4)_3 + SO_2 + Fe_2O_3$$

$Fe_2(SO_4)_3$ 的分解反应在 650℃以上反应速度非常快，且 H_2O 能够加速该反应：

$$Fe_2(SO_4)_3 \longrightarrow SO_3 + Fe_2O_3$$

此外，黄铁矿不稳定，燃烧过程中不仅产生热分解反应，还会与 H_2、CO 和 C 等直接产生化学反应。反应路径与燃烧条件有重要关系，如温度、氧浓度、煤种等。

有机硫的存在形态和反应机理目前还不是很清楚。一般认为 100~300℃之间释放的有机硫是由含三键碳的 C—SH、C—S—C 化合物与氢反应生成的 CH—SH、CH—S—CH 和 H_2S。噻吩硫等复杂硫化物的分解温度则较高，热分解产物包括 H_2S、C_2H_4、C 等低分子化合物。有机硫与氧的反应按温度分 2 个阶段进行。低温下带有 C—S、S—H 链式键的硫化物发生分解，再与氧反应生成 SO_2；高温下多环噻吩类化合物发生分解，再与氧反应生成 SO_2。H_2S 的氧化反应流程如下：

$$H_2S \longrightarrow HS \longrightarrow SO \longrightarrow SO_2$$

因此，硫转变为 SO_x 的反应可以统一表示为硫元素的化学反应，但是应该指出燃烧条件不同，尤其是气氛不同，反应速度分别由 H_2S 的生成速度和 SO_2 的生成速度控制。燃料硫燃烧后，其中的一小部分生成不可溶性的硫酸盐存留于灰渣中，但剩余的大部分的硫燃烧生成 SO_2，化学反应式为

$$S + O_2 \longrightarrow SO_2 + Q$$

当有过剩的氧时，烟气中的 SO_2 部分有可能继续氧化成 SO_3，SO_2 的再氧化反应较慢。在高温条件下，SO_2 并不与氧分子直接反应，而是 SO_2 与氧原子反应生成 SO_3，化学反应式为：

$$SO_2 + O \longrightarrow SO_3$$

一般燃烧条件下，SO_2 向 SO_3 的转化率为 $0.5\% \sim 7\%$，转化率的大小主要取决于高温烟气中的原子氧的浓度、火焰长度、炉内积灰及金属管壁的催化作用。

随烟气一起直接排出的二氧化硫在大气的光合作用下经数天后也会被氧化成 SO_3。在大气中，SO_2 与 SO_3 的比例一般是 $1:1$，遇水后可分别生成亚硫酸和硫酸。

三、氮氧化物产生机理

燃烧产生的氮氧化物主要是一氧化氮（NO）和二氧化氮（NO_2），合称为 NO_x。燃料燃烧生成的 NO_x 几乎都是 NO，只有在急速冷却高温燃烧燃气和空气混合物时，有很少一部分 NO 转化为 NO_2。但是在 800℃ 低温燃烧过程中（相当于流化床燃烧条件），有少量的氧化二氮（N_2O）产生。N_2O 的温室效应能力是 CO_2 的 200 倍以上，但是目前关于其生成及控制的研究比较少。

NO_x 的生成量和排放量与燃料的燃烧方式，特别是燃烧温度和过量空气系数有关。了解燃烧过程中 NO_x 生成机理十分必要，但目前燃烧过程中 NO_x 的生成机理还不是十分明确，关于 NO_x 生成机理和控制技术的研究非常活跃。燃烧产生 NO_x 的氮来源有两个，一个是燃烧用空气中的氮气，一个是燃料中的氮。NO_x 的生成机理可分为热力型 NO_x、燃料型 NO_x 和快速型 NO_x 三类。

1. 热力型 NO_x

在高温条件下，空气中的氮气经氧化而生成的 NO_x，称为热力型 NO_x，也称为温度型 NO_x。热力型 NO_x 的生成机理已经基本清楚，其生成过程可用扩大的捷里多维奇（Zeldovich）机理解释，用以下链锁反应来描述：

$$N_2 + O = N + NO$$
$$O_2 + N = NO + O$$
$$N + OH = NO + H$$

高温下生成 NO 和 NO_2 的总反应为

$$N_2 + O_2 \longrightarrow 2NO$$
$$NO + 0.5O_2 \longrightarrow NO_2$$

热力型 NO_x 的特点是生成反应比燃烧反应慢，主要在火焰下游的高温区域生成 NO_x。化学反应速度主要取决于第一个反应的速度和氧浓度，且活化能较高。因此，热力型 NO_x 生成的主要影响因素是温度，温度对其生成速率的影响呈指数关系。温度小于 1350℃ 时，热力型 NO_x 的生成量很少；温度达到 1600℃ 时，热力型 NO_x 占总生成量的 $25\% \sim 30\%$。影响热力型 NO_x 生成的另一个因素是烟气中的氧浓度。此外热力型 NO_x 的生成还与燃料、燃烧方式和炉型等有关。

2. 燃料型 NO_x

固体燃料和液体燃料均含有氮元素。燃料型 NO_x 是燃料中含氮化合物在燃烧过程中发生热分解，并进一步氧化而生成的。由于在此过程中同时还存在 NO_x 的还原反应，故其生成与还原的机理十分复杂。

煤粉燃烧时，燃料型 NO_x 占 $80\% \sim 90\%$。煤中的氮一部分随挥发分析出，称为挥发分氮。挥发分氮是一种不稳定的杂环氮化合物，主要包括 HCN（氰）和 NH_3（氨），两者的比例与煤种和燃烧工况有关。当挥发分析出量占煤质量的 $10\% \sim 15\%$ 时，挥发分氮才开始析出，并且随着挥发分增加，以及热解温度和加热速率增加而增加。燃料氮的剩余部分则残留在焦炭中，称为焦炭氮。焦炭氮是一种相对较稳定的氮化合物，以氮原子状态与各种碳氢化合物结合成氮的环状化合物或链状化合物。对于烟煤，挥发分氮多焦炭氮少；而对于低挥发分煤，则挥发分氮少焦炭氮多。对于同一种煤，随着温度升高，燃料氮转化为挥发分氮的比例增加。煤粉炉内热解温度和加热速率高，对于同一煤种，挥发分氮较多而焦炭氮少，而流化床锅炉内低温，则挥发分氮少而焦炭氮多。

煤燃烧时由挥发分生成的 NO_x 占燃料型 NO_x 总量的 $60\%\sim80\%$，由焦炭氮所生成的 NO_x 占 $20\%\sim40\%$。挥发分氮中的 HCN 在遇到氧后被氧化成 NCO，并在氧化气氛中进一步氧化为 NO；在还原气氛下，NCO 则还原生成 NH，而 NH 在氧化气氛下进一步生成 NO，同时又能与生成的 NO 进行还原反应，使 NO 还原生成 N_2。

挥发分着火燃烧时，氧浓度大，此时温升很快，故挥发分氮的 NO 生成速度快，转变率高，即挥发分 NO 多。在焦炭表面的催化作用下，NO 还会被 CO 还原成 N_2，故挥发分氮转化成 NO 的比例大于焦炭氮转化成 NO 的比例。

燃料型 NO_x 的生成量与燃料特性以及锅炉运行状况关系密切，强烈地依赖于局部氧的浓度。因此减小局部空气过量系数将有效地抑制燃料型 NO_x 的形成。抑制 NO_x 生成的基本原则是，主要控制燃烧火焰中心区域助燃空气的量，其次是降低火陷温度并缩短燃烧产物在高温火焰区的停留时间。

3. 快速型 NO_x

碳氢化合物燃料过浓的预混燃烧火焰中，在反应区附近快速生成不同于热力型 NO_x 的氮氧化物，称为快速型 NO_x。燃料燃烧时产生的 CH 自由基等撞击燃烧空气中的 N_2 分子而生成 CN 和 HCN，然后 HCN 等再进一步与氧反应，以极快速度生成的 NO_x。其反应式如下：

$$CH + N_2 \longrightarrow HCN + N$$
$$CH_2 + N_2 \longrightarrow HCN + NH$$
$$2C + N_2 \longrightarrow 2CN$$

煤在炉内燃烧，挥发分析出着火和不完全燃烧阶段便开始生成快速型 NO_x，此时，温度为 1200～1300K。焦炭完全燃烧阶段，温度达到 1700～1800K，因为没有 CH 和 NH，故没有快速型 NO_x 生成。

燃料型 NO_x 是在快速型 NO_x 生成之后开始生成的。热力型 NO_x 与温度关系很大，必须在高温（>1500℃）才生成，而且随着过量空气系数的增加而迅速增加。快速型 NO_x 的生成与温度关系不大，一般在富燃料碳氢火焰中占优，是在焦炭颗粒燃烧前快速生成的。大多数煤粉火焰温度不太高，尤其是固态排渣锅炉，受排渣温度的限制，快速型 NO_x 排放量仅占 NO_x 总量的 5% 以下。通过合理控制燃烧器一、二次风配风，供给足够的氧气，减少中间产物 HCN 和 NH 便可以避免快速型 NO_x 的生成。

4. N_2O

燃料燃烧也会产生 N_2O。实践表明，煤粉炉、燃油燃气锅炉等等燃烧装置排放的 N_2O 浓度极低，木材及废料燃烧排放的 N_2O 也较少。但是，燃料相同时，采用流化床燃烧装置时，无论是鼓泡流化床、循环流化床，还是增压流化床，N_2O 排放浓度都较高。流化床燃烧装置排放 N_2O 浓度和燃料种类有关，尤其是燃烧烟煤时，排放的 N_2O 体积浓度最大，为

$30 \times 10^{-6} \sim 150 \times 10^{-6}$。

四、烟尘产生机理

燃料种类不同，燃烧生成烟尘的机理也不同。气体燃料的燃烧烟尘主要是由轻质碳氢化合物生成。空气供应不足时，碳氢化合物受热发生热分解生成碳烟，称为气相析出型烟尘。进行扩散燃烧时，燃料与空气混合不良，碳氢化合物受到高温火焰的直接作用，容易生成碳烟。碳原子数多的燃料比较容易生成碳烟，如炔类和烯类生成碳烟的可能性比烷类更高。

液体燃料在燃料雾化不良、燃烧室温度较低的情况下燃烧时，容易生成含油性较大的烟尘，其中不仅有热分解生成的重碳组分，还包括尚未燃烧的燃料，称为剩余型烟尘，俗称油灰。燃料分子含碳越多，油灰的生成率越高。汽车尾气含有剩余型烟尘，对环境造成严重污染。这种烟尘颗粒较大，为 $10 \sim 30 \mu m$，容易黏附在燃烧器口、燃烧室壁及排烟管壁，而且较难清除。剩余型烟尘在高温作用下还会继续发生热分解，其中的轻质组分析出，剩余的重质组分则形成积碳，且难于清除。

固体燃料的烟尘包括两部分。一部分是燃料挥发分燃烧不完全造成的气相析出型烟尘，另一部分是燃料燃烧生成的飞灰型烟尘，通常称为粉尘，是烟尘的主要部分。粉尘的生成与固体燃料的灰分含量、颗粒度、燃烧方式及运行状况有关。灰分越大、颗粒越小，生成粉尘的比例越大。通常煤粉炉生成粉尘最高，旋风炉次之，火床炉再次之。

颗粒直径在 $10 \mu m$ 以上的粉尘可以逐渐下降，称为落尘。直径在 $10 \mu m$ 以下的粉尘飘浮在空气中，难于沉降。直径在 $0.1 \mu m$ 以下的粉尘则基本上不沉降，称为飘尘。煤粉炉的烟尘中，粒度在 $10 \mu m$ 以下的颗粒为 $20\% \sim 40\%$，在 $40 \mu m$ 以下的为 $70\% \sim 80\%$，工业锅炉烟尘中，有 $30\% \sim 40\%$ 的粉尘直径小于 $10 \mu m$。

固体燃料燃烧造成的烟尘是粉尘污染的主要来源。粉尘造成严重的环境污染，不仅使建筑物和所在地区的卫生条件恶化，影响农作物的生长，损坏机器设备，而且会危害人们的身体健康。

五、$PM_{2.5}$ 生成机理

1. 定义

按形成过程，大气颗粒物可分为一次颗粒物和二次颗粒物。前者是由排放源直接排入大气中的液态或固态颗粒物；后者是由排放源排放的气态污染物，经化学反应或物理过程转化而成的液态或固态颗粒物。

环境科学领域，大气颗粒物特指悬浮在空气当中的固体颗粒或液滴。通常所称的总悬浮颗粒物（TSP），是指 D_p 小于 $100 \mu m$ 的大气颗粒物（在美国，TSP 则是指 D_p 小于 $40 \mu m$ 的大气颗粒物）。

$PM_{2.5}$（particulate matter 2.5）是指悬浮在空气中，空气动力学直径小于或等于 $2.5 \mu m$ 的颗粒物。大气化学里，按照粒径的大小，物质粒子分为三大类，即爱根核、大核和巨核。粒径小于 $0.05 \mu m$ 的粒子称为爱根核；粒径大于 $0.05 \mu m$ 而小于 $2 \mu m$ 的粒子称为大核；粒径大于 $2 \mu m$ 的粒子称为巨核。$PM_{2.5}$ 主要由大核粒子和爱根核粒子组成。也有文献把小于 $2 \mu m$ 的粒子称为细粒子，大于 $2 \mu m$ 的粒子称为粗粒子。所以 $PM_{2.5}$ 也被称为细粒子。

TSP、PM_{10}、$PM_{2.5}$ 在粒径上存在包含关系。将所有液态和固态颗粒物联合测定，结果表达为 TSP；仅对小于 $10 \mu m$ 的颗粒物进行测定，结果为 PM_{10}；仅对小于 $2.5 \mu m$ 的颗粒物进行测定，结果为 $PM_{2.5}$。国内外研究结果表明，PM_{10} 与 TSP 的质量比值为 $0.6 \sim 0.8$，

$PM_{2.5}$ 与 PM_{10} 的比值为 $0.5 \sim 0.8$。

2. 化学组成

$PM_{2.5}$ 的成分很复杂，它本身是一种粒径很小的颗粒物，比表面积大，极易富集空气中的有毒有害物质，受来源、粒径、所处气候条件等因素影响，其组成主要包括无机元素、水溶性无机盐、有机物和含碳组分等，其中水溶性无机盐和含碳组分是 $PM_{2.5}$ 的主要组分，其质量浓度之和超过 $PM_{2.5}$ 质量浓度的 50%。

水溶性无机盐的主要成分有硝酸盐、硫酸盐、铵盐。无机元素的主要成分为硫、溴、氯、砷、铯、铜、铅、锌、铝、硅、钙、磷、钾、钒、钛、铁、锰等。有机化合物的主要成分有挥发性有机物（VOC）、多环芳烃（PAH）等，此外还有元素碳（EC）、有机碳（OC）、微生物、如细菌、病毒、霉菌等。

3. $PM_{2.5}$ 的来源

$PM_{2.5}$ 的产生来源主要有自然来源和人为来源两种。虽然自然过程也会产生 $PM_{2.5}$，如风扬尘土、火山灰、森林火灾、漂浮的海盐、花粉、真菌孢子、细菌等，但其主要来源还是人类在生产生活过程中的排放物，并且其危害相对较大。人类既可以直接排放 $PM_{2.5}$，也可以通过排放某些气体污染物，然后在空气中转变为 $PM_{2.5}$。颗粒物粒径分布及其来源如图 10-1 所示。

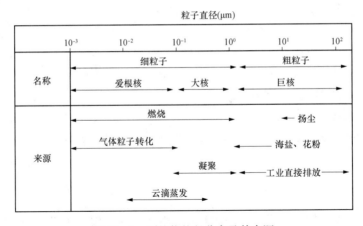

图 10-1　颗粒物粒径分布及其来源

$PM_{2.5}$ 的化学成分中，有机碳、碳黑、粉尘，属于原生颗粒物，被称为一次颗粒物。硫酸铵（亚硫酸铵）、硝酸铵等是由人类活动排放或自然产生的二氧化硫和二氧化氮等，在大气中经过光化学反应形成的二次污染物，被称为二次颗粒物。

一次颗粒物中的碳黑粒子主要来源于汽车尾气排放、锅炉燃烧、废弃物焚烧、露天烧烤、秸秆焚烧和居民柴草燃烧等过程。粉尘主要来自道路交通、建筑工地和工农业生产过程的扬尘。在一次颗粒物的各个来源中，$PM_{2.5}$ 所占的比例相差较大，道路扬尘与建筑扬尘以粗颗粒为主，由燃料燃烧产生的颗粒物，则以细颗粒为主。

硫酸铵的前体物是二氧化硫，主要来源于燃烧高硫煤的锅炉；硝酸铵的前体物是氮氧化物，主要来源于锅炉与燃油机动车，氨主要来源于化肥生产、动物粪便、焦炭生产、冷冻车间和控制 NO_x 的锅炉（NH_3 作为还原剂）。

在二次粒子的生成过程中，大气相对湿度起着至关重要的作用。相对湿度不仅是决定二次粒子生成和低空累积的重要条件，而且是决定二次粒子粒径增大与散射率变化的首要条件。

因此，大气$PM_{2.5}$的来源主要有以下几种方式：化石燃料不完全燃烧、碳燃料高温燃烧过程中产生的一次有机碳、一次有机碳发生光化学变化生成的二次有机碳、机车尾气排放的二次转化物、燃料高温燃烧、室内装修、建筑尘、土壤层尘、钢铁尘、烟草燃烧等。

4. 燃煤过程中$PM_{2.5}$的生成机理

燃煤过程中颗粒物可能的生成途径主要有：无机物的气化-凝结、熔化矿物的聚合、焦炭颗粒的破碎、矿物颗粒的破碎、热解过程中矿物颗粒的对流输运、燃烧过程中焦炭表面灰粒的脱落、细小含灰煤粉的燃烧、细小外在矿物的直接转化等。有关这些过程的描述可参考相关文献。

在实验燃烧过程中，并非所有机理都起主要作用，不同粒径的颗粒物对应不同的生成机理。部分学者认为燃煤颗粒物呈双模态分布，分别为PM_1及PM_{1+}，并认为PM_1主要由气化凝结机理形成，且将$PM_{1-2.5}$归于PM_{1-10}研究。但有学者进一步研究表明，燃煤颗粒物呈三模态分布，如图10-2所示。不同模态的颗粒物在粒径分布曲线上对应不同峰值，其形成机理亦不同。因此，颗粒物可按三模态分为3类：超细模态颗粒物，粒径一般小于$0.3\sim0.4\mu m$，主要由易气化矿物质的气化——凝结产生；中间模态颗粒物，粒径一般为$0.3\sim3\mu m$或$0.4\sim5\mu m$，主要由煤焦的破碎及异相冷凝/反应产生；粗模态颗粒物，粒径一般大于$3\sim5\mu m$，主要由原料颗粒的破碎及熔融矿物的聚合产生。

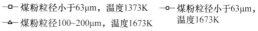

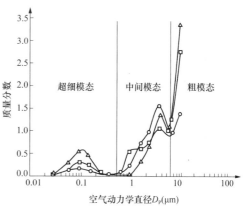

图10-2　燃煤颗粒物的三模态分布

综合以上研究可看出，燃煤$PM_{2.5}$实际上由两种模态颗粒物构成，其形成机理比较复杂，应分别按照超细模态颗粒物和中间模态颗粒物的形成机理进行控制。

第二节　燃烧污染物控制技术

一、CO 和碳烟的控制

1. CO 的控制技术

CO 的形成和燃烧过程都是受化学反应动力学控制。CO 的生成是碳氢燃料燃烧的基本反应之一。良好的燃烧过程将使中间产物 CO 最终完全燃烧，生成CO_2。CO 和氧一样对碳氢化合物燃烧有重要作用，但是 CO 单独存在时却难以发生燃烧。火焰中可以检测到高浓度 CO，实际排放的烟气中 CO 浓度却较低。烟气中存在氢或水蒸气等氢的发生源，在高温条件下能够促进 CO 的氧化反应：

$$CO + HO \longrightarrow CO_2 + H$$

温度较低时，下述的 CO 去除反应将成为主导：

$$CO + H_2O \longrightarrow CO_2 + 2H$$

另外，NO_x 对 CO 的产生也有影响。因此，CO 既是燃烧中间产物，也是燃料不完全燃烧的产物，化学反应动力学控制着 CO 的生成和破坏。控制 CO 排放的方法主要是使之完全燃烧，主要措施有：

(1) 及时供给空气，燃料及时着火，防止燃料热解。

(2) 保证氧气总量足够。

(3) 维持燃烧区域温度足够高，防止存在局部低温区。

(4) 有足够的停留时间，合理设计燃烧装置结构，防止 CO 与低温壁面直接接触。

(5) 加强气体混合充分，防止局部缺氧。

2. 炭黑的控制技术

(1) 火焰中炭黑生成的抑制。火焰中氧不足时会产生炭黑。对于预混火焰，燃烧时必须充分供给所需要的氧气；对于扩散火焰，燃烧时必须促进燃料和空气的混合。气体和液体燃料扩散燃烧时，炭黑控制技术的最基本原则是控制火焰区域的当量比。对于气体火焰是促进湍流混合；对于液体燃料的燃烧，除了促进湍流混合以外，还有促进雾化和采用乳化燃料来促进燃烧。

(2) 控制过量空气系数。燃料和空气的比例是炭黑生成的重要影响因素。对于预混火焰，必须取较大的过量空气系数，而对于扩散火焰则必须促进燃料和燃烧用空气的混合，防止火焰内的局部过量空气系数较小。对燃料射流的外围开始着火时的扩散燃烧，点火后的燃料与空气的混合被高温火焰的层流化抑制，因此依靠点火前的混合来保证燃烧所需的空气量就成为关键。促进湍流扩散中的混合方法除了利用高速燃料流外，还有采用从二次空气孔导入燃用空气，以促进火焰内局部氧气均匀的方法。

对于有内部回流区的射流扩散火焰，高温烟气回流造成局部氧浓度下降，容易产生碳烟。另外，少量燃料也会进入回流区，也会在回流区附近的壁面形成炭黑。为了避免上述现象的发生，必须选择形状和大小能够保证回流区域内氧浓度不降低的回流方法。

(3) 提高火焰的温度。炭黑的生成反应对温度的依赖性较高，通常是随着火焰温度的上升，炭黑的生成比例上升；但是当火焰温度超过 2100K 后，炭黑的生成比例反而出现下降的倾向。这是由于在高温下作为炭黑核生成源的高分子碳氢化合物的比例因热分解而减少所致。除了一些特殊的火焰，通常的燃烧火焰达不到这种高温状态。低温火焰也不生成碳烟，这就意味着此时会有一部分燃料成为未燃的碳氢化合物和 CO 排出。降低火焰温度从广义说对控制炭黑并无益处，为了抑制碳烟的生成必须提高火焰温度。

(4) 促进雾化。液体燃料喷雾燃烧时，雾化效果不好，油滴粒径变大，会导致燃料与空气的混合不良而产生炭黑。这是因为大液滴燃烧时容易形成包裹油滴的火焰，形成局部燃料过浓的混合气。重油等重质油燃料的粗大油滴受热分解将会产生液相析出型碳烟。改善高黏度液体燃料的雾化机理可以抑制炭黑生成。

柴油喷雾燃烧可通过改善雾化状态来降低炭黑浓度，主要是利用高压喷射增加喷雾的动量降低炭黑浓度，而平均粒径的改变为次要因素。油乳化燃烧也能够降低炭黑浓度，这时炭黑生成受抑制的原因可认为是乳化液滴的二次分裂（微爆）促进了雾化，从液滴内部释放的蒸气还会引起液滴火焰的湍动。

(5) 排烟气再循环。燃烧油滴由包囊火焰转变为尾流火焰后，液滴火焰就由扩散燃烧过渡为预混合燃烧火焰，从而抑制炭黑产生。因此对于重油喷雾火焰，当油滴以接近于包囊火焰的状态燃烧时，可采用排烟再循环使火焰内的氧浓度降低，同时使包囊火焰向尾流火焰转变的过渡速度向低流速方向移动来抑制炭黑。

（6）燃料添加碱土金属。燃料中添加碱土金属能够抑制炭黑的生成。有抑制效果的金属元素是在火焰内容易离子化的金属。这是因为添加的金属会与炭黑核的前驱体高分子碳氢化合物离子发生离子交换反应，在这个反应中金属被离子化，高分子碳氢化合物离子则变为难以聚合的碳氢化合物。

（7）炭黑的氧化。煤粉燃烧时，对于挥发分燃烧，可以用前述的抑制炭黑生成和促进炭黑氧化的方法。焦炭燃烧本身就是碳的反应，因此促进氧化反应也就是促进其燃烧。促进焦炭燃烧的方法有：

1）焦炭燃烧时，为了防止焦炭周围形成的灰分层熔化，要让挥发分的燃烧缓慢进行。

2）焦炭燃烧时要维持适当的氧气和温度，多采用二段燃烧来控制火焰温度。

3）焦炭燃烧时为了使飞灰容易分裂，要对煤粉本身的粒度进行调整，也可采用水煤浆燃烧的方法。

4）焦炭燃烧首先要控制气氛的浓度，焦炭表面温度控制在熔融温度以下。焦炭燃烧后期，灰分层会影响焦炭的燃尽。因此通过炉壁和热交换器位置的合理设计来保证焦炭燃烧的温度。

二、硫氧化物的控制

减少 SO_x 的排放有两条基本途径，一是减少 SO_x 生成总量；二是脱除产生的 SO_x，使烟气达标排放。硫的反应性能极其活跃，无法利用燃烧技术从根本上减少 SO_x 的排放。固体燃料（煤）的脱硫技术是洁净煤技术的重要组成部分，可以分为燃烧前脱硫（选煤技术）、燃烧中脱硫（洁净型煤、洁净配煤及循环流化床燃烧脱硫）和燃烧后脱硫（烟气脱硫）。

1. 燃烧前脱硫

燃烧前脱硫是指在燃料的生产地或加工厂，不改变燃料形式，对含硫量高的燃料进行脱硫处理。

气体燃料脱硫主要采用物理吸附和化学吸收方法脱除 H_2S。气体燃料连续流过装有吸附剂或吸收剂的容器，H_2S 被吸附剂物理吸附或与吸收剂产生化学反应，从而被捕集下来。常用的吸附剂和吸收剂有活性炭、氨水、碳酸钠、乙醇胺等。

液体燃料脱硫是在石油炼制过程中采用加氢脱硫等脱硫工序，发生下述反应：

$$[S] + H_2 \longrightarrow H_2S$$

使硫分输运到气体中，然后将 H_2S 予以收集和脱除。

固体燃料（煤）脱硫是选煤过程中的一道工序。选煤是通过物理或物理化学方法将煤中的含硫矿物和煤矸石等杂质除去以提高煤质量，并加工成满足不同需要的商品煤的工艺过程。常规的物理选煤方法可除去原煤中的 $50\% \sim 80\%$ 的灰分和 $30\% \sim 40\%$ 的硫分，成本较低，可有效减少污染物排放。化学选煤方法包括氧化脱硫法、选择性絮凝法及化学破碎法，脱硫效率较高但工艺复杂，且对煤的后续燃烧可能有不利影响。生物法脱硫有堆积浸滤法、空气搅拌式浸出法、表面氧化法等，脱硫反应时间长，效率低，成本高，且有废液产生。此外，高强度磁力脱硫和微波脱硫等方法也有一定的研究和应用。

选煤只能去除部分黄铁矿硫。选煤过程的脱硫效果与煤中无机硫的比例及黄铁矿颗粒的大小有关。当煤中有机硫含量较高或黄铁矿分布很细时，重力分选法和浮选法的脱硫效率较低，煤的后续燃烧排放 SO_2 仍然很难达到环境保护的要求。

2. 燃烧中脱硫

燃烧中脱硫是指在燃料燃烧过程中添加脱硫剂脱除燃烧产生的 SO_2。燃烧中脱硫技术包括型煤固硫技术、配煤技术、流化床燃烧脱硫技术和炉内喷钙脱硫技术。型煤固硫技术和配煤技术，一般可减少 40%～60%的二氧化硫排放；流化床燃烧脱硫技术和炉内喷钙脱硫技术，脱硫率可达 80%～90%。

（1）型煤固硫。型煤固硫的基本原理是使用机械方法将粉煤和脱硫剂混合并制成具有一定强度且块度均匀的固体形块。型煤生产工艺分为冷压成形和热压成形两大类。冷压成形是指在常温或低温下将粉煤加工成型煤的技术；热压成形是在快速加热至 420℃，粉煤挥发分减少、变软膨胀成可塑性碳，趁热压制成形，具有不需要任何胶黏剂、产品机械强度高等特点。

型煤的尺寸和形状应当与燃烧装置相适应。按是否使用黏结剂，分为有黏结剂型煤和无黏结剂型煤。无黏结剂成形主要依靠煤炭自身所含的黏结成分、不规则煤粒、毛细水分间的黏附力和内聚力，用于制取泥煤、褐煤煤球。烟煤和无烟煤使用该法成形较困难。黏结剂成形法要在粉煤中加入一定的黏结剂，再压制成形，适用于需要进行运输或储期较长的型煤。石灰、工业废液、黏土、沥青和黏结性煤等都可作为黏结剂。

型煤燃烧产生的 SO_2 气体遇到型煤中加入的脱硫剂（如 $CaCO_3$ 等），发生固硫反应。高温下石灰石的分解反应为吸热反应，热分解温度为 800℃，化学反应式为

$$CaCO_3 \longrightarrow CaO + CO_2$$

在氧化性气氛中，脱硫反应为

$$CaO + SO_2 \longrightarrow CaSO_3$$
$$2CaO + 2SO_2 + O_2 \longrightarrow 2CaSO_4$$

以上反应的最佳温度为 800～850℃，脱硫效率最高。炉内温度高于 1300℃，已生成的 $CaSO_4$ 会分解产生 SO_2，脱硫效果变差。

（2）配煤技术。配煤可以减少燃煤的热值变化，还可以改善锅炉的运行状况，比如改变某些煤种的结渣特性，使结渣程度降低到最小，以及降低烟气排放量等。配煤有许多不同的工艺，以动力煤分级配煤为例，该技术将分级与配煤相结合，首先将原料煤按粒度分级，分成粉煤和粒煤，然后根据配煤理论，将各粉煤按比例混合配制成粉煤配煤燃料，各粒煤配制成粒煤配煤燃料。不仅能配制出热值、挥发分、硫分、灰分、灰熔融温度等煤质指标稳定的、符合锅炉燃烧要求的燃料煤，而且能配制出适合于不同类型锅炉燃烧的粉煤和粒煤燃料。

动力煤分级配煤工艺流程采取粉煤与粒煤分别配煤，流程稍复杂，但获得了粒煤配煤成品和粉煤配煤成品两种产品，符合层燃炉和煤粉炉的燃煤需求，节能减排效果较好。

（3）流化床燃烧脱硫技术。流化床燃烧脱硫技术是指在炉内加入脱硫剂，脱除煤燃烧产生的 SO_2。脱硫剂与飞灰一起，能够经飞灰高温分离器返回炉膛内循环利用，延长脱硫剂的反应时间，炉内脱硫剂浓度显著提高，获得更高的脱硫效率和脱硫剂利用率。脱硫剂常用石灰石（$CaCO_3$）或白云石（$MgCO_3$）等，煤燃烧时，脱硫剂在炉内高温作用下分解，并在氧化性气氛中与烟气中的 SO_2 和氧发生反应，生成硫酸钙。

流化床运行温度在 850～900℃，这正是石灰石分解以及与 SO_2 反应的最佳温度，反应

生成 $CaSO_4$ 固态产物，可随灰渣一起排出炉外，而且含有 $CaSO_4$ 的干态灰渣是生产水泥等建材的良好原料。

（4）炉内喷钙脱硫技术。炉内喷钙脱硫技术（FSI）的反应机理仍然是钙基脱硫。炉内直接喷钙脱硫技术是将脱硫剂直接喷入炉内温度为 1050～1150℃ 的区域，利用炉内高温实现钙基脱硫剂的煅烧和脱硫反应（见图 10 - 3）。石灰石首先在高于 750℃ 的条件下快速焙烧形成氧化钙，然后氧化钙在 800～1200℃ 的温度范围内与 SO_2 进行反应。脱硫剂在炉内的分解温度是影响炉内喷钙脱硫的主要因素之一。$CaCO_3$ 的炉内分解温度与烟气中的 CO_2 浓度有关，燃煤锅炉烟气中的 CO_2 浓度约为 14%，对应的 $CaCO_3$ 的分解温度约为 765℃。低于此温度，CaO 会吸收 CO_2 生成 $CaCO_3$。$CaCO_3$ 煅烧分解生成的 CaO 与烟气中的 SO_2 反应生成 $CaSO_3$ 或 $CaSO_4$。CaO 固硫反应的有效温度为 950～1100℃。烟气温度大于 1100℃ 时，反应逆向进行，发生分解反应。因此，炉内直接喷钙的脱硫效率较低。此外，脱硫剂的喷射位置若选在炉内温度过高的部位，会造成焙烧温度过高，CaO 的微孔结构被破坏，产生氧化钙结晶，使孔隙堵塞，降低 SO_2 在微孔内的扩散速率，脱硫率下降。脱硫剂喷射位置的温度太低，则不能焙烧获得比表面积较大的 CaO，使脱硫效率降低。

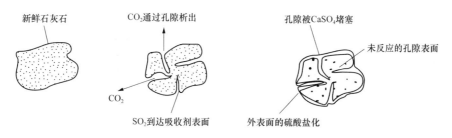

图 10 - 3　炉内石灰石脱硫过程

3. 燃烧后脱硫

燃烧后脱硫是指燃烧完成后，利用各种技术和方法脱除燃烧产物中的 SO_2。燃烧后脱硫与燃烧过程没有直接关系，只是对燃烧产生的烟气进行净化处理。燃烧后脱硫具有更高的脱硫效率、较低的脱硫成本。因此，世界各国研究和开发出了 200 余种采用不同脱硫剂或利用不同脱硫机理的脱硫技术和工艺，然而真正在工业实践中推广应用的不过十余种。烟气脱硫技术的分类方法很多，例如：

（1）按脱硫剂分类：钙法（石灰石/石灰法）、氨法、镁法、钠法、碱铝法、氧化铜/锌法、活性炭法、磷铵法等。

（2）按脱硫产物是否回收利用分类：回收法和抛弃法。

（3）按烟气净化原理分类：吸收法、吸附法、催化氧化法和催化还原法。

（4）按脱硫过程和脱硫产物的干湿状态分类：湿法和干法/半干法。

湿法脱硫整个脱硫系统位于锅炉烟道的末端、除尘系统之后，烟气与含有脱硫剂的溶液接触，在溶液中发生脱硫反应的技术，脱硫产物的生成和处理均在湿态下进行。湿法脱硫特点是脱硫反应速度快，煤种适应性好，脱硫效率和脱硫剂利用率都很高。缺点是脱硫后烟气温度较低，容易造成设备腐蚀，有废水二次污染等问题。常见的湿法脱硫工艺有石灰石/石灰洗涤法、氧化镁法、氨法、磷铵肥法以及海水脱硫法等。

干法/半干法脱硫是指脱硫产物为干态的脱硫方法。脱硫剂可以是湿态的，如喷雾干燥法、炉内喷钙尾部增湿法；也可以是干态的，如炉内喷钙法、循环流化床烟气脱硫法以及干式催化脱硫等。干法/半干法脱硫主要特点是脱硫过程以干态脱硫产物为主，烟气温度降低较少，无废水污染、不易腐蚀和结垢，同时工艺简单，投资和运行费用低。缺点是脱硫剂利用率低，脱硫效率较低。

世界各国烟气脱硫装置以石灰/石灰石湿法装置最为普及，占80%；其次是喷雾干燥法，约占10%；其余为氧化镁法、氨法、炉内喷钙尾部增湿法等。更详细的燃烧后脱硫原理和技术可参阅相关文献。

三、氮氧化物的控制

NO_x的控制主要分为炉内燃烧过程中抑制NO_x的生成和还原NO_x与烟气脱硝两类。降低NO_x排放的首选应是燃烧控制。只有采用燃烧控制措施不能满足排放标准时，才考虑安装烟气脱硝装置。

1. 燃烧中控制NO_x

根据燃烧中NO_x生成机理，采用恰当的燃烧措施控制NO_x排放的方法有效可行。燃烧控制措施主要包括低NO_x燃烧器、炉内空气分级、燃料分级、烟气再循环以及燃烧优化等，这些措施统称为低NO_x燃烧技术。低NO_x燃烧的基本原则是在各燃烧区保证热力型、快速型和燃料型NO_x都处于较低的生成水平。燃烧组织既可以通过调整炉膛结构，也可以通过燃烧器结构设计及布置方式来实现。实际上，应用低NO_x燃烧器是降低NO_x排放最经济的方法。本节重点介绍控制NO_x排放的燃烧系统、燃烧组织和调整措施。

（1）低过量空气系数燃烧。通过控制燃烧空气总量，降低过量空气系数，保持每个燃烧器的风粉配比相对平衡为原则进行燃烧调整，可使燃料型NO_x的生成量降到最低。降低过量空气系数技术简单易行，可以优化燃烧，有利于提高运行经济性。但是要防止过量空气系数过低导致不易燃尽和容易结渣的问题。

（2）浓淡燃烧。浓淡燃烧的基本原理将浓度均匀的一次风煤粉气流设法分离成两股（水平方向或垂直方向分离）煤粉浓度不同的一次风气流，使喷入炉内的一部分燃料在空气不足的条件下燃烧（浓燃料燃烧），而另一部分燃料则在空气过剩下燃烧（淡燃料燃烧），故称为浓淡燃烧。总体上燃烧过程仍然保持空气总量足够燃料燃尽，但是燃料过浓的火焰因氧量不足，燃烧温度不高，故燃料型和热力型NO_x均会减少；燃料过淡的火焰因空气量大，燃烧温度低，热力型NO_x减少。两者综合的结果是，NO_x生成量低于常规燃烧方式。

（3）燃料分级。燃料分级是将燃料分成两部分，原理如图1-4所示。80%～85%的主燃料从一次风喷口喷入主燃烧区，并且空气足够，使燃料进行充分燃烧。剩余的15%～20%的燃料以再燃燃料（二次燃料）的形式从主喷口上方喷入，形成富燃料（$\alpha<1$）燃烧区域，局部为还原性气氛，即再燃还原区域，燃烧生成大量碳氢化合物基团，与主燃烧区内生成的NO_x反应，NO_x被还原为N_2。再燃燃料完全燃烧所需要的空气，即燃尽风，从顶部喷入炉膛，保证所有燃料完全燃烧。

为了还原分解NO_x，再燃燃料种类应满足两个条件：一是碳氢成分多，还原性能好；二是易于纯燃料输送。天然气是最理想的再燃燃料，但是天然气资源紧缺。生物质气化气可以作为再燃燃料，对环境保护非常有利，但需要合适的生物质气化系统。采用制粉系统分离出来的超细煤粉作为再燃燃料，也能减少约50%的NO_x。

（4）空气分级燃烧。空气分级燃烧是一种全面燃烧调整的浓淡燃烧技术。空气分级是将初始燃烧区域的过量空气系数调整至浓淡燃烧要求的合适范围，抑制燃烧初期挥发性氮大量生成燃料型 NO_x，在适当位置加入燃料完全燃烧所需的空气［燃尽风（over fire air, OFA）］。初始燃烧区域的氧浓度和温度较低，可抑制热力型 NO_x 生成。分级送风与低氧燃烧技术已成为降低燃烧产物的 NO_x 的重要手段，可使 NO_x 排放浓度降低约 50%。

空气分级燃烧是将燃料的燃烧过程分阶段完成的，原理如图 1-5 所示。供给各燃烧器的空气量约为理论空气量的 90%，煤粉在缺氧的燃烧条件下燃烧，燃烧区域为还原性气氛，抑制 NO_x 的生成。主燃区生成的 NO_x 随后烟气进入还原区，过量空气系数较主燃区稍高，NO_x 发生火焰内分解和还原，同时碳逐渐完全燃烧。为了完成全部燃烧过程，过量空气从燃烧器的上方喷入，与第一、二阶段的贫氧燃烧产生的烟气混合，碳全部燃尽。

空气分级燃烧技术分为两类，一是低 NO_x 燃烧器，即单只燃烧器内实现空气分级燃烧；二是整体空气分级，所有燃烧器从总体布置上实现空气分级。如图 1-5 是最简单的整体空气分级燃烧。

在两级燃烧的基础上，把燃尽风再分成两部分，一部分从常规的燃尽风喷口送入炉膛，另一部分为附加空气，从位于燃尽风喷口之上的喷口送入，这样就扩大了主燃烧区和燃尽区之间的还原区，烟气中未燃尽的燃料将主燃区生成的 NO_x 还原，降低 NO_x 生成。还可以将附加空气再分成两层送入，更大限度地降低 NO_x 生成。整体空气分级燃烧可使 NO_x 排放降低约 50%。

燃料分级再燃和空气分级燃烧控制 NO_x 的原理不同。空气分级燃烧是控制燃烧区的温度和过量空气系数，尽量减少 NO_x 生成。燃料分级是主燃料在 $\alpha \geqslant 1$ 条件下完全燃烧，先生成 NO_x，然后通过再燃燃料形成还原性气氛，在高温下分解还原 NO_x。虽然再燃燃料在燃尽风作用下完全燃烧，生成新的 NO_x，但再燃燃料数量少，总的 NO_x 排放会降低很多。燃料分级再燃减排效果好于空气分级燃烧。

（5）烟气再循环。烟气再循环是抽取一部分低温烟气送入炉内，降低燃烧器区域的火焰温度，减少热力型 NO_x，而且也降低了氧气浓度，减少燃料型 NO_x，因而可以降低 NO_x 的排放浓度。低温烟气送入炉内的方式很多。第一种是低温烟气从炉膛底部、中部或上部直接送入炉内。第二种是低温烟气与一次风或者二次风混合后送入炉内。

烟气再循环降低 NO_x 排放的效果与燃料品种和烟气再循环率有关。烟气再循环率很大时，循环烟气量增加，燃烧会趋于不稳定，而且不完全燃烧热损失会增加。经验表明，烟气再循环率一般为 15%～20%，煤粉炉的 NO_x 排放浓度降低约 25%。

（6）低 NO_x 燃烧系统。低 NO_x 燃烧系统就是把分级送风技术、燃料分级再燃技术以及低 NO_x 燃烧器等结合起来，进行锅炉低 NO_x 燃烧系统整体优化设计，最大限度地通过燃烧控制 NO_x 的排放。各种低 NO_x 燃烧技术的组合方式已有一些实例应用。

对于 NO_x 的控制，应在可能的条件下，尽可能采用多种技术相结合，最大限度降低 NO_x 排放，例如综合考虑整体技术，即从炉膛容积、热负荷设计、配煤技术、制粉系统、煤种选择、煤粉细度、燃烧方式、低 NO_x 燃烧器、烟气脱硝等技术路线上协调考虑。

为更好地降低 NO_x 的排放量，将低 NO_x 燃烧器和前述的低 NO_x 燃烧方法等组合在一起，进行燃烧整体优化设计，构成一个低 NO_x 燃烧系统，达到深度脱除 NO_x 的目的。低 NO_x 燃烧系统主要有：

1）组合目前已成功的低 NO_x 燃烧技术。这种组合方式已有一些实例应用，如分级送风

＋WR 燃烧、OFA＋烟气再循环，OFA＋浓淡燃烧等。

2）组合新、老技术，获得新的低 NO_x 燃烧技术，如再燃技术＋浓淡等。

3）综合考虑整体技术，即从炉膛容积、热负荷设计、配煤技术、制粉系统、煤种选择、煤粉细度、燃烧方式、低 NO_x 燃烧器、SCR 等技术路线上协调考虑。

采用以上组合的低 NO_x 燃烧方式和烟气脱硝技术，燃用烟煤时，标准状况下可将 NO_x 排放降到 $300mg/m^3$ 以下，燃用贫煤和无烟煤时，可将 NO_x 排放降到 $500mg/m^3$ 以下。

2. 烟气脱硝

烟气脱硝技术是根据 NO 的物理和化学特性，脱除烟气中的 NO_x。氧化法脱硝是先将 NO 氧化为 NO_2，然后 NO_2 溶于水生成硝酸，也称为湿法脱硝。还原法脱硝是用还原剂将 NO_x 还原为 N_2，也称为干法脱硝。工业应用的烟气脱硝方法主要有还原法、液体吸收法、电子束照射法、固体吸附法和微生物法等。

（1）还原法。还原法包括选择性催化还原法（SCR）和选择性非催化还原法（SNCR）。还原法脱硝具有快速、高效等优点，因此广泛用于燃煤电厂烟气和汽车尾气中 NO_x 的脱除。

选择性催化还原法（SCR）的原理是用 NH_3 等作还原剂，用铂、铑、铜、钒和活性炭等作为催化剂，NH_3 具有很好的选择性，在 $300\sim400℃$ 时，NH_3 只和 NO_x 发生还原反应，将 NO_x 分解为 N_2 和 H_2O，反应方程式为

$$4NH_3 + 6NO \longrightarrow 6H_2O + 5N_2$$

$$8NH_3 + 6NO_2 \longrightarrow 12H_2O + 7N_2$$

当烟气中有氧时，还会产生下列反应：

$$4NH_3 + 4NO + O_2 \longrightarrow 6H_2O + 4N_2$$

$$4NH_3 + 2NO_2 + O_2 \longrightarrow 6H_2O + 3N_2$$

催化剂是 SCR 技术的核心，分为蜂窝式和板式两种类型，比表面积为 $500\sim1000m^2/m^3$。催化剂的内表面上分布着由 TiO_2、WO_3 或 V_2O_5 等组成的活性中心。脱硝装置运行时间较长，由于催化剂活性中心中毒、活性成分晶型改变以及催化剂通道和微孔的堵塞、腐蚀等原因，催化剂会逐渐老化。

选择性非催化还原法（SNCR）是没有催化剂的条件下，把含有 NH_x 基的还原剂（如尿素、氯化铵、碳酸氢铵等），喷入炉膛上部温度为 $800\sim1100℃$ 的区域，还原剂迅速受热分解成 NH_3 及其他副产物，NH_3 与烟气中的 NO_x 进行还原反应生成 N_2，反应式为

$$NH_3 + NO_x \longrightarrow H_2O + N_2$$

选择性非催化还原法以炉膛上部为反应器，设备及运行费用较低。但是该方法的脱硝效率不高，一般为 $30\%\sim50\%$，且还原剂消耗量较大。选择性非催化还原反应对温度很敏感，烟气温度超过 $1100℃$，NH_3 会受热分解生成大量 NO，造成 NO 排放的增加；低于 $700℃$，则反应速度下降，造成未反应的 NH_3 与烟气中的 SO_2 反应生成有黏性的硫酸铵，造成堵塞和腐蚀。

（2）液体吸收法。吸收法原理是采用液体吸收 NO_x，如水吸收法、酸吸收法、碱吸收法、氧化吸收法、液相还原吸收法和络合吸收法等。以尿素为还原剂的液相还原吸收法，NO_x 的脱除率可达 90%，其他方法的去除率都为 $40\%\sim80\%$。

采用氧化吸收法、吸收还原法以及络合吸收法等可以提高 NO_x 的吸收效率。氧化吸收法是利用氧化剂，如 O_3、Cl_2、ClO_2、HNO_3、$KMnO_4$、$NaClO_2$、$NaClO$、H_2O_2 等，将

NO 氧化为 NO_2，再用碱液吸收。液相还原吸收法应用还原剂在适当的条件下将 NO_x 还原成 N_2，常用的还原剂有 $(NH_4)_2SO_4$，$(NH_4)HSO_3$，Na_2SO_3 等。液相络合吸收法主要利用液相络合剂直接同 NO 反应，将 NO 从烟气中分离出来。生成的络合物在加热时重新放出 NO，使 NO 富集回收。

液体吸收法工艺过程简单，投资较少，吸收剂来源广泛，又能以硝酸盐的形式回收利用废气中的 NO_x。但是 NO_x 去除效率低，能耗高，吸收废气后的溶液易造成二次污染。

（3）电子束照射法。电子束照射法脱硝技术是一种物理与化学相结合的高新技术。电子束照射法是利用电子加速器产生的高能等离子体在极短时间内氧化烟气中的 SO_2 和 NO_x 等气态污染物，生成硫酸和硝酸，再与加入的氨反应生成 $(NH_4)_2SO_4$ 和 $(NH_4)NO_3$ 的微细粉粒，回收作农肥。

电子束照射法、固体吸附法和微生物法等方法脱除 NO_x，目前工业应用较少，主要原因是设备初投资大，运行费用较高。

四、烟尘的净化

1. 燃料脱尘

燃料脱尘主要是对原煤进行选洗，使燃煤的矿物杂质和灰分大大减少，从而减少煤燃烧后形成的飞灰量。动力用煤进行选洗的主要目的是排矸降灰，可去除 $50\%\sim70\%$ 的灰分。

2. 燃烧中除尘

改进燃烧方式，合理组织与调节燃烧过程，尽量使燃料中的可燃物完全燃烧，减少甚至消除碳黑产生，减小飞灰含碳量，使烟尘排放总量减少。燃烧中除尘既可以减少烟尘对大气的污染，又可以节约燃料，具有经济效益和环保效益。改善燃烧过程减少烟尘量的措施主要有三种。

（1）选择合适的过量空气系数，强化空气与燃料的混合是改善燃烧的关键。工程实践中，燃烧器普遍采用湍流扩散燃烧，局部存在空气分配不均匀性。空气供应不足的燃烧区域会产生大量的烟尘。强化混合过程，也有助于防止燃料燃烧前局部过热发生热分解。因此，保证燃料和空气适时适量地混合，可有效减少烟尘生成。特别是油燃烧时，良好的雾化效果，并采用适当的调风器，是减少烟尘的有效手段。

（2）维持足够高的燃烧温度和足够长的燃烧时间，以确保燃料燃尽。固体燃料燃烧时，其颗粒直径较大，难以燃尽；当然燃料颗粒小又可能增加飞灰污染，采用飞灰/烟尘再燃法，将含有较多未燃尽碳的高温飞灰与适当比例的空气的混合后再燃烧，不仅可以提高炉内温度，还有利于燃料和飞灰的完全燃尽。足够高的炉膛和设置燃尽室也是确保足够燃烧时间的常用措施。

（3）加入燃烧添加剂，抑制烟尘的生成。抑制烟尘生成的添加剂主要有 Ba、Mn、Ni、Ca、Mg 等金属添加剂和水、乙醇、硫氢化物等液体添加剂。金属添加剂的作用是控制脱氢，使微小颗粒带上正电荷而相互排斥，促进氧化反应，阻止碳粒凝聚。液态添加剂可以增加 HO 等自由基活化中心，提高反应速度，强化燃烧；液态添加剂的沸点低，汽化"微爆"作用可改善传质和传热效果，促进燃烧和燃尽，减少炭黑生成。

以上减少烟尘方法，通常不能完全消除烟尘。采用高烟囱将含尘烟气送到高空，利用空气稀释烟气，并通过空气流动将烟气送到远方，以减少对人们生产生活区域的污染。但是这不是解决问题的根本办法，必须采取烟气除尘措施，使含尘烟气达标排放。

3. 烟气除尘

烟气除尘技术是应用最广的烟尘控制技术。安装除尘器是整个燃烧设备及系统的重要组成部分。利用除尘器将烟尘收集起来，然后通过预定途径清除，可有效减少环境污染。回收烟尘中有较多不完全燃烧产物，应将其送回炉内燃烧。烟气除尘的方法和设备很多，基本原理是利用不同的力对烟尘颗粒发生作用，使颗粒与气体分离，然后集中收集烟尘。根据作用原理，除尘器分为机械除尘、静电除尘、湿式除尘、过滤除尘和超声波除尘等五大类。超声波除尘器尚属发展中，工业应用较少。

（1）机械除尘器。机械除尘器主要有重力沉降式、惯性式、旋风式等形式。前两种除尘器一般能除去直径大于 $20\mu m$ 以上的粗颗粒，效率不高，阻力较小，常作为初级除尘器。

1）重力沉降室。重力沉降室是最简单的一种除尘器。烟气流速迅速降低时，烟尘颗粒由于自身重力沉降到沉降室底部，然后再清除沉积的烟尘颗粒。

2）惯性除尘器。惯性除尘是利用烟道转弯等结构使烟气流动方向突然发生变化，依靠颗粒惯性作用与气体分离。气流转弯时，大颗粒直接撞击到壁面，速度迅速骤减为零，小颗粒还受到离心力作用，克服气流的携带作用而依靠重力沉降。

3）离心除尘器。离心除尘器也是利用惯性力作用达到除尘目的的，其基本特点是使烟尘气流做旋转运动，使其中的颗粒在离心力的作用下甩到外围，进而分离出来。其主体是一个上部为圆柱下部为圆锥的筒体。含烟尘烟气从除尘器筒体上部切向进入，自上而下做螺旋运动，气流中的颗粒被甩到筒壁上。由于重力和气流的带动，尘粒沿筒壁落入底部的灰斗，然后经除灰口消除。而向下流动的气体在接近筒底后，却转而沿筒体轴心区旋转向上流动，最后从上部出口排出。离心除尘器除尘效率可达 90% 以上，加上其结构简单，体积不大，操作方便。因此不仅是烟气除尘方面的主要装置，而且在其他回收粉状颗粒的行业（如水泥、面粉加工等）中有着广泛的应用。

离心除尘器对筒体的结构有较严格的要求，否则难以形成有效的旋涡，从而影响除尘效果。制造工艺不高，安装不当或操作不合理均会造成离心式除尘器的效率降低。

（2）湿式除尘器。湿式除尘器的基本原理是通过颗粒与水滴或其他液体的惯性碰撞而将其截获，并随水滴流走。为了保证烟气与水滴充分接触，必须使水雾化为较小的液滴，并且具有较合理的空间分布。目前用于锅炉烟气除尘的湿式除尘器有喷淋塔、冲击式除尘器、文丘里除尘器、泡沫除尘器、水膜除尘器等。

湿式除尘器还能除掉烟气中部分 SO_2 和 NO_x 等物质，在处理烟气温度高、湿度大或常规性的粉尘方面应用较多，但能耗和水耗大，容易腐蚀设备，且需对水和废液作再处理。

（3）静电除尘器。静电除尘器利用高电压产生的库仑力清除烟尘。它的结构主要包括电晕极和集尘极两部分，当在两极加上高达 $20\sim60kV$ 的直流电压后，电晕极产生电晕放电，产生大量负离子。含尘烟气通过时，颗粒与负离子碰撞而带上负电，并在电场力的作用下流向集尘极。带电颗粒在集尘极释放出负电荷后沉积，完成粉尘与气体的分离。

静电除尘器可以除去细微颗粒，除尘效率很高，可达到 99.9%。静电除尘器结构简单，流动阻力小且运行费用低，但初投资较高，附属设备多，制造与安装要求高。静电除尘器之前可以设置其他初级除尘设备。

（4）袋式除尘器。袋式除尘器是利用过滤原理除尘。含尘烟气通过用棉、麻、人造纤维等编织物制成的布袋时，粉尘受到阻挡而留在布袋表面，而气体则穿过纤维孔隙排出。袋式除尘器的除尘效率很高，为$98\%\sim99\%$，尤其适用于清除$10\mu m$以下的微尘。但是袋式除尘器随着运行时间的延长，滤袋表面捕集的粉尘增厚，流动阻力显著增大，必须设置清灰装置，间歇或连续地清除滤袋上的粉尘。

五、PM$_{2.5}$的燃烧控制技术

PM$_{2.5}$受其来源不同的影响难以控制，不但要采取有效措施控制一次粒子，还必须控制形成二次粒子的前体物，如NO$_x$、SO$_2$、VOC等。

控制一次粒子必须改进现有除尘器，进一步提高除尘效率。国内外许多研究人员对PM$_{2.5}$脱除机理和工艺进行了研究，提出相对高效且经济实用的控制技术：湿式电除尘器、电-袋混合式除尘器和凝并器。湿式电除尘器能够提供比干式电除尘器高出几倍的电晕功率，从而大大提高PM$_{2.5}$的捕集效率，且不存在粉尘收集后的再飞扬。电-袋混合式除尘器实现了电除尘和袋除尘的结合，通过调整各自负荷，还可以适应更广泛性质的尘粒。凝并是细微颗粒间发生碰撞接触结合成为较大颗粒的过程，凝并技术主要有：声凝并、电凝并、磁凝并、化学凝并等，电凝并已取得实用成果。

二次粒子控制的重点是控制其前体物：NO$_x$、SO$_2$、VOC。

六、CO$_2$的燃烧控制技术

1. CO$_2$减排途径

燃煤CO$_2$等温室气体的大量排放是造成全球气候变暖的一个重要原因。我国CO$_2$的排放主要来源是燃煤。减少燃煤CO$_2$排放有三种途径。

（1）提高能源效率。如超（超）临界燃煤锅炉机组，联合循环机组等。效率的提高可使生产单位电力所需的燃料减少，从而减少CO$_2$的排放量。

（2）改革传统的煤炭燃烧利用方式。新型的O$_2$/CO$_2$循环燃烧技术、基于循环氧载体的化学链式燃烧技术、煤气化制氢技术等。

（3）烟气中CO$_2$的捕集、利用与封存。

二氧化碳（CO$_2$）捕集利用与封存（CCUS）是指将CO$_2$从工业过程、能源利用或大气中分离出来，直接加以利用或注入地层以实现CO$_2$永久减排的过程。CCUS在二氧化碳捕集与封存（CCS）的基础上增加了"利用（Utilization）"，这一理念是随着CCS技术的发展和对CCS技术认识的不断深化，在中美两国的大力倡导下形成的，目前已经获得了国际上的普遍认同。CCUS按技术流程分为捕集、输送、利用与封存等环节。

CO$_2$捕集是指将CO$_2$从工业生产、能源利用或大气中分离出来的过程，主要分为燃烧前捕集、燃烧后捕集、富氧燃烧和化学链捕集。CO$_2$输送是指将捕集的CO$_2$运送到可利用或封存场地的过程。根据运输方式的不同，分为罐车运输、船舶运输和管道运输，其中罐车运输包括汽车运输和铁路运输两种方式。

CO$_2$利用是指通过工程技术手段将捕集的CO$_2$实现资源化利用的过程。根据工程技术手段的不同，可分为CO$_2$地质利用、CO$_2$化工利用、CO$_2$能源化利用和CO$_2$生物利用等。其中，CO$_2$地质利用是将CO$_2$注入地下，进而实现强化能源生产、促进资源开采的过程，如提高石油、天然气采收率，开采地热、深部咸（卤）水、铀矿等多种类型资源。CO$_2$化工利用是将CO$_2$作为一种化工原料进行化工产品生产的过程。CO$_2$能源化转化是利用可再生能源将CO$_2$转化为甲醇等高品质化学品，从而实现能源存储及CO$_2$的利用。CO$_2$生物利

用技术是通过模拟自然界中植物和微生物等的自然光合作用过程，设计和构建出全新的人工光合体系与路径，从而将 CO_2 更加高效地转化为合成化学品和农业产品。

CO_2 封存是指通过工程技术手段将捕集的 CO_2 注入深部地质储层，实现 CO_2 与大气长期隔绝的过程。按照封存位置不同，可分为陆地封存和海洋封存；按照地质封存体的不同，可分为咸水层封存、枯竭油气藏封存等。

此外，生物质能碳捕集与封存（BECCS）和直接空气碳捕集与封存（DACCS）作为负碳技术受到了高度重视。BECCS 是指将生物质燃烧或转化过程中产生的 CO_2 进行捕集、利用或封存的过程，DACCS 则是直接从大气中捕集 CO_2，并将其利用或封存的过程。

2. 氧-燃料燃烧技术

氧-燃料燃烧（oxy-fuel combustion）是利用空气分离获得的纯氧和一部分锅炉排放烟气构成混合气，代替空气作为的氧化剂，使燃料在混合气中进行燃烧，如图 1-3 所示。混合气中 CO_2 和氧气浓度通常较高，氮气浓度较低，甚至没有氮气，因此该技术也称为 O_2/CO_2 燃烧技术或富氧燃烧技术。氧-燃料燃烧方式可以使烟气中 CO_2 的浓度高达 90% 以上，可不必分离而将大部分的烟气直接液化回收处理。此外，氧-燃料燃烧还可以有效减少 NO_x 和 SO_2 等污染物的排放，是一项高效清洁的燃烧方式。与燃烧前和燃烧后 CO_2 捕集技术相比，制取纯氧是氧-燃料燃烧技术的主要能耗。氧-燃料燃烧技术与现有电站锅炉设备有着良好的承接性，且随着氧气制备技术的不断成熟和较快的发展，该技术已成为最有潜力的大规模捕集电厂 CO_2 的技术之一。

3. 化学链燃烧

化学链燃烧最初目的是降低热电厂气体燃烧过程中产生的熵变，提高能源使用效率。目前把化学链燃烧作为一种 CO_2 捕捉和 NO_x 控制的新型工艺进行研究。化学链燃烧基本原理如图 1-2 所示。将传统的燃料与空气直接接触的燃烧借助于氧载体的作用而分解为 2 个气固反应，燃料与空气无需接触，由氧载体将空气中的氧传递到燃料中。

化学链燃烧系统包括空气反应器和燃料反应器两个连接的流化床反应器，固体氧载体在空气反应器和燃料反应器之间循环，燃料进入燃料反应器后被固体氧载体的晶格氧氧化，完全氧化后生成 CO_2 和水蒸气。由于没有空气的稀释，产物纯度很高，将水蒸气冷凝后即可得到较纯的 CO_2，而无需消耗额外的能量进行分离，所得的 CO_2 可用于其他用途。

在燃料反应器中完全反应后，被还原的氧载体被输送至空气反应器中，与空气中的气态氧相结合，发生氧化反应，完成氧载体的再生。空气反应器中没有燃料，氧载体重新氧化在较低的温度下进行，避免了 NO_x 的生成，出口处的气体主要为氮气和未反应的氧气，对环境几乎没有污染，可以直接排放到大气中。

从能量利用的角度来看，化学链燃烧过程中氧化反应和还原反应的反应热总和与传统燃烧的反应热相同，化学链燃烧过程中没有增加反应的燃烧焓，但化学链燃烧过程把一步的化学反应变成两步化学反应，实现了能量梯级利用，且燃烧后的尾气可与燃气轮机、余热锅炉等构成联合循环提高能量的利用率。

因此，这种对于 CO_2 具有内在分离特性，同时能避免 NO_x 等污染物的生成，有更高的燃烧效率，且具有很好的经济和环保效益。

思考题及习题

10-1　列出本章主要的名词并讨论其定义和意义。

10-2　讨论下列物质对环境和人类健康的影响：氮氧化物、硫氧化物、未燃碳氢化合物、CO 和内燃机排气颗粒。

10-3　燃用天然气的燃气轮机电站，废气中氧气体积浓度为 13%，测量的一氧化氮体积浓度为 20×10^{-6}，无烟气脱硝设施。

(1) 氧气浓度 3%，修正后的一氧化氮体积浓度是多少？

(2) 假定天然气成分为纯甲烷，确定每公斤燃料的 NO_x 排放量（以 NO_2 计）。

(3) 这个电站的 NO_x 排放是否满足我国的相关排放标准？

10-4　解释 NO 生成的三种机理的区别。

10-5　讨论燃气轮机和内燃机生成未燃碳氢化合物的区别。

10-6　讨论为何燃烧系统中生成 SO_3 比 SO_2 少。

10-7　燃油锅炉使用 100 号重油，估计烟气中 SO_2 的浓度范围（3%O_2）。

10-8　讨论燃烧中减少 NO_x 排放的方法。

10-9　简要叙述控制 CO_2 的减排技术。

10-10　实现控制此 $PM_{2.5}$ 排放的措施有哪些？

10-11　简述气相析出型炭黑、剩余型炭黑、雪片型炭黑以及积碳概念、特征？

10-12　讨论燃煤电厂如何降低 NO_x 排放。

10-13　对比空气助燃，讨论氧-燃料燃烧应用于电站锅炉的意义，燃烧有哪些新特点？

参 考 文 献

[1] 岑可法，姚强，骆仲泱，等．燃烧理论与污染控制．2 版．北京：机械工业出版社，2019.

[2] 岑可法，姚强，骆仲泱，等．高等燃烧学．杭州：浙江大学出版社，2002.

[3] 齐飞，李玉阳，苑文浩．燃烧反应动力学．北京：科学出版社，2021.

[4] 周怀春．炉内火焰可视化检测原理与技术．北京：科学出版社，2005.

[5] 岑可法，樊建人．燃烧流体力学．北京：水利电力出版社，1991.

[6] 岑可法，樊建人．工程气固多相流动的理论及计算．杭州：浙江大学出版社，1990.

[7] 岑可法．锅炉燃烧试验方法及测量技术．北京：水利电力出版社，1987.

[8] 徐旭常，周力行．燃烧技术手册．北京：化学工业出版社，2008.

[9] 范维澄，陈义良，洪茂玲，等．计算燃烧学．合肥：安徽科学技术出版社，1987.

[10] 王致均，沈际群．锅炉燃烧过程．重庆：重庆大学出版社，1987.

[11] 严传俊，范玮．燃烧学．西安：西北工业大学出版社，2008.

[12] 张力．锅炉原理．2 版．北京：机械工业出版社，2021.

[13] 韩才元，徐明厚，周怀春，等．煤粉燃烧．北京：科学出版社，2001.

[14] 许晋源，徐通模．燃烧学．北京：机械工业出版社，1990.

[15] 徐通模，惠世恩，燃烧学．2 版．北京：机械工业出版社，2017.

[16] 傅维标，卫景彬．燃烧物理学基础．北京：机械工业出版社，1984.

[17] 傅维标，张永廉，王清安，等．燃烧学．北京：高等教育出版社，1989.

[18] 李永华．燃烧理论与技术．北京：中国电力出版社，2011.

[19] 韩昭沧．燃料及燃烧．北京：冶金工业出版社，1994.

[20] 刘联胜，王恩宇，吴晋湘，等．燃烧理论与技术．北京：化学工业出版社，2008.

[21] 冉景煜．工程燃烧学．1 版．北京：中国电力出版社，2014.

[22] 邢宗文．流体力学基础．西安：西北工业大学出版社，1999 年．

[23] 张松寿，童正明，周文铸．工程燃烧学．中国计量出版社，2008.

[24] 杨肖曦．工程燃烧原理．山东：中国石油大学出版社，2008.

[25] 路春美，王永征．煤燃烧理论与技术．北京：地震出版社，2001.

[26] 霍然．工程燃烧概论．合肥：中国科学技术大学出版社，2001.

[27] 姚文达．锅炉燃烧设备．北京：中国电力出版社，2000.

[28] 庄永茂，施惠邦．燃烧与污染控制．上海：同济大学出版社，1998.

[29] 杨仲卿，冉景煜，耿豪杰，等．甲烷催化燃烧及反应动力学．北京：科学出版社，2021.

[30] KENNETHKK．燃烧原理．陈义良，张孝春，等编译．北京：航空工业出版社，1992.

[31] 威廉斯 FA．燃烧理论化学反应流动系统的基础理论．2 版．庄逢辰，杨本濂，译．北京：科学出版社，1990.

[32] 乔伊·贾罗辛斯基，伯纳德·维西尔．燃烧现象——火焰形成、传播和熄灭机制．北京：科学出版社，2021.

[33] 还博文．锅炉燃烧理论与应用．上海：上海交通大学出版社，1999.

[34] 毛健雄，毛健全，赵树民，等．煤的清洁燃烧．北京：科学出版社，1998.

[35] FIELDMA，GILL DW．煤粉燃烧．章明川，等译．北京：水利电力出版社，1989.

[36] 曾汉才，韩才元，吴学曾，等．燃烧技术．武汉：华中理工大学出版社，1990.

[37] 容銮恩. 工业锅炉燃烧. 北京：水利电力出版社，1993.

[38] 徐通模，金安定，温龙，等. 锅炉燃烧设备. 西安：西安交通大学出版社，1990.

[39] ZELKOWSKI J. 煤的燃烧理论与技术. 袁钧卢，张佩芳，译. 上海：华东化工学院出版社，1990.

[40] SMOOT LD，SMITH PJ. 煤的燃烧与气化. 傅维标，卫景彬，译. 北京：科学出版社，1992.

[41] 森康夫，等. 燃烧污染与环境保护. 蔡锐彬，卢振雄，译. 广州：华南理工大学出版社，1988.

[42] 黄新元. 电站锅炉运行与燃烧调整. 北京：中国电力出版社，2007.

[43] 曾汉才. 燃烧与污染. 武汉：华中理工大学出版社，1992.

[44] GLSSSMAN I. 燃烧学. 赵惠富，张宝诚，译. 北京：科学出版社，1983.

[45] CHIGER N. 能源、燃烧与环境. 韩昭沧，郭伯伟，译. 北京：冶金工业出版社，1991.

[46] REICHE RR. 燃烧技术手册. 贾映萱，译. 北京：石油工业出版社，1982.

[47] SPALDING DB. 燃烧理论基础. 曾求凡，译. 北京：国防工业出版社，1964.

[48] Sara McAllister，Jyh-Yuan Chen，A. Carlos Fernandez-Pello. Fundamentals of Combustion Processes. Springer，2011.

[49] ZHANG P，RAN JY，QIN CL，DU X S，NIU J T，YANG L. Effects of Methane Addition on Exhaust Gas Emissions and Combustion Efficiency of the Premixed n-Heptane/Air Combustion. Energy & Fuels，2018，32（3）：3900 - 3907.

[50] RAN JY，L I C. High temperature gasification of woody biomass using regenerative gasifier [J]. Fuel Processing Technology，2012，99：90-96.

[51] RAN JY WU S，YANG L，et al. The Wall Heat Transfer Phenomenon of Premixed CH_4/Air Catalytic Combustion in a Pt Coated Microtube [J]. Journal of Heat Transfer，2014，136（2）：021201.

[52] PU G，ZHOU H P，HAO G T. Study on pine biomass air and oxygen/steam gasification in the fixed bed gasifier [J]. International Journal of Hydrogen Energy，2013，38（35）：15757 - 15763.

[53] KANG J D，WANG Z Q，YNAG Z Q，YAN Y F，RAN J Y，GUO M N. Catalytic Combustion of Low-Concentration Methane over M-x-Cu/gamma-Al_2O_3（M＝Mn/Ce）Catalysts. Industrial & Engineering Chemistry Research. 2020，59（10）：4291 - 4301.

[54] RAN J Y，YANG D X，ZHANG L. The effects of reactor material and convective heat transfer coefficient on methane catalytic partial oxidation in a micro-channel，Journal of Chemical and Pharmaceutical Research，2014，02：469 - 474.